"十三五" 普通高等教育本科规划教材

金属固态相变教程

郭英奎 编

化学工业出版社

·北京·

内 容 提 要

本书介绍金属固态相变的基本原理，全书共分八章，即金属固态相变概论、奥氏体相变、钢的过冷奥氏体转变图、珠光体相变、马氏体相变、贝氏体相变、淬火钢的回火转变、合金的脱溶与时效。

本书可以作为金属材料工程专业本科教材，也可供从事金属材料研究和生产的科技人员参考。

图书在版编目（CIP）数据

金属固态相变教程/郭英奎编 .—北京：化学工业出版社，2017.5
"十三五"普通高等教育本科规划教材
ISBN 978-7-122-29391-6

Ⅰ.①金… Ⅱ.①郭… Ⅲ.①金属-固态相变-高等学校-教材
Ⅳ.①TG111.5

中国版本图书馆 CIP 数据核字（2017）第 065571 号

责任编辑：王 婧 杨 菁　　　　　　　　文字编辑：杨欣欣
责任校对：王素芹　　　　　　　　　　　装帧设计：王晓宇

出版发行：化学工业出版社（北京市东城区青年湖南街 13 号　邮政编码 100011）
印　　刷：北京市振南印刷有限责任公司
装　　订：北京国马装订厂
787mm×1092mm　1/16　印张 12　字数 300 千字　2017 年 7 月北京第 1 版第 1 次印刷

购书咨询：010-64518888（传真：010-64519686）　售后服务：010-64518899
网　　址：http://www.cip.com.cn
凡购买本书，如有缺损质量问题，本社销售中心负责调换。

定　　价：35.00 元

前言
FOREWORD

　　本书是根据 2015 年新修订的教学大纲编写的，力求内容简练、深入浅出，着重阐述固态相变的基本原理、基本规律以及显微组织和力学性能之间的关系。全书共分为八章，包括金属固态相变概论、奥氏体相变、钢的过冷奥氏体转变图、珠光体相变、马氏体相变、贝氏体相变、淬火钢的回火转变、合金的脱溶与时效。

　　本书可作为金属材料工程专业大学本科教材，也可供从事金属材料工程专业的研究和生产的科技人员参考。

　　本书由哈尔滨理工大学郭英奎教授编写，承蒙全国热处理学会副秘书长、哈尔滨工业大学王玉金教授审阅，感谢哈尔滨理工大学图书馆甄丽萍老师做了部分资料及照片的收集与整理工作。

　　由于编者水平有限，书中难免存在疏漏，衷心希望读者批评指正。

编　者

2016 年 8 月于哈尔滨

目 录

第 **1** 章

金属固态相变概论

同一种金属或合金的相在不同条件下可以发生不同的相变，获得不同的组织和性能。固态金属或合金在温度或压力改变时，晶体结构和显微组织相应也会发生变化，即发生了一种相状态向另一种相状态的变化，这种变化称为金属或合金的固态相变。一般地，金属或合金的晶体结构和显微组织发生变化，其性能特别是力学性能也将随之改变。例如共析钢平衡相变后获得粒状珠光体组织，硬度大约为 240HB；若快速冷却可获得马氏体组织，硬度高达 60HRC 以上。具有平衡组织的 Al-4%Cu 合金，抗拉强度 σ_b 仅为 150MPa 左右；通过非平衡脱溶沉淀处理后，抗拉强度 σ_b 升至 350MPa。可见，通过改变加热或冷却（工艺）方式，就会使金属或合金的显微组织和力学性能发生变化，而显微组织变化的原因是相变方式发生了变化，即共析钢在不同工艺条件下发生了固态相变。因此，掌握金属或合金固态相变的规律，就可以采取措施控制相变过程，获得预期的晶体结构和显微组织，进而获得预期的使用性能。这一点对金属或合金在工程领域的实际应用具有重要意义。

金属或合金中固态相变的类型很多，有些金属或合金在不同条件下会发生多种不同类型的相变。本章概要介绍金属固态相变的主要类型、固态相变的分类、固态相变的一般特征以及固态相变的热力学和动力学。

最后需要指出的是，在没有特别说明时，本书研究的固态相变涵盖的材料，一般是指工程实际大量使用的 Fe-C 合金钢的部分，也就是说，本书重点介绍钢在不同工艺条件下的固态相变。

1.1 固态相变的主要类型

金属或合金固态相变的种类很多，特点各不相同。为了很好地掌握其中的规律性，有必要对金属或合金固态相变进行分类。

1.1.1 按平衡状态分类

1.1.1.1 平衡相变

缓慢加热或缓慢冷却时所发生的符合相图平衡组织的相变称为平衡相变。金属或合金的平衡相变主要有以下几种：

（1）纯金属的同素异构相变　某些固态纯金属随温度或压力的改变会发生晶体结构变化，即由一种晶格相变为另一种晶格的变化，称为同素异构相变。如 Fe、Co 和 Ti 等纯金属都会发生同素异构相变。

（2）多形性相变　固溶体的同素异构相变称多形性相变。如钢中的 γ-Fe ——→ α-Fe 等。

多形性相变可以理解为重结晶相变，导致材料的相变丰富多彩。

（3）平衡脱溶沉淀　在缓慢冷却条件下，从过饱和固溶体中析出过剩相的相变称为平衡脱溶沉淀。其特点是相变过程中旧相不消失，随着新相的析出，旧相的成分和体积分数不断变化，新相的成分和结构与旧相始终不同。钢中二次渗碳体从奥氏体中析出等属于这种相变。从奥氏体中析出时先共析铁素体的相变，即可以看成是平衡脱溶沉淀，也可以看成是多形性相变。

（4）共析相变　在冷却过程中一个固相分解为两个不同固相的相变称为共析相变，可以用反应式表示为：

$$\gamma \longrightarrow \alpha + \beta$$

其中，α 和 β 的成分和结构与 γ 不同，并且在加热时也可以发生 $\alpha + \beta \longrightarrow \gamma$ 的逆向相变。

（5）包析相变　在冷却过程中两个固相合并为一个固相的相变称为包析相变，可以用反应式表示为：

$$\alpha + \beta \longrightarrow \gamma$$

（6）调幅分解　高温下某些均匀单相的固溶体冷却到某一温度范围时，可分解为两种结构与原固溶体相同但成分有明显差别的微区的相变称为调幅分解，可以用反应式表示为：

$$\alpha \longrightarrow \alpha_1 + \alpha_2$$

这种相变是通过上坡扩散完成的，使得均匀的固溶体变成不均匀的固溶体。

（7）有序化相变　固溶体中各组元原子的相对位置由无序到有序的相变称为有序化相变。某些钢中马氏体亚点阵可以发生有序化相变，一些有色合金如 Cu-Zn 和 Au-Cu 等也可以发生此类相变。

1.1.1.2　不平衡相变

加热或冷却速率过快使得平衡相变受到抑制，固态金属或合金的相变在平衡状态图上不能得到反映，这样的相变称为不平衡相变。不平衡相变获得的相（组织）称为亚稳相（组织）。这种相变仍与平衡状态图密切相关，或者说根据平衡状态图可以判断所发生的不平衡相变。

1.1.1.2.1　黑色金属或合金的不平衡相变

图 1-1 为 Fe-C 合金相图局部的左下角，当奥氏体从高温缓慢冷却到 GSE 线以下时，将从奥氏体中析出先析相铁素体或渗碳体。同时奥氏体的碳含量将分别沿着 GS 线或 ES 线变化并最终指向 S 点，当奥氏体碳含量达到 S 点时将发生共析相变，最终相变为铁素体和渗碳体的混合物（珠光体）。

奥氏体从高温快速冷却时，共析相变来不及发生，奥氏体将在低温发生一系列不平衡相变。

（1）伪共析相变　非共析钢奥氏体快速被过冷到 GS 线或 ES 线的延长线以下（图 1-1 的虚线区域）时，先析相铁素体或渗碳体来不及析出，将从过冷奥氏体中直接析出铁素体与渗碳体的混合物，这一相变称为伪共析相变，相变产物被称为伪共析组织，一般仍称为珠光体。值得注意的是伪共析相变产物中铁素体

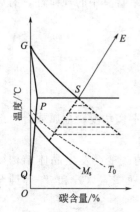

图 1-1　Fe-C 合金相图局部

量与渗碳体量的比值不是定值，而是随奥氏体碳含量而变。

（2）马氏体相变　进一步提高冷却速率抑制伪共析相变，在更低的温度下过冷奥氏体（母相 γ）不能通过原子扩散的方式转变，而只能通过共格切变的方式相变为马氏体（新相 α'），即 $\gamma \rightarrow \alpha'$。由图 1-1 可见，当奥氏体过冷到 T_0 以下某个温度达到相变开始温度点 M_s 时，马氏体相变就可以发生。这里 T_0 是奥氏体与马氏体自由焓相等对应的温度线（点），M_s 是马氏体开始相变的温度线（点）。

除了 Fe-C 合金外，在许多其他合金如有色合金（Ti-Al 合金）甚至是陶瓷材料（ZrO_2）中也发现了马氏体相变，通常将这种通过共格切变的无扩散方式获得的相变产物都称作马氏体，这种相变称作马氏体型相变。

（3）块状相变　块状相变是一种中温相变，是介于马氏体相变和长程扩散型相变之间的中间型相变。块状相变的新旧两相化学成分不变，这与马氏体相变新旧两相的化学成分不变类似，但新相呈块状，其形态和界面结构完全不同于马氏体。除 Fe-C 合金外，纯 Fe 和 Cu-Zn 合金也可以发生块状相变。

（4）贝氏体相变　过冷奥氏体在珠光体相变温度与马氏体相变温度之间发生相变，相变产物的组织形态兼有扩散型相变和非扩散型相变的特点，这种相变一般称为贝氏体相变或中温相变。之所以称其为不平衡相变，是因为获得贝氏体 α 相的冷却速率相对较快（非平衡冷却），相变的过冷度较大，α 相是通过切变完成的。贝氏体也是由 α 相和碳化物组成的混合物，但 α 相的碳含量、形态以及碳化物的形态与珠光体具有很大区别。

1.1.1.2.2　有色金属或合金的不平衡脱溶沉淀

图 1-2 为 A-B 二元合金相图左侧的局部图，当成分为 b 的合金加热到 t 温度时，β 相全部溶入 α 相中形成单一的固溶体。如果从 t 温度缓慢冷却，β 相将沿着固溶度曲线 MN 不断析出，产生平衡脱溶沉淀。如果从 t 温度快速冷却抑制 β 相析出，冷却到室温将得到单相过饱和 α 相，然后在室温或低于固溶度曲线 MN 的某个温度等温时，从 α 相中析出结构与成分均与平衡脱溶沉淀不同的新相，称为不平衡脱溶沉淀。

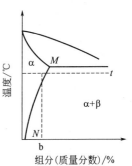

图 1-2　具有脱溶沉淀的
二元合金状态图

从上面介绍的几种相变可以看出，尽管固态相变的种类繁多，但归纳起来，今后在研究金属或合金的固态相变时，无外乎需要关注新相与母相以下三方面的差别。

① 晶体结构变化：纯金属的同素异构相变、多形性相变、马氏体相变和块状相变等只有晶体结构变化。

② 化学成分变化：调幅分解只有化学成分变化。

③ 有序程度变化：有序程度变化只包含有序化相变的相变。

需要指出的是，共析相变、脱溶沉淀、贝氏体相变和包析相变等，既有结构变化也有成分变化。在涉及上述固态相变的具体相变时，本书将做进一步介绍。

1.1.2　按热力学分类

按照相变前后热力学函数的变化，可将固态相变分为一级相变和二级相变。相变时新旧两相化学位相等，但化学位的一级偏微商不等，称为一级相变。设 α 为新相，β 为旧相，则：

$$\left.\begin{array}{l} \mu^{\alpha}=\mu^{\beta} \\ \left(\dfrac{\partial \mu^{\alpha}}{\partial T}\right)_{p}\neq\left(\dfrac{\partial \mu^{\beta}}{\partial T}\right)_{p} \\ \left(\dfrac{\partial \mu^{\alpha}}{\partial p}\right)_{T}\neq\left(\dfrac{\partial \mu^{\beta}}{\partial p}\right)_{T} \end{array}\right\} \tag{1-1}$$

因为 $\left(\dfrac{\partial \mu}{\partial T}\right)_{p}=-S$、$\left(\dfrac{\partial \mu}{\partial P}\right)_{T}=V$，所以 $S^{\alpha}\neq S^{\beta}$、$V^{\alpha}\neq V^{\beta}$。

式中，μ 为化学位；T 为温度；p 为压力；S 为熵；V 为体积。

也就是说，相变前后新旧两相的熵 S 与体积 V 均不相等，因此，一级相变有热效应和体积效应。除了部分有序化相变外，固态相变均为一级相变。

相变时新旧两相化学位相等，并且化学位一级偏微商也相等，只是二级偏微商不相等，这样的相变称为二级相变。

$$\left.\begin{array}{l} \mu^{\alpha}=\mu^{\beta} \\ \left(\dfrac{\partial \mu^{\alpha}}{\partial T}\right)_{p}=\left(\dfrac{\partial \mu^{\beta}}{\partial T}\right)_{p} \\ \left(\dfrac{\partial \mu^{\alpha}}{\partial p}\right)_{T}=\left(\dfrac{\partial \mu^{\beta}}{\partial p}\right)_{T} \\ \left(\dfrac{\partial^{2} \mu^{\alpha}}{\partial T^{2}}\right)_{p}\neq\left(\dfrac{\partial^{2} \mu^{\beta}}{\partial T^{2}}\right)_{p} \\ \left(\dfrac{\partial^{2} \mu^{\alpha}}{\partial p^{2}}\right)_{T}\neq\left(\dfrac{\partial^{2} \mu^{\beta}}{\partial p^{2}}\right)_{T} \\ \dfrac{\partial^{2} \mu^{\alpha}}{\partial T \partial p}\neq\dfrac{\partial^{2} \mu^{\beta}}{\partial T \partial p} \end{array}\right\} \tag{1-2}$$

因为

$$\left(\dfrac{\partial^{2} \mu}{\partial T^{2}}\right)_{p}=-\left(\dfrac{\partial S}{\partial T}\right)_{p}=-\dfrac{C_{p}}{T}$$

$$\left(\dfrac{\partial^{2} \mu}{\partial p^{2}}\right)_{T}=\left(\dfrac{\partial V}{\partial p}\right)_{T}=Vk, \quad k=\dfrac{1}{V}\left(\dfrac{\partial V}{\partial p}\right)_{T}$$

$$\dfrac{\partial^{2} \mu}{\partial T \partial p}=\left(\dfrac{\partial V}{\partial T}\right)_{p}=V\alpha, \quad \alpha=\dfrac{1}{V}\left(\dfrac{\partial V}{\partial T}\right)_{p}$$

所以

$$S^{\alpha}=S^{\beta}$$
$$V^{\alpha}=V^{\beta}$$
$$C_{p}^{\alpha}\neq C_{p}^{\beta}$$
$$\alpha^{\alpha}\neq\alpha^{\beta}$$

式中，k 为压缩系数；α 为膨胀系数；C_{p} 为热容。

可见，二级相变时没有熵和体积变化，只有热容的不连续变化以及压缩系数和膨胀系数的变化。

大多数的固态相变属于一级相变，一部分有序化相变、磁性相变以及超导态相变属于二级相变。

1.1.3　按原子迁移情况分类

按照相变时原子迁移情况，可将固态相变分为扩散型相变、非扩散型相变和半扩散型相变三类。

(1) 扩散型相变　相变依靠原子或离子扩散完成的称为扩散型相变。扩散型固态相变应满足温度足够高、原子或离子的活动能力足够强和扩散时间足够长这些条件。一般相变温度越高，原子或离子的活动能力越强，扩散距离也就越远。典型的扩散型相变如钢中的共析相变（珠光体相变）、平衡脱溶沉淀、调幅分解等。

扩散型相变的特点：a. 相变过程中不仅有原子或离子扩散，而且相变的速率受扩散速度控制；b. 母相和新相的化学成分不同；c. 母相和新相的比体积不同导致体积变化，但宏观形状不变。

(2) 非（无）扩散型相变　相变过程中原子或离子不发生扩散，这种类型的相变称为非（无）扩散型相变。典型的非扩散型相变如钢中的马氏体相变，ZrO_2 陶瓷中 t-ZrO_2——m-ZrO_2的低温马氏体相变等。

非（无）扩散型相变的相变机理比较复杂，到目前为止还存在许多争议甚至是未知的难题。一般认为，非（无）扩散型相变的速率很快，相变温度又很低，新相的形核和长大不可能靠原子或离子的扩散来完成。

非扩散型相变的特点：a. 相变过程中无原子或离子扩散，而且相变的速率极快；b. 母相和新相的化学成分相同；c. 相变过程中母相和新相存在确定的晶体学位向关系；d. 母相和新相的比体积不同导致体积变化，同时也有切变导致的宏观变形。

(3) 半扩散型相变　相变过程中既有点阵原子或离子切变，也有溶质原子或离子扩散的相变，称为半扩散型相变。半扩散型相变一般发生在冷却相变温度区域的中温区，也称中温相变。

钢中贝氏体相变是典型的半扩散型相变，相变时点阵原子铁原子发生无扩散的某种切变，而溶质原子碳原子可以发生扩散。因此，一方面贝氏体相变既有珠光体扩散型相变的特征，又有马氏体共格切变的特征；另一方面也决定了贝氏体相变具有复杂性和产物多样性。正因为如此，到目前为止贝氏体相变机制还存在诸多争议。

1.1.4　按相变方式分类

按照相变方式可将固态相变分为有核相变和无核相变。

有核相变的新相是通过形核-长大方式进行的，新相的核可以在母相中均匀形成，也可以在母相的某些有利于形核部位（如相界、晶界或缺陷处等）形成，晶核形成后不断长大完成相变过程。大部分固态相变均属于有核相变。

无核相变从固溶体中的成分起伏开始，通过成分起伏形成无明显界限的高浓度区和低浓度区，依靠上坡扩散使浓度差增大，最终导致一个单相固溶体分解为成分不同而点阵结构相同的以共格界面相联系的两相，这种相变称为无核相变。调幅分解就是典型的无核相变。

综上，图 1-3（见下页）给出了金属或合金固态相变的分类。

1.2　固态相变的一般特征

金属的固态相变与其凝固过程一样，也是以新相和母相的自由能差作为相变的驱动力。大多数金属固态相变都存在形核和核长大两个基本过程，并且遵循金属结晶过程的一般规律。所不同的是固态相变的新相是在固态下形成，因此具有不同于液态金属结晶过程的一系列特点。

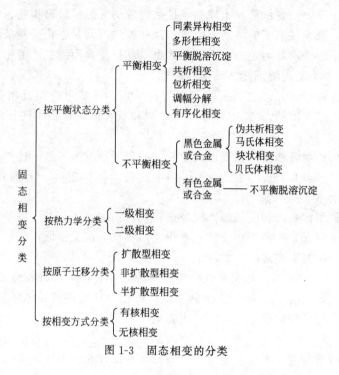

图 1-3　固态相变的分类

1.2.1　相界面

　　金属固态相变时，新相与母相的公共区域构成了两相的界面。由于新相和母相晶体结构不同，相界面处的原子排列必然比较混乱。相界面结构取决于相界面上晶体学匹配程度，它对新相的形核和核长大以及相变后材料的显微组织形态都有很大影响。与液态金属结晶时液-固相界面不同，固态金属或合金相界面按其结构不同可分为共格界面、半共格（部分共格）界面和非共格界面三类，如图 1-4 所示。

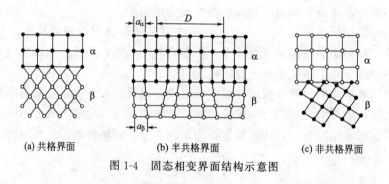

(a) 共格界面　　　　　　　(b) 半共格界面　　　　　　　(c) 非共格界面

图 1-4　固态相变界面结构示意图

　　为了表征新相和母相相界面上的原子排列匹配程度，引入错配度的概念。错配度是指新相和母相相界面处原子间距的相对差值，用符号 δ 表示。若以 a 表示其中一相沿平行于界面的晶向上的原子间距，Δa 表示两相在此方向上的原子间距之差，则错配度 δ 可以表示为：

$$\delta = \frac{\Delta a}{a} \tag{1-3}$$

　　（1）共格界面　共格界面是指新相和母相相界面上的原子排列完全匹配，此时相界面上的原子同时位于两相点阵的节点上并为两相所共有，这种界面称为共格界面，如图 1-4（a）

所示。一般地，只有孪晶面才是理想的共格界面。实际上，新相和母相的点阵总是有差别的，要么点阵结构不同，要么点阵参数不同，因此，一旦新相和母相完全共格，必将在相界面处产生弹性应变。若新相和母相之间的共格联系依靠正应变维持，则称为第一类共格；若以切应变来维持则称为第二类共格，如图 1-5 所示。

从图 1-5 中可以看出，共格界面两侧都有一定的畸变。图 1-5（a）所示为正应变，界面处一侧受压缩，另一侧受拉伸；图 1-5（b）所示为切应变，界面附近有晶面弯曲。

共格界面特点：a. 共格界面的错配度 δ 相对较小，界面处原子匹配程度相对较好，界面能相对也较小；b. 因界面附近有畸变，所以弹性畸变能较大；c. 新相和母相有确定的晶体学位向关系，新相往往沿着母相一定晶面形核长大，这个晶面通常称为惯习面（惯析面）。

（2）半共格界面　由式（1-3）可以看出，错配度 δ 越大，则弹性应变能也越大。当 δ 增大到一定程度时，也就是弹性应变能增大到一定程度时，超过了母相的屈服极限，将导致母相产生塑性变形。塑性变形的结果是母相中产生一定量的位错（D 为一组刃型位错的间距），以降低界面的弹性应变能。位错的出现，必然导致新相和母相界面的原子由完全匹配的共格，变成部分地保持匹配，这种界面称为半共格界面，如图 1-4（b）所示。

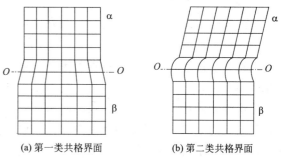

(a) 第一类共格界面　　(b) 第二类共格界面

图 1-5　第一类共格界面和第二类共格界面示意图

半共格界面特点：a. 和共格界面比，半共格界面的错配度 δ 相对较大，界面处原子匹配程度相对较差，界面能相对也较大；b. 因界面附近的畸变比共格界面相对减小，所以弹性畸变能也相对较小；c. 新相和母相仍然有确定的晶体学位向关系，因此也有惯习面。

（3）非共格界面　当新相与母相的错配度 δ 很大时，母相塑性变形产生大量的位错，导致相界面原子由完全匹配变成原子排列相差很大，只能形成非共格界面，如图 1-4（c）所示。这种界面与大角晶界相似，是由原子不规则排列的很薄的过渡层构成的。

非共格界面特点：a. 非共格界面的错配度 δ 很大，界面处原子完全不匹配，可以看做是两相原子不规则排列的过渡层，界面能相对也较大；b. 界面附近也有一定的畸变，但弹性畸变能较小；c. 新相在形核长大过程中，与母相无确定的晶体学位向关系和惯习面。

新相和母相若保持共格或半共格界面时，它们之间必然有确定的晶体学位向关系；反过来，有确定的晶体学位向关系的新相和母相，其界面不一定保持共格或半共格关系，但如果没有确定的晶体学位向关系的新相和母相，其界面一定是非共格界面。

一般认为：错配度 $\delta < 0.05$ 时新相和母相可以构成完全共格界面；$\delta > 0.25$ 时新相和母相构成非共格界面；错配度在 $0.05 < \delta < 0.25$ 范围时，则形成半共格界面。

固态相变时新相和母相的界面能与界面结构和界面成分有关。界面上原子排列不规则会导致界面能升高。共格界面的界面能约为 $0.1 J/m^2$；半共格界面的界面能不超过 $0.5 J/m^2$；非共格界面的界面能则为 $1.0 J/m^2$ 左右。此外，界面还有吸附溶质原子的作用，因为溶质原子若在晶格中存在，会引起晶格畸变而产生应变能，而当溶质原子在晶界处分布时，则会使界面应变能降低，如图 1-6（a）所示。因此，溶质原子总是趋向于在晶界处偏聚而不是均匀分布的，如图 1-6（b）所示。由于界面的吸附作用，使总的界面自由能降低。

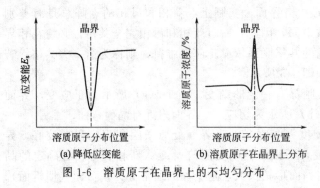

图 1-6　溶质原子在晶界上的不均匀分布

1.2.2　惯习面

　　为了减少新相与母相之间的界面能，新相在形核长大时通常和母相以原子密度大的低指数晶面保持互相平行，也就是与母相保持一定的晶体学位向关系。例如钢中马氏体相变时，新相马氏体与母相奥氏体有确定的晶体学位向关系，即马氏体的密排面 $\{110\}_{\alpha'}$ 与奥氏体的密排面 $\{111\}_\gamma$ 平行，马氏体的密排方向 $<111>_{\alpha'}$ 与奥氏体的密排方向 $<110>_\gamma$ 平行，记为：

$$\{110\}_{\alpha'}//\{111\}_\gamma；<111>_{\alpha'}//<110>_\gamma$$

　　新相在形核长大过程中往往在母相一定晶面上开始形成，这个晶面称为惯习面，通常用母相的晶面来表示。例如钢中发生马氏体相变时，新相马氏体的惯习面为 $\{111\}_\gamma$。

　　值得注意的是，位向关系和惯习面的概念是不同的：位向关系强调的是新相在形核长大时，与母相的某些低指数晶面和晶向保持互相平行的这样一种关系；而惯习面强调的是与新相保持平行关系的母相晶面。

1.2.3　应变能

　　金属固态相变时，由于新相与母相的比体积不同，导致新相形成时的体积变化受到周围母相的约束而产生弹性应力和应变（图 1-7），导致系统额外产生一项弹性应变能。

　　除了因比体积不同产生的应变能之外，新相和母相还因形成共格界面或半共格界面产生弹性应变能。当然，共格界面的弹性应变能比半共格界面大，而非共格界面的弹性应变能可以忽略。之所以关注弹性应变能，是因为弹性应变能与界面能一样，都对相变起阻碍作用。因比体积差引起的弹性应变能与新相粒子的几何形状有关。若用 E_0 表示球状新相单位质量的弹性应变能，E_s 表示其他形状新相单位质量的弹性应变能，图 1-8 给出了新相形状与弹性应变能的关系。可见，球状新相的弹性应变能最大，盘（片）状新相的弹性应变能最小，针（棒）状弹性应变能居中。

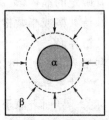

图 1-7　新相膨胀引起的应变示意图

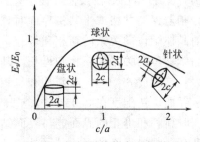

图 1-8　新相形状与应变能关系

　　由上述分析可知，固态相变的阻力应包括界面能和应变能两项，新相和母相的界面类型对应变能和界面能的影响是不同的。当新相和母相界面共格时，可以降低界面能，但导致共格应变能增大；当新相和母相界面不共格时，新相应变能最低，但界面能较高。一般认为，共格或半共格的新相形核长大的相变阻力主要是应变能，而非共格的新相形核长大的相变阻力主要是界面能。

固态相变时究竟是界面能还是应变能起主导作用，取决于具体相变的条件。如果相变时过冷度很大，临界晶核尺寸很小，单位体积新相的面积很大，则巨大的界面能增加了形核功，成为相变阻力，此时界面能起主导作用。如果新相采取和母相共格方式，以降低形核长大的界面能，同时因为共格增加的应变能又比较小，故而使总的形核功降低，此时应变能起主导作用。如果相变时过冷度很小，临界晶核尺寸很大，单位体积新相的面积很小，界面能不起主导作用，可以形成非共格界面。此时如果新相和母相的比体积差别很大，应变能起主导作用，按照图 1-8 易形成盘（片）状新相以降低应变能；如果新相和母相的比体积差别很小，应变能的作用不大，易形成球状新相以降低界面能。

1.2.4　晶体缺陷的影响

金属固态相变时，母相中存在各种晶体缺陷，如晶界、位错和空位等。在缺陷周围的点阵有畸变，储存有畸变能，因此新相往往在缺陷处优先形核长大。不仅如此，缺陷对晶核的生长及组元扩散等过程有很大影响，故一般情况下晶体缺陷对固态相变有促进作用。

1.2.5　溶质原子的扩散

一般由于新相和母相的化学成分不同，新相的形核长大必须通过某些组元的扩散来实现，这时扩散成为固态相变的控制因素。固态金属原子的扩散系数（如 1000℃ 时碳在 γ-Fe 的扩散系数为 $1.5 \times 10^{-11}\,\mathrm{m^2/s}$）相对较低，比液态金属一般低 $10^2 \sim 10^5$ 数量级，因此扩散速度对固态相变有显著影响。

对于受扩散控制的固态相变，随着过冷度的增大，相变驱动力随之增大，故新相的相变速率增大。但是当过冷度增大到一定程度后，尽管相变驱动力较大，可是相变进入到一个相对较低的温度区间，原子扩散因为温度较低变得困难，新相的相变速率反而降低。如果过冷度进一步增大，使相变温度移向一个更低的温度区间，也可能使扩散型相变被抑制，此时将发生其他形式的固态相变，如无扩散型相变。例如钢获得奥氏体后从高温快速冷却到低温时，扩散型相变被抑制，在低温发生无扩散的马氏体相变，生成亚稳态的新相马氏体。

1.2.6　过渡相

从热力学方面看，新相形成时能量越低，存在越稳定。固态相变过程中新相为了降低能量，首先形成亚稳相以减少表面能，最终在适当条件下相变为稳定的平衡相。

过渡相虽然在一定条件下可以稳定存在，但其自由能仍然高于平衡相，有继续相变直到达到平衡相为止的倾向。因此过渡相对固态相变过程的影响以及对相变后材料显微组织和性能的影响都很大。

另外，过渡相所处的温度范围、应力状态、点阵结构和化学成分等，与最终相变的平衡相（新相）相比也有很大不同。工程上利用亚稳过渡相可以改善零件变形开裂、尺寸稳定性和力学性能。

钢中淬火马氏体回火时，一方面为了降低碳化物形成所产生的界面能，在低温回火时形成与马氏体共格的过渡相 ε 碳化物，随着回火温度的升高，过渡相 ε 碳化物逐渐演变为与马氏体不共格的平衡相渗碳体。另一方面，在此固态相变过程中，随着回火温度逐渐升高，α'

相（马氏体）点阵畸变造成的应力场相对减小，α′相发生回复和再结晶，碳化物由亚稳的与马氏体共格的过渡相ε碳化物相变成渗碳体，它们点阵结构与化学成分均发生了显著的变化，当然显微组织和力学性能也将发生显著的变化。

1.3　固态相变热力学

1.3.1　固态相变的热力学条件

1.3.1.1　相变驱动力

从能量角度看如果固态相变能够发生，新相的形成必然引起三个方面能量的变化，即吉布斯自由能（或称化学自由能）、界面能和应变能。前面已经提过，界面能和应变能是固态相变新相形成时的阻力项，而吉布斯自由能则是判断一个封闭体系内是否发生一个自发过程（即相变）的能量判据。体系内各相的稳定性取决于各相吉布斯自由能的高低，吉布斯自由能最低的状态是该条件下最稳定的状态。一切体系都有降低自由能达到稳定状态的自发趋势。如果具备了引起体系自由能降低的条件，体系将自发地从高能状态向低能状态相变，这种相变称为自发相变。只有当新相的自由能低于母相的自由能时，自发相变才有可能发生，因此，新相和母相的自由能之差是母相自发相变为新相的驱动力，这就是固态相变热力学条件。否则，固态相变是不能自发进行的。由此可知，热力学提供了在一定条件下相平衡的条件。这种平衡条件可借助热力学函数吉布斯自由能与温度的关系得到：

$$G = H - TS \tag{1-4}$$

式中，G 为吉布斯自由能；H 为物质的焓；S 为物质的熵；T 为热力学温度。

为了获得相变的热力学条件，对热力学温度 T 求 G 的一阶导数和二阶导数。上式的全微分为：

$$dG = dH - TdS - SdT \tag{1-5}$$

对于可逆过程，热力学第一定律和第二定律的一般方程式可写成：

$$TdS = dH + dW \tag{1-6}$$

一般固态相变引起的体积变化相对较小，因此可以忽略不计。假定 W 为膨胀功（pdV），则在等容过程中体积 V 为常数，$dW = 0$，故 $TdS = dH$。将此代入式(1-5)可得到 $dG = -SdT$，从而得到一阶导数：

$$\left(\frac{\partial G}{\partial T}\right)_V = -S \tag{1-7}$$

由于 S 总为正值，所以 $\left(\dfrac{\partial G}{\partial T}\right)_V$ 应总为负值，即 G 总是随温度 T 的增加而降低。二阶导数为：

$$\left(\frac{\partial^2 G}{\partial T^2}\right)_V = -\left(\frac{\partial S}{\partial T}\right)_V \tag{1-8}$$

由于熵值 S 总是随温度的增加而增大，所以 $\left(\dfrac{\partial S}{\partial T}\right)_V$ 为正值，因此 $\left(\dfrac{\partial^2 G}{\partial T^2}\right)_V$ 为负值。

图1-9给出了α和γ两相自由能随温度 T 的变化曲线，两相自由能均随温度的升高而降低，但由于两相的熵值大小以及熵值随温度的变化程度不同，因此两相的自由能曲线可能相交于一点，如 T_0 对应的点。在 T_0 处，$G_\alpha = G_\gamma$，两相处于平衡状态，T_0 称为理论相变温度。由于体系趋向于自由能最低，所以当温度低于 T_0 时，G_α 低于 G_γ，γ相应当相变为α

相；反之当温度高于 T_0 时，α 相应当相变为 γ 相。应特别注意的是：这种相变不是发生在 T_0 处。只有通过冷却或加热，产生必要的过冷（$\Delta T = T_0 - T$）或过热（$\Delta T = T - T_0$），以获取相变所需的自由能差（$\Delta G_{\gamma \to \alpha}$ 或 $\Delta G_{\alpha \to \gamma}$），即满足相变热力学的能量条件时，才能发生 γ→α 或 α→γ 的相变。显然，随着过冷度或过热度 ΔT 的增大，相变朝着自由能降低且有利于相变发生的方向进行，因此，可以把过冷度或过热度 ΔT 视为相变的驱动力。

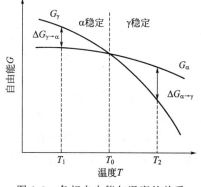

图 1-9　各相自由能与温度的关系

1.3.1.2　相变势垒

固态相变过程中，新相形成除了要有相变驱动力之外，还必须克服相变势垒。所谓相变势垒（能垒）是指构建新相时晶格改组所必须克服的原子间引力。图 1-10 为固态相变势垒的示意图，其中状态 Ⅰ 表示自由能相对较高的不稳定的母相 γ，状态 Ⅱ 表示自由能相对较低的并且相对较稳定的新相 α。根据热力学条件，α 相

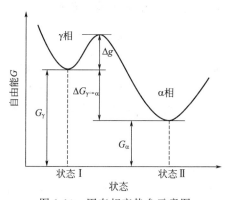

图 1-10　固态相变势垒示意图

的自由能比 γ 相低，存在自由能差 $\Delta G_{\gamma \to \alpha} = G_\alpha - G_\gamma < 0$，γ 相有自发相变为 α 相的趋势。但要使相变能够自发进行，不仅要有相变驱动力 $\Delta G_{\gamma \to \alpha}$，还要有克服因原子间引力而产生的相变势垒 Δg 所附加的能量。

晶体中原子可通过两种方式获得这种附加势垒能量。一种是原子热振动的不均匀性，因热振动不均匀可使某些原子获得很高的热振动能量，足以克服其自身的束缚力而离开平衡位置，即获得附加势垒能量。另一种是机械应力，例如弹性变形或塑性变形破坏了晶体原子排列的规律性，在晶体中产生内应力，可强制某些原子离开平衡位置，从而获得附加势垒能量。

势垒的高低可以近似地用激活能 Q 来表示。激活能是使晶体原子离开平衡位置迁移到另一个新的平衡位置所需的能量。显然，激活能越大，相变的势垒就越高。激活能大小与温度有关，温度越高，激活能越小，所以温度越高相变就越容易进行。但是，在更多情况下，势垒的大小是用晶体原子的自扩散系数 D 来表征的，自扩散系数 D 随温度降低呈指数关系下降，即：

$$D = D_0 \exp\left(-\frac{Q}{RT}\right) \tag{1-9}$$

式中，D_0 为系数（频率因子）；R 为气体常数；T 为热力学温度；Q 为激活能。

可见，自扩散系数越大，克服势垒的能力就越强，相变就越容易进行。

1.3.2　固态相变的形核

与液态金属或合金凝固类似，绝大多数固态相变都经历形核和核长大过程。就固态相变形核而言，某些固态相变的新相形核时，通过热激活使晶胚达到临界晶核尺寸，这是经典的

形核方式。还有采取非热激活的方式形核的，即相对尺寸较小并且在过冷度不大时不能成为核心的晶胚，当过冷度突然增大时超过临界尺寸自动成为晶核，形核不需要热激活，称为非热形核或变温形核。也有不需要形核的固态相变，即新相在母相固溶体中均匀地发展为结构相同、成分不同且无明确界限的两相而没有形核过程，这种固态相变称为无核相变。如调幅分解。

由上所述，固态相变可以分为有核相变和无核相变，对于有核相变的固态相变，其形核可分为均匀形核和非均匀形核两类。新相形核时绝大多数核心主要在母相的相界和晶体缺陷处，属于非均匀形核。新相在无缺陷区域的均匀形核是很少见的。由于均匀形核过程相对简单和便于分析，因此首先讨论均匀形核。

1.3.2.1　均匀形核

按照经典形核理论，与液态金属或合金凝固相比，固态相变过程中新相形成时增加了一项应变能，系统自由能变化应为：

$$\Delta G = n\Delta G_V + \eta n^{2/3}\sigma + nE_s \tag{1-10}$$

式中，ΔG 为新相与母相自由能差；n 为晶核中的原子数；ΔG_V 为新相与母相每个原子的自由能差；η 为晶核的形状系数，使得 $\eta n^{2/3}$ 等于晶核表面积；σ 为平均表面能；E_s 为晶核中每个原子的应变能。

上式可改写为：

$$\Delta G = n(\Delta G_V + E_s) + \eta n^{2/3}\sigma \tag{1-11}$$

当温度低于相变温度时，ΔG_V 为负值，不难看出只有 $|\Delta G_V| > E_s$ 时，式(1-11)右边第一项为负值，这样新相才有可能形核。假定晶核为球形，则固态相变的临界晶核形核功 ΔG^* 为：

$$\Delta G^* = \frac{4}{27} \times \frac{\eta^3 \sigma^3}{(\Delta G_V - E_s)^2} \tag{1-12}$$

由式(1-12)可见，应变能 E_s 增大，整个式子分母的代数值变小，ΔG^* 增大；表面能 σ 增大，ΔG^* 增大。所以应变能和表面能增大都引起形核功增大，从而导致新相形核困难。因此，具有低的界面能但应变能较高的共格晶核，趋向于形成盘状或片状；而具有高的界面能但应变能较低的共格晶核，则趋向于形成等轴状；由于体积膨胀引起的应变能较大时，晶核也可能呈片状或针状。

值得提出的是，固态相变的原子激活能较大，应变能又抵消了一部分相变驱动力，因此，在过冷度相同的条件下，固态相变的形核率比液态金属或合金凝固时要小很多，也就是说，固态相变的均匀形核实际上很难实现。

1.3.2.2　非均匀形核

金属与合金固态相变一般都是非均匀形核，母相中各种晶体缺陷可以作为形核的位置。母相中含有的晶体缺陷所造成的能量升高（如晶界的界面能和位错的应变能等）可以促进新相晶核的形成，因此比均匀形核要容易得多。非均匀形核时系统自由能变化应为：

$$\Delta G = n\Delta G_V + \eta n^{2/3}\sigma + nE_s - n'\Delta G_D \tag{1-13}$$

式中，ΔG_D 为构成晶体缺陷每个原子自由能的增加值，该项对形核有贡献，故取"—"号；n' 为促进形成晶核的晶体缺陷包含的原子数。

（1）晶界　新相形核时，尽可能减少表面积以降低表面能，因此，非共格形核时各界面均呈球冠形，而共格和半共格形核时界面一般呈平面。大角晶界形核时，因为不能同时与晶界两侧的晶粒都具有一定的晶体学位向关系，所以新相晶核只能与一侧母相晶粒共格或半共格，而与另一侧母相晶粒非共格，结果将使晶核形状发生改变，一侧为球冠形，另一侧则为平面，如图 1-11 所示。钢中奥氏体沿晶界析出先析铁素体的晶核即为此种情况。

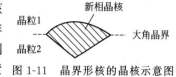

图 1-11　晶界形核的晶核示意图

（2）空位　空位通过影响扩散或者利用本身能量提供形核驱动力而促进形核，另外，空位群可以凝聚成位错而促进形核。实际的例子如合金在过饱和固溶体脱溶沉淀过程中，当固溶体从高温快冷至室温后，溶质原子被过饱和地保留在固溶体内的同时，大量过饱和空位也被保留下来，它们一方面促进溶质原子扩散，同时又作为沉淀相的成核位置，促进新相（即沉淀相）非均匀形核，从而使沉淀相弥散分布在整个基体中。在观察时效合金沉淀相分布时，经常看到在晶界附近有"无析出带"，在无析出带中看不到沉淀相，这是由于靠近晶界附近的过饱和空位因为扩散到晶界而消失了，所以这里未发生非均匀形核和沉淀相析出。

（3）位错　位错促进形核有三种方式。第一种方式为新相在位错线上形核，新相形成处的位错线消失，释放出来的能量使形核功降低而促进形核。很显然，位错的能量与柏氏矢量 b 有关，b 值越大促进形核的作用也越大。第二种方式是位错线不消失，依附在两相界面上，成为半共格界面中的位错部分，补偿了错配并降低了界面能，故使形核功降低有利于新相形核。第三种方式是新相与母相成分不同时，由于溶质原子偏聚于位错线上（附近）形成气团，有利于新相（即沉淀相）晶核形成，因此对相变有促进作用。

根据估算，当相变驱动力很小且新相和母相的界面能约为 $2 \times 10^{-5} J/cm^2$ 时，均匀形核的形核率仅为 $10^{-70} cm^{-3} \cdot s^{-1}$；如果晶体中位错密度为 $10^8 cm^{-1}$，则由位错促成的非均匀形核的形核率高达 $10^8 cm^{-3} \cdot s^{-1}$。可见，晶体中若存在较高密度位错时，固态相变难以均匀形核方式进行。

1.3.3　晶核长大

新相形核之后立即开始长大过程，如果新相晶核与母相之间存在一定的晶体学位向关系，则在长大时依然保持这种位向关系不变。新相的长大机制也与晶核的界面结构密切相关，具有共格、半共格或非共格的新相晶核，其长大机制也各不相同。实际上，完全共格的情况是很少的，即使新相和母相原子在界面上严格匹配，但在界面上也难免存在一定数量的杂质微粒，因此通常看到的只是半共格或非共格两种界面。

1.3.3.1　半共格界面的迁移

新相的晶核长大过程实际上是新相和母相两相界面的迁移过程。作为半共格界面，其界面能相对较低，故在长大时往往继续保持为平面。半共格界面上存在着位错，晶核长大时界面做法向迁移，界面的位错也应随着移动。半共格界面可能的结构如图 1-12 所示。图 1-12（a）为平界面，若刃型位错的柏氏矢量 b 沿着界面方向，则其不能通过滑移而必须借助攀移才能跟随界面移动，但平界面位错攀移困难，长大时必然要牵制界面迁移而成为新相晶核长大的阻碍。如果位错的柏氏矢量不在平界面上，而是与界面有一定的角度，如图 1-12（b）所示的阶梯界面，位错分布在阶梯状界面上，则在截面法线上是可以攀移的，因此不会阻碍新相的长大。

当位错分布在阶梯界面上，某些位错的柏氏矢量存在与阶梯台阶平行的分量，这些位错将有利于新相晶核的长大。因为当位错沿着平台做侧向滑动时，此平台就因台阶的侧向移动而向前移动，故新相能通过这种方式逐渐长大，如图 1-13 所示。

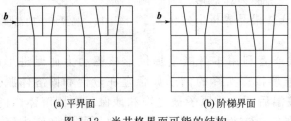

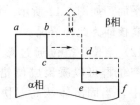

(a) 平界面　　　(b) 阶梯界面

图 1-12　半共格界面可能的结构　　　　　图 1-13　晶核台阶长大示意图

假定新相与母相的界面为如图 1-13 所示的台阶状，在已给出的 ab、cd 和 ef 台阶面上都有刃型位错，并且当 ab、cd 和 ef 台阶面上的刃型位错沿小箭头方向滑动时，相当于 ab 和 cd 台阶的侧面 bc 和 de 向其法线方向即小箭头方向移动。结果，整个界面向大箭头方向移动一个台阶厚度，相当于 ab 面上的刃型位错移动到 cd 面上，cd 面上的刃型位错移动到 ef 面上……最终结果是界面位错随着界面移动。这种晶核长大方式称"台阶机制"。实践证明，贝氏体中 α 相长大时界面移动就是采取这种方式的，另外 Al-Ag 合金脱溶沉淀时，新相也是采取这种方式长大的。

1.3.3.2　非共格界面的迁移

非共格界面可能的结构如图 1-14 所示。一般认为，非共格界面的原子具有不规则排列，可以看做是一个过渡薄层，界面处任何位置都可以接受原子或输出原子。随着母相原子不断地迁移到新相中，界面本身则作法向迁移，即新相连续不断长大。也有人认为，非共格界面可能呈台阶状，如图 1-15 所示。平台是新相原子排列最密集的密排晶面，平台高度为一个原子高度，故其长大是以台阶的小范围侧向移动进行的，台阶的横向移动引起界面在垂直方向上的推移而使新相长大。上述两种长大方式都是通过扩散进行的。

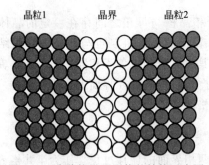

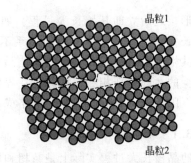

图 1-14　非共格界面可能的结构示意图　　　　图 1-15　台阶式非共格界面示意图

1.3.3.3　协同型转变与非协同型转变

大多数固态相变是依靠扩散进行的，也有些相变可全部或部分地通过切变完成。在有切变的固态相变过程中，参与相变的原子运动是协调一致的，相邻原子的相对位置不变，这种相变叫作"协同型"相变。与此相对应的是，相界面依靠原子扩散进行移动的相变叫作"非协同型"相变，也称扩散型相变。

由于协同型相变是依靠均匀的切变进行的，因此它使晶体发生外形变化。如果相变前制备一个高光洁度的抛光平面,则在发生切变后,抛光表面上会出现浮凸现象,如图 1-16 所示,可以在金相显微镜下观察到这种浮凸的存在。

协同型相变的一般特征是:①存在由均匀切变引起的形状改变,即浮凸现象;②母相与新相之间存在着一定的晶体学位向关系;③母相与新相的成分相同;④界面移动极快,可接近声速。

非协同型相变的一般特征是:①只有体积上的变化,没有特定的形状改变;②母相与新相的成分往往不同;③相变速率受扩散控制,即取决于扩散速度。

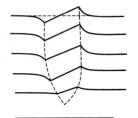

图 1-16　切变浮凸示意图

前已述及,固态相变种类很多,不一定都属于协同型相变或非协同型相变。典型的例子如贝氏体相变和某些魏氏组织相变,既有切变又有扩散,是协同型-非协同型的混合相变。表 1-1 给出了一些固态相变的种类和特征。

表 1-1　一些固态相变的种类和特征

固态相变的分类	相变特征
纯金属同素异构相变	温度或压力改变时,由一种晶体结构相变为另一种晶体结构,是重新形核和长大过程。如:α-Fe ⇌ γ-Fe;α-Co ⇌ γ-Co
固溶体多型性相变	类似于同素异构相变。如:Fe-Ni 合金中 γ ⇌ α;Ti-Zr 合金中 β ⇌ α
脱溶相变	过饱和固溶体的脱溶分解,析出亚稳定或稳定的第二相
共析相变	一相经过共析分解成结构不同的两相,如 Fe-C 合金中的 γ ⟶ α+Fe₃C,共析组织呈层片状
包析相变	不同结构的两相,经包析相变变成另一相,如 Ag-Al 合金中 α+γ ⟶ β,相变一般不能进行到底,组织中有 α 相残余
马氏体相变	相变时新相与母相成分不变,原子只做有规则的重排(切变)而不进行扩散,新相与母相共格并保持严格的位向关系,磨光面上有浮凸效应
块状相变	相变时新相与母相成分不变,晶体结构改变,相界面处原子有短程扩散,相变具有形核和长大特点,长大速度非常快,借助非共格界面迁移生成不规则的块状产物。如铁、低碳钢、Cu-Al 和 Cu-Ga 合金等有这种相变
贝氏体相变	兼有扩散型相变和非扩散型相变的特点,产物成分改变,钢中贝氏体相变通常认为是借助铁原子切变和碳原子扩散进行的,相变速率缓慢
调幅分解	固溶体分解为晶体结构相同但化学成分不同(在一定范围内连续变化)的两相,为非形核分解过程
有序化相变	合金元素原子从无规则排列到有规则排列,但结构不发生变化

1.4　固态相变动力学

固态相变动力学一般是讨论相变速率的问题,即在恒定条件下相变量与时间的关系。单位时间新相的相变量取决于新相的形核率和长大速度。由前两节可知,固态相变新相的形核率和长大速度都是相变温度的函数,因此,固态相变的动力学问题(即相变速率问题)必然与温度有关。到目前为止,还没有一个能够精确地反映各类相变的相变速率与温度之间关系的数学表达式。既然新相的相变量取决于新相的形核率和长大速度,用形核率 I 和长大速度 G 来描述相变速率是可行的。

对于扩散型固态相变,当满足①均匀形核、②形核率和长大速度为常数、③新相晶核为球形三个条件时,在一定过冷度下等温相变动力学可借用 Johnson-Mehl 方程来描述:

$$f(t)=1-\exp\left(\frac{\pi}{3}IG^3t^4\right) \tag{1-14}$$

式中，$f(t)$ 为新相的体积分数；t 为相变时间；G 为长大速度；I 为形核率。

利用式(1-14) 作出新相的相变动力学曲线，即新相体积分数与时间的关系曲线，如图 1-17 所示。可见，相变动力学曲线图 1-17(a) 均呈 "s" 形，即相变初期和相变后期的相变速率较慢，而相变中期的相变速率较快。具有形核和长大过程的所有相变均有此特征。

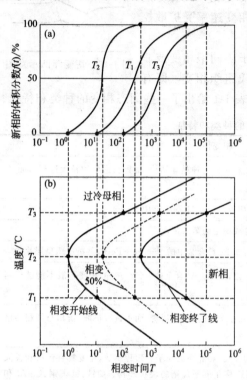

图 1-17　相变动力学曲线和动力学图
(a) 动力学曲线；(b) 动力学图

将图 1-17(a) 中的实验数据作成时间-温度-相变量的关系曲线，得到图 1-17(b)，该曲线称作等温相变动力学图，也称"TTT"图。由于该图中的曲线形状与英文字母 "C" 相似，因此也成为等温 "C 曲线"。这是扩散型相变中典型的相变动力学曲线。从 C 曲线中可以看出，相变有孕育期，这是因为新相形成时开始阶段取决于形核，需要经历能量起伏、晶体结构的动态改组和化学成分的起伏过程。当相变温度较高时，孕育期较长，固态相变延续的时间也较长；随着温度的降低，孕育期缩，相变速率加快，直至相变温度降至某一温度（一般称鼻温）时，孕育期最短，相变速率最快；此后相变温度再继续降低，孕育期又逐渐变长，相变速率也随之降低。如果相变温度再继续降低，有可能扩散型相变被抑制而不能发生，可能发生其他形式的固态相变。

从 C 曲线上暂时可以得到如下信息：①某一相过冷到临界点以下时，相变何时开始、相变量达到 50% 和相变结束点；②相变速率随温度的降低而增大，达到极大值后随温度降低而减小，即相变速率随过冷度 ΔT 的增大有极大值；③相变温度过低有可能扩散型相变被抑制而转化为非扩散型相变。对于 C 曲线，以后将涉及钢的过冷、奥氏体等温相变和连续相变 C 曲线，届时详细介绍。

应当指出，固态相变时尽管长大速度可以看做是常数，但形核率肯定不是常数。因为许多固态相变新相形核大多数优先在晶界或相界处，而不是均匀形核，所以形核率是变化的。因此，式(1-14) 是不严格的，故改用 Avrami 提出的方程式：

$$f(t)=1-\exp(-Kt^n) \tag{1-15}$$

式中，K 和 n 均为系数，取决于形核率 I 和长大速度 G；n 为时间指数，其值一般在 $1\sim4$。大多数固态相变的实验数据均与 Avrami 方程式符合得很好。

对于非扩散型固态相变，新相的形成过程也是一个形核和长大过程，但因相变是通过原子的协同动作完成的，因此相变速率极高。例如马氏体相变即使在 $-200℃$ 这样的低温，相变速率仍可高达 1000m/s。非扩散型固态相变的动力学比较复杂，还以马氏体相变为例，有些马氏体相变时，形核率和长大速度极快，即瞬间形核瞬间长大。当温度降低到马氏体开始相变温度（M_s）时便发生马氏体相变，其相变量随相变温度的降低而不断增加。延长时间马氏体数量并不增加。温度降低到马氏体相变终了温度 M_f 时，马氏体相变停止，这种马氏体叫作非热激活马氏体或降温马氏体。还有一类是等温形成的马氏体，其相变动力学曲线也呈 C 曲线，满足式(1-14) 的规律。显然，这类马氏体相变是需要热激活的，如图 1-18 所示。另外一类马氏体，其形成温度 M_s 相对较低，显微形貌呈"之"字形特征。实验证明，该类马氏体是通过协作形核或称自触发形核的连锁反应形成晶核并快速长大。上述三类马氏体的动力学特征有明显差异，究其原因主要区别在于它们的形核特点。由于马氏体相变机理到目前为止尚不明确，因此其相变动力学还有许多问题研究得不够清楚。按照热力学分析，马氏体形成时过冷度很大，相变驱动力很大，新相形成时原子作近程迁移，所需的相变激活能较低，导致马氏体晶核（新相界面）长大速度极快。

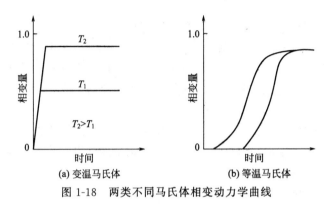

图 1-18　两类不同马氏体相变动力学曲线

第 2 章

奥氏体相变

奥氏体相变是固态相变中重要的相变之一，其重要性表现在：

① 从工程实际应用方面看，一般的热加工工艺由加热、保温和冷却三个阶段组成。除回火、少数去应力退火外，热加工工艺所指的加热一般均需要加热到临界点以上温度，形成部分或全部奥氏体，再经过适当的速率冷却使奥氏体相变为所需要的组织，从而获得所需要的使用性能。

② 从理论研究方面看，绝大多数 Fe-C 合金的固态相变大都首先加热得到奥氏体。奥氏体晶粒大小、形状、空间取向以及亚结构，奥氏体化学成分以及均匀性等将直接影响固态相变机理、相变产物以及材料的性能。

③ 当奥氏体过冷到临界点以下，其应力状态、稳定化程度以及缺陷含量等因素，对其发生冷却相变的相变量以及相变产物的影响至关重要。综上所述，研究奥氏体相变具有十分重要的意义。

本章介绍奥氏体相变时，为了使研究问题得到简化，首先以无先析相的共析钢为例，介绍珠光体通过等温获得平衡组织的加热方式（非常缓慢的等温加热）相变为奥氏体，这是本章学习的重点内容之一。其次简单介绍有先析相的非共析钢等温相变奥氏体。最后在此基础上简要介绍连续（变温）加热时的奥氏体相变。

另外，在学习奥氏体形成机制时，还必须注意到影响奥氏体等温形成的因素，这是理论研究和工程实际应用的基础，也是本章学习的重点内容。

2.1 奥氏体形成概述

按照晶体结构的定义，奥氏体是碳在 γ-Fe 中的间隙式固溶体。根据 Fe-Fe$_3$C 平衡相图，把钢从室温平衡加热到临界点以上温度时，奥氏体开始形成。但在工程实际热处理时很难做到平衡加热，所发生的相变往往是非平衡相变，此时对于奥氏体相变很难用 Fe-Fe$_3$C 平衡相图完全说清楚。因此为了掌握奥氏体相变的规律性，必须研究奥氏体形成的热力学条件、形成机理、动力学及其影响因素等。

2.1.1 Fe-Fe$_3$C 相图

Fe-C 合金缓慢加热时，奥氏体形成的温度范围可从 Fe-Fe$_3$C 相图（图 2-1）中得到。Fe-Fe$_3$C 相图能够清楚表明不同成分的 Fe-C 合金在各个温度区间平衡相的结构、成分和相对含量，同时也能够表示在缓慢加热和冷却过程中所发生的相变。

按照 Fe-Fe$_3$C 相图，室温组织为珠光体的共析钢加热到临界点 A_1（727℃）以上时，珠光体全部相变为奥氏体。非共析钢缓慢加热到临界点 A_1 以上时，首先是珠光体全部相变为奥氏体，此时非共析钢由先共析相和奥氏体两相组成。继续升高温度，先共析相不断向奥氏体相变，直到温度升高超过对应临界点 A_3 和 A_{cm} 以上时，先共析相全部相变为奥氏体，此时钢中只有单相奥氏体，这个过程称为钢的奥氏体化过程。相图中的 SGNJES 高温区域是奥氏体稳定存在区。

　　Fe-Fe$_3$C 相图是热力学达到平衡状态时的相图，前面提到，实际加热时相变是在不平衡状态下完成的，实际相变点与相图的相变点有一定的差异。图 2-2 为加热和冷却速率分别是 0.125℃/min 时，对 Fe-Fe$_3$C 相图临界点 A_1、A_3 和 A_{cm} 的影响。为了区别起见，加热时的临界点用 $A_{c,1}$、$A_{c,3}$ 和 $A_{c,cm}$ 表示，冷却时的临界点用 $A_{r,1}$、$A_{r,3}$ 和 $A_{r,cm}$ 表示。可见，加热时相变温度偏向高温，冷却时偏向低温，这称之为“滞后”现象。随着加热速率升高，奥氏体形成温度升高，偏离相图的临界点也越远。由此可见，非平衡加热时奥氏体相变以及相对含量等很难用 Fe-Fe$_3$C 平衡相图来表述清楚。

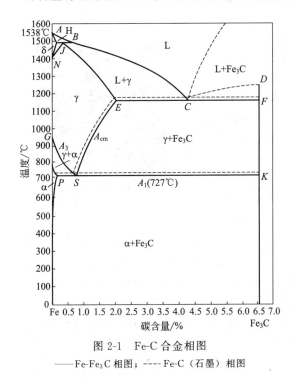
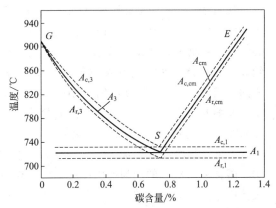

图 2-1　Fe-C 合金相图　　　　　　　　图 2-2　加热和冷却速率（0.125℃/min）
——Fe-Fe$_3$C 相图；---- Fe-C（石墨）相图　　　　　对临界点的影响

2.1.2　奥氏体形成的热力学条件

　　固态相变的动力是新相与母相的体积自由能差 $V\Delta g_V$，根据固态相变形核理论，奥氏体晶核形成时，系统的自由能变化为：

$$\Delta G = V\Delta g_V + S\sigma + \varepsilon V \tag{2-1}$$

　　式中，$S\sigma$ 为奥氏体形成时增加的界面能；εV 为奥氏体形成时增加的应变能。

　　因为奥氏体在高温形成，其相变的应变能 εV 很小，故可以忽略不计，因此阻力项主要来自界面能 $S\sigma$。所以式（2-1）可以改写为：

$$\Delta G = V\Delta g_V + S\sigma \tag{2-2}$$

图 2-3 为共析钢奥氏体和珠光体的自由能随温度的变化曲线。两曲线相交于 T_0（$A_1 =$

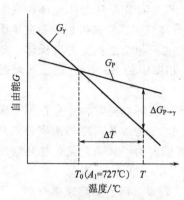

图 2-3 珠光体和奥氏体的自由能
与温度的关系（示意图）

727℃)点,可以认为,T_0 就是 Fe-Fe_3C 相图的临界点 A_1。当温度等于 $T_0 = A_1 = 727$℃时,新相奥氏体与母相珠光体的自由能相等,相变不能发生。只有当温度高于 $T_0 = A_1 = 727$℃的某个温度 T 时,$\Delta G_{P \to \gamma} = G_\gamma - G_P < 0$,此时式(2-2)中相变驱动力 $V\Delta g$ 能够克服奥氏体形成所增加的界面能和弹性能,奥氏体才能够自发地形成。也就是说,奥氏体形成时必须要有一定的过热度(ΔT)。工程实际热加工获得奥氏体的加热速率一般都比较快,奥氏体相变的临界点都比 Fe-Fe_3C 相图的临界点高。

2.1.3 奥氏体的组织、结构和性能

在通常情况下,奥氏体组织由等轴多边形晶粒组成,有时在晶内还能观察到孪晶,如图 2-4 所示。

按照晶体结构,奥氏体是 C 原子溶于 γ-Fe 形成的间隙式固溶体。既然 C 原子溶于 γ-Fe 的间隙位置,考虑到面心立方的 γ-Fe 有两类间隙,即四面体间隙和八面体间隙,显然八面体间隙的尺寸比四面体间隙大,因此,C 原子在 γ-Fe 点阵中应该处于 Fe 原子构成的八面体间隙中心位置,也就是面心立方晶胞中心或各棱边中点,如图 2-5 所示。如果按照八面体间隙位置全部填满 C 原子计算,则单位晶胞中有 $1/4 \times 12 + 1 = 4$ 个 C 原子和 $1/8 \times 8 + 1/2 \times 6 = 4$ 个 Fe 原子,其原子分数为 50%,折合质量分数为 17.6%,约等于 20%。但实际上奥氏体最大碳含量仅为 2.11% (Fe-Fe_3C 相图 E 点),折合原子分数约为 10%,也就是说,2.5 个 γ-Fe 晶

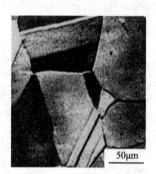

图 2-4 钢中的奥氏体

胞中才溶入一个 C 原子。其原因是 C 原子半径为 0.077nm,而 γ-Fe 点阵的八面体间隙半径为 0.052nm,一旦 C 原子溶入八面体间隙,必然引起 γ-Fe 的点阵畸变,导致相邻的八面体间隙位置不可能都填进去 C 原子。实际上,C 在奥氏体中呈统计均匀分布,应用统计计算结果表明,碳含量 0.85% 的均匀奥氏体中,可能存在着比其平均碳浓度高 8 倍的区域,也就是说,奥氏体中存在着 C 的浓度起伏。X 射线衍射测定,C 原子的存在,使 γ-Fe 点阵产生等称畸变,其点阵常数随碳含量的升高而增大,如图 2-6 所示。

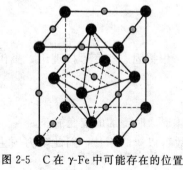

图 2-5 C 在 γ-Fe 中可能存在的位置
● Fe 原子　○ C 原子

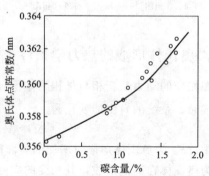

图 2-6 奥氏体点阵常数和
碳含量的关系

合金钢中的奥氏体是 C 和合金元素溶于 γ-Fe 形成的固溶体，其中 Mn、Si、Cr、Ni 和 Co 等溶入奥氏体中置换 Fe 原子形成置换式固溶体。它们的存在也引起点阵常数改变并使晶格畸变。点阵常数改变大小和晶格畸变程度，取决于合金元素含量以及合金元素原子和 Fe 原子半径的差异等因素。

奥氏体是顺磁性的，经常利用这一特性来研究钢中与奥氏体有关的相变，例如淬火马氏体与残余奥氏体的含量、相变点和残余奥氏体量的测定等。

在钢的各种组织中，面心立方点阵是一种最密排的点阵结构，致密度高，因此，奥氏体的比体积最小。例如在碳含量 0.8% 的碳钢中，奥氏体、铁素体和马氏体的比体积分别为 $0.12399\mathrm{m^3/g}$、$0.12708\mathrm{m^3/g}$ 和 $0.12915\mathrm{m^3/g}$。生产中利用这一特性，适当调整奥氏体含量，达到减小淬火工件的变形、防止开裂的目的。还可以利用这一性质，借助膨胀仪来测定奥氏体的相变情况。

奥氏体的线膨胀系数比其他组织大，例如在碳含量 0.8% 的碳钢中，奥氏体、铁素体、渗碳体和马氏体的线膨胀系数分别为 $2.4\times10^{-5}\mathrm{K^{-1}}$、$1.4\times10^{-5}\mathrm{K^{-1}}$、$1.2\times10^{-5}\mathrm{K^{-1}}$ 和 $1.1\times10^{-5}\mathrm{K^{-1}}$。工业上利用其线膨胀系数大的特点，用奥氏体钢制作热膨胀灵敏仪表元件。

除渗碳体外，钢中的各种组织中，奥氏体的导热性能最差。例如在碳钢中，铁素体、珠光体、马氏体、奥氏体和渗碳体的热导率分别为 $77.1\mathrm{W/(m\cdot K)}$、$51.9\mathrm{W/(m\cdot K)}$、$29.3\mathrm{W/(m\cdot K)}$、$14.6\mathrm{W/(m\cdot K)}$ 和 $4.2\mathrm{W/(m\cdot K)}$。因此，为了避免热应力引起工件变形，在实际加热时特别是奥氏体钢加热时，不可采取过大的加热速率。

尽管奥氏体是高温稳定相，如果加入能够扩大 γ 相区的合金元素，也可以使奥氏体成为室温稳定相，这类合金钢一般统称为奥氏体钢。室温下钢中只含有单相奥氏体，降低了钢内部微区形成原电池的可能性，提高了耐蚀性，这种钢也被称为不锈钢。

奥氏体因具有面心立方点阵滑移系，其塑性高但屈服强度低，易于变形，加工成形性好，因此锻造加工要求在奥氏体稳定的高温进行。由于高温下奥氏体屈服强度低，相变热应力和组织应力可能引起奥氏体晶粒塑性变形，出现孪晶并产生相变硬化，与冷塑性变形硬化类似，有可能在更高温度下引起奥氏体发生再结晶，使晶粒反常细化。奥氏体中 Fe 原子的自扩散激活能高，扩散系数小，因此奥氏体的热强性相对较好，可作为高温用钢。

奥氏体具有顺磁性，而其相变产物均为铁磁性，基于磁性法可以测定钢中奥氏体含量或其他铁磁相的含量。另外奥氏体钢又可作为无磁性钢使用。

2.2 奥氏体的形成

为了简化问题，首先以共析钢为例，讨论在等温加热条件下共析钢中室温珠光体相变为奥氏体；然后再讨论有先析相的非共析钢奥氏体的等温形成；最后讨论奥氏体的连续加热形成过程。

根据 Fe-Fe$_3$C 平衡相图，由铁素体（α 相）和渗碳体（Fe$_3$C 相）组成的珠光体，加热到临界点 A_1 温度以上时，珠光体将相变成单相奥氏体（γ 相），即：

$$\alpha \quad + \quad \mathrm{Fe_3C} \quad \longrightarrow \quad \gamma \qquad (2\text{-}3)$$

晶体结构：　　　体心立方　　　　　复杂斜方　　　　　面心立方
碳含量：　　　　0.0218%　　　　　6.67%　　　　　　0.77%

从式(2-3) 可以看出，新相奥氏体的晶体结构和碳含量与原来铁素体和渗碳体的差别很大，珠光体若相变成奥氏体，必须完成晶体结构重构和碳含量的调整。因此，奥氏体的形成过程是一个铁素体晶格改组和渗碳体溶解、通过碳原子在奥氏体中扩散来实现的过程。如

图 2-7 的实验已经证明，奥氏体相变满足固态相变的一般规律，通过形核和核长大完成的是一个典型的扩散型相变。

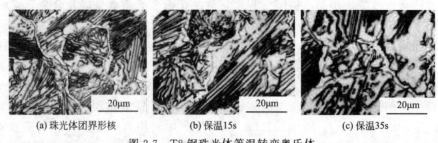

(a) 珠光体团界形核　　　　　(b) 保温15s　　　　　(c) 保温35s

图 2-7　T8 钢珠光体等温转变奥氏体

2.2.1　奥氏体的形核

　　奥氏体的形核方式目前公认的是扩散观点，依靠系统内部某个微区的能量起伏、成分起伏和结构起伏形成奥氏体晶核。一般在铁素体和渗碳体的相界面形核，或者在珠光体团界（图 2-7）、铁素体亚结构（嵌镶块）界面形核。

　　从图 2-1 Fe-Fe$_3$C 平衡相图的 GS 线可以看出这样的规律，铁素体和奥氏体两相共存的平衡温度是随着碳含量的升高而降低的。当加热到奥氏体的开始形成温度 A_1 时，铁素体的碳含量极低，为 0.0218%，这样的铁素体只有在比 A_1 更高的温度下才有可能达到奥氏体的碳含量从而相变为奥氏体。因此，不能把珠光体中奥氏体的形成简单理解为铁素体先相变为奥氏体，然后渗碳体不断溶入奥氏体中。按照 Fe-Fe$_3$C 平衡相图，为了使铁素体相变为奥氏体，铁素体中的最低碳含量必须是：727℃为 0.77%，740℃为 0.66%，780℃为 0.40%，800℃为 0.32%等。实际上在珠光体微观体积内，由于碳原子的热运动而存在着浓度起伏，所以在平均碳浓度很低的铁素体中，存在着高碳微区，其碳浓度能达到该温度下奥氏体稳定存在的要求。如果这些高碳微区因结构起伏和能量起伏而具备了面心立方结构和足够高的能量，就有可能相变成该温度下稳定存在的奥氏体临界晶核。这些晶核要能巩固下来并进一步长大，必须要有碳原子继续不断地供应。

　　奥氏体晶核在铁素体和渗碳体相界面处较容易形成，这是因为：①在铁素体和渗碳体相界面处，碳原子浓度相差较大，有利于获得形成奥氏体晶核所需要的碳浓度；②在铁素体和渗碳体相界面处，因为原子排列不规则，奥氏体晶核形成时晶格改组需要的结构起伏小，铁原子有可能通过短程扩散由母相的点阵向新相的点阵转移，从而促进奥氏体晶核形成；③在铁素体和渗碳体相界面处，杂质和晶体缺陷较多，不仅碳原子浓度高，而且畸变能相对也较高，如果奥氏体晶核在这些部位形成，有可能消除部分晶体缺陷，使整个系统自由能降低。

　　珠光体团边界与铁素体和渗碳体相界面一样，也是奥氏体形核的有利部位。此外快速加热时，由于过热度大，奥氏体临界晶核尺寸变小，相变所需的浓度起伏也减小，奥氏体晶核也有可能在铁素体内的亚结构处形核。

2.2.2　奥氏体的长大

　　当奥氏体晶核在铁素体和渗碳体的相界面形成后，便同时形成了两个相界面，即奥氏体与铁素体相界面（γ-α）和奥氏体与渗碳体相界面（γ-cem）。奥氏体的长大过程就是这两个相界面向原铁素体和渗碳体两侧的推移过程。而推移过程是依靠原子扩散完成的。原子扩散包括：①铁原子通过自扩散完成晶格改组；②碳原子扩散使奥氏体晶核向铁素体相和 Fe_3C 相两侧推移并长大。

若奥氏体晶核在铁素体和渗碳体的相界面形成，则在奥氏体晶核内部碳原子的浓度分布就不均匀。若奥氏体晶核在 A_1 以上的某个温度 T_1 等温形成，各相界面的碳浓度由 Fe-Fe$_3$C 平衡相图决定，如图 2-8(a) 所示，与铁素体相接的奥氏体的碳含量为 $C_{\gamma-\alpha}$，与渗碳体相接的奥氏体的碳含量为 $C_{\gamma-cem}$，与奥氏体相接的渗碳体的碳含量为 $C_{cem-\gamma}=6.67\%$。从图 2-8(a) 可见，奥氏体两个相界面之间的碳浓度不相等，即 $C_{\gamma-cem}>C_{\gamma-\alpha}$，因此，一旦奥氏体晶核在铁素体和渗碳体的相界面形成，其内部立刻存在碳的浓度梯度，使得碳原子从高浓度侧的奥氏体-渗碳体相界面，向低浓度侧的奥氏体-铁素体相界面扩散。扩散的结果不仅破坏了 T_1 温度下相界面碳的平衡浓度，同时也使得奥氏体晶核内碳的浓度梯度减小，即 $C_{\gamma-cem}$ 降低至 $C'_{\gamma-cem}$，$C_{\gamma-\alpha}$ 升高至 $C'_{\gamma-\alpha}$，如图 2-8(b) 中虚线所示。为了维持 T_1 温度下奥氏体晶核两侧相界面的碳浓度平衡，必须使渗碳体和铁素体分别溶入到奥氏体中，亦即相变成奥氏体。渗碳体溶解相变为奥氏体释放大量的碳原子使周围区域增碳，导致奥氏体-渗碳体相界面的碳含量恢复到 $C_{\gamma-cem}$，铁素体相变为奥氏体大量吸收碳原子使周围区域贫碳，导致奥氏体-铁素体相界面的碳含量恢复到 $C_{\gamma-\alpha}$。这样，奥氏体中的碳浓度梯度在 T_1 温度下又建立起来，碳原子的扩散又得以进行。如此历经"建立碳平衡""破坏碳平衡"和"建立碳平衡"的反复，奥氏体晶核不断向铁素体和渗碳体两侧推移长大。

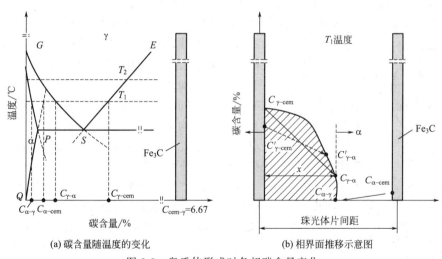

(a) 碳含量随温度的变化　　　　(b) 相界面推移示意图

图 2-8　奥氏体形成时各相碳含量变化

另外，如图 2-8(a) 所示，与奥氏体相接的铁素体的碳含量为 $C_{\alpha-\gamma}$，与渗碳体相接的铁素体的碳含量为 $C_{\alpha-cem}$。显然由于 $C_{\alpha-cem}>C_{\alpha-\gamma}$，在铁素体两侧相界面也存在着碳的浓度梯度，碳原子在奥氏体中扩散的同时，也在铁素体中扩散，如图 2-8(b) 所示。这种扩散对奥氏体长大有促进作用，但因浓度梯度太小作用甚微。

由上述可见，奥氏体中存在碳的浓度梯度是其在铁素体和渗碳体两相界面上形核的必然结果，它是奥氏体-渗碳体和奥氏体-铁素体相界面移动的推动力。相界面推移的结果是渗碳体不断溶解，铁素体逐渐相变为奥氏体。那么，奥氏体向铁素体和向渗碳体两侧推移的速度是否相等呢？如果不相等，结果必然导致铁素体或渗碳体其中一相有剩余。后面奥氏体等温形成动力学一节将介绍，奥氏体向铁素体一侧推移速度比其向渗碳体一侧推移速度快很多，结果导致渗碳体有剩余。

2.2.3 残余渗碳体溶解

在奥氏体晶核长大过程中，由于奥氏体与铁素体相界面处的碳浓度差 $C_{\gamma\text{-}\alpha}-C_{\alpha\text{-}\gamma}$ 显著地小于渗碳体和奥氏体相界面处的碳浓度差 $C_{\text{cem-}\gamma}-C_{\gamma\text{-cem}}$，奥氏体向渗碳体一侧推移时只需要溶解一少部分渗碳体就能使碳含量达到平衡，而向铁素体一侧推移时必须大量溶解铁素体才能使奥氏体的碳含量达到平衡。因此，奥氏体形成时溶解铁素体的速度始终大于溶解渗碳体的速度［见公式(2-8)］，在共析钢中铁素体总是先消失而渗碳体有剩余。

渗碳体溶入奥氏体中的机理，目前还不十分清楚。有人认为，通过渗碳体中的碳原子向奥氏体中扩散，铁原子向贫碳的渗碳体区域扩散，当过热度较大时，渗碳体点阵向奥氏体点阵改组实现渗碳体最终不断溶解。

2.2.4 奥氏体成分均匀化

共析钢奥氏体在高于 $A_{c,1}$ 以上的某个温度 T_1 等温形成时，当其晶核向铁素体和渗碳体两侧推移刚刚接触，也就是奥氏体相变刚刚完成时，根据相平衡理论，从图 2-8(a) 的 Fe-Fe₃C 平衡相图能看出，由于 ES 线的斜率相对较大，GS 线的斜率相对较小，靠近铁素体处的奥氏体碳含量低于共析成分较多，靠近渗碳体处的奥氏体碳含量高于共析成分较少。所以，当珠光体相变为奥氏体刚刚完成时，奥氏体中的碳含量是不均匀的。另外，在残余渗碳体全部溶解之后，碳在奥氏体中的分布仍然是不均匀的，原来为渗碳体的区域碳浓度较高，而原来为铁素体的区域碳浓度较低。而且，这种碳浓度的不均匀性随着过热度的增大而愈加严重。因此，只有通过继续加热或保温，使碳原子在足够高温度下或有足够的时间充分扩散，才能使整个奥氏体中的碳含量趋于分布均匀。工程实际热加工工艺中的保温一段时间，其主要目的之一就是使残余渗碳体溶解和奥氏体的碳含量分布均匀。

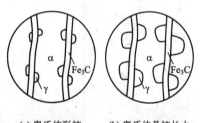

(a) 奥氏体形核　　(b) 奥氏体晶核长大

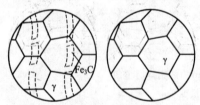

(c) 残余Fe₃C溶解　　(d) 奥氏体成分均匀化

图 2-9　共析钢奥氏体等温形成过程示意

综上所述，共析钢奥氏体的等温形成过程可分为四个阶段：①奥氏体形核；②奥氏体晶核长大；③残余渗碳体溶解；④奥氏体成分均匀化。其示意见图 2-9。

顺便指出：非共析钢的奥氏体等温形成机制和过程与共析钢基本相同，也分为奥氏体形核、奥氏体晶核长大、残余渗碳体和先共析相的溶解以及奥氏体成分均匀化四个阶段。当珠光体相变为奥氏体后，先共析相溶解相变为奥氏体，这些都是靠原子扩散实现的。

值得指出的是，非共析钢的奥氏体化过程中，碳化物溶解以及奥氏体成分均匀化的时间更长。

2.3 奥氏体等温形成动力学

奥氏体等温动力学是研究奥氏体等温形成速度问题，即在一定温度下奥氏体相变量与时间的关系。奥氏体的形成速度取决于形核和核长大的速度，而形核和核长大的速度则取决于钢的化学成分、原始组织和温度等条件的影响。为了使问题简化，本书只讨论共析钢奥氏体等温动力学，首先介绍形核率 I 和线长大速度 G，然后介绍奥氏体等温动力学曲线和等温动力学图，最后介绍影响奥氏体等温动力学的因素。

2.3.1 形核率

研究指出，奥氏体在均匀形核条件下，形核率 I 与温度的关系为：

$$I = C' e^{-\frac{Q}{kT}} \times e^{-\frac{\Delta G}{kT}} \qquad (2-4)$$

式中，C' 为常数；T 为热力学温度；Q 为扩散激活能；ΔG 为临界形核功；k 为玻耳兹曼常数。

由式(2-4)可见，奥氏体等温形成时，其形核率 I 为常数。形成温度升高，形核率 I 呈指数增加。随着等温温度的升高，一方面过热度 ΔT 增大，相变驱动力增大，ΔG 降低，形核率 I 增大；另一方面碳原子的扩散系数增大，碳原子的扩散速度随着等温温度的升高而增大，有利于点阵重构，使形核率 I 增大。由于奥氏体是由与其碳浓度相差很大的铁素体和渗碳体相变而成的，因此，随着等温温度的升高，铁素体和渗碳体与奥氏体的碳浓度差越小，越有利于奥氏体的形成。由图 2-8(a) 可见，等温温度越高，GS 线和 ES 线开口越大，$C_{\gamma \to \alpha} - C_{\alpha \to \gamma}$ 和 $C_{cem \to \gamma} - C_{\gamma \to cem}$ 随之减小，也就是说，奥氏体形核所需的碳浓度起伏减小，也促使形核率 I 增大。表 2-1 给出了共析钢奥氏体形核率 I 和线长大速度 G 与加热温度的关系。由表可见，等温温度从 740℃升高到 800℃时，形核率 I 增大了 269 倍，而长大速度 G 增大了 80 余倍，因此，随着等温温度的升高，奥氏体形成速度迅速增大。

表 2-1 奥氏体形核率和线长大速度与温度的关系

相变温度/℃	形核率/s⁻¹·mm⁻³	线长大速度/(mm/s)	相变完成一半的时间/s
740	2280	0.0005	100
760	11000	0.010	9
780	51500	0.026	3
800	616000	0.041	1

2.3.2 长大速度

根据前面所述的奥氏体形成机制，奥氏体晶核形成后，其线长大速度指的是奥氏体向奥氏体-铁素体和奥氏体-渗碳体两相界面的推移速度，忽略碳原子在铁素体中扩散对相界面推移速度的影响，由扩散定律推导出奥氏体形成时相界面的推移速度为：

$$G = -K D_C^{\gamma} \frac{dC}{dx} \times \frac{1}{\Delta C_B} \qquad (2-5)$$

式中，K 为常数；D_C^{γ} 为碳在奥氏体中的扩散系数；$\dfrac{dC}{dx}$ 为相界面处奥氏体中的碳浓度梯度；ΔC_B 为相界面浓度差。

式中的"$-$"表示碳原子下坡扩散。一般地，在某一个珠光体层片间距内形成的奥氏体，和其他层片间距内形成奥氏体的过程基本类似，因此，可以用一个层片间距内的奥氏体长大速度代替奥氏体长大的平均速度。所以：

$$\frac{dC}{dx} \approx \frac{C_{\gamma \to cem} - C_{\gamma \to \alpha}}{S_0} \qquad (2-6)$$

式中，S_0 为珠光体层片间距；$C_{\gamma \to cem} - C_{\gamma \to \alpha}$ 为奥氏体两相界面浓度差，可由图 2-8(a) 中的 GS 线和 ES 线确定。

经过上述简化后，便可根据式(2-5)估算奥氏体分别向铁素体和渗碳体两侧的推移速度。但是由于式(2-5)忽略了碳原子在铁素体中的扩散，所以，依据式(2-5)估算奥氏体的长大速度，其计算值比实验值偏小，特别是当温度升高时，计算值与实验值的偏差更大。原因是，当铁素体中的碳扩散到 $\gamma\text{-}\alpha$ 相界面时，在该相界面处形成高碳区，使得界面碳浓度差 $C_{\gamma \to \alpha} - C_{\alpha \to \gamma}$ 减小，有利于奥氏体向铁素体中推移长大。在等温相变时，D_C^γ 和 $\dfrac{dC}{dx}$ 均为常数（通过相图确定），则式(2-5)改写为：

$$G = \frac{K'}{\Delta C_B} \tag{2-7}$$

式(2-7)适用于奥氏体向铁素体一侧推移速度和奥氏体向渗碳体一侧推移速度，并且对原始组织为片状还是粒状珠光体均可适用。

780℃时实测与渗碳体相接的奥氏体碳含量 $C_{\gamma \to cem} = 0.89\%$，与铁素体相接的奥氏体碳含量为 $C_{\gamma \to \alpha} = 0.41\%$。根据式(2-7)，当奥氏体 780℃等温形成时，奥氏体向铁素体一侧的推移速度为：

$$G_{\gamma \to \alpha} \approx \frac{K'}{0.41 - 0.02}$$

奥氏体向渗碳体一侧的推移速度为：

$$G_{\gamma \to cem} \approx \frac{K'}{6.67 - 0.89}$$

$$\frac{G_{\gamma \to \alpha}}{G_{\gamma \to cem}} = \frac{6.67 - 0.89}{0.41 - 0.02} \approx 14.8 \tag{2-8}$$

即奥氏体长大时，其向铁素体一侧的推移速度比向渗碳体一侧的推移速度快约 14 倍。但是，一般片状珠光体的铁素体片厚度比渗碳体片厚度大 7 倍，因此，奥氏体等温形成时，总是铁素体相先消失，铁素体相变为奥氏体结束后，还有相当数量的渗碳体未完全溶解，还需要经过残余渗碳体溶解和奥氏体成分均匀化过程，才能获得成分均匀的奥氏体。

奥氏体线长大速度随奥氏体形成温度的升高而增大。因为等温温度升高，碳在奥氏体中的扩散系数呈指数关系增大，而且碳在奥氏体中的浓度梯度增大，见式(2-6)，因此奥氏体长大速度增大。另外，相变温度升高使得奥氏体长大时，铁素体和渗碳体与奥氏体的碳浓度差 $C_{\gamma \to \alpha} - C_{\alpha \to \gamma}$ 和 $C_{cem \to \gamma} - C_{\gamma \to cem}$ 随之减小，有利于奥氏体的形成，所以奥氏体形成时的相界面推移速度加快。

综上所述，奥氏体形成温度升高时，形核率 I 和线长大速度 G 均随温度的升高而增大，所以，奥氏体形成速度随形成温度升高而单调增大。

2.3.3 奥氏体等温动力学曲线

为了简便起见，首先讨论共析钢奥氏体等温动力学曲线。奥氏体等温形成时，形核率和长大速度均为常数，其相变量与相变时间的关系如图 2-10(a)所示，该曲线称为奥氏体等温动力学曲线。这些曲线清楚地表示出了不同温度下，奥氏体相变量与等温形成时间的关系。为了便于使用，通常把不同温度下相变相同数量所需的时间，综合成图 2-10(b)的形式，即为奥氏体等温形成图。

但是，图 2-10(b) 表示的是珠光体刚刚相变为奥氏体的情况，实际上此时钢中仍有一定量的残余渗碳体存在，这部分渗碳体还需要经过一段时间保温后，才能完全溶入到奥氏体中。而且即使渗碳体溶解完成，仍需要保温一段时间，才能使奥氏体成分均匀化。如果将残余渗碳体溶解和奥氏体成分均匀化的过程全部表示在共析钢奥氏体等温形成图上，则如图 2-11 所示。

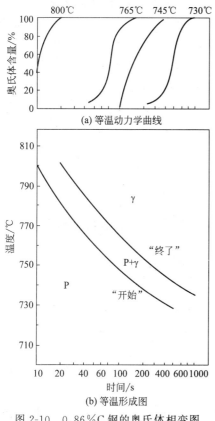

图 2-10　0.86%C 钢的奥氏体相变图

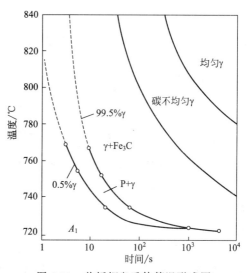

图 2-11　共析钢奥氏体等温形成图

从奥氏体等温动力学曲线［图 2-10(a)］和等温形成图［图 2-10(b)］中可以得到如下信息：

① 在高于 $A_{c,1}$ 温度保温时，珠光体-奥氏体相变并不是立刻进行，而是需要经过一定时间孕育才开始发生，这段时间称为珠光体等温相变为奥氏体的孕育期。温度越高，孕育期越短。需要孕育期是扩散型相变的典型特点。

② 奥氏体形成速率在整个相变过程中是不同的。开始相变时速率较慢；以后相变速率逐渐增大；当奥氏体的相变量大于 50% 后，相变速率又开始变慢［见图 2-10(a)］。

③ 温度越高，形成奥氏体所需的时间越短，即奥氏体的相变速率越快。

④ 在奥氏体刚刚形成时，还需要经过一段时间保温，使残余渗碳体溶解和奥氏体成分均匀化。在整个奥氏体形成过程中，奥氏体成分均匀化所需的时间最长。

需要指出的是，上述孕育期只是表示在所采用的研究方法中，能首先观察到奥氏体某一相变量时所消耗的时间。该相变量对于不同的测试方法或测试仪器而言是有差别的，因此，理论上孕育期是第一个奥氏体开始相变之前对应的一段准备时间。第一个奥氏体开始相变时一般仪器是很难测到的，所以实际孕育期通常是指能测到的奥氏体相变量（如 0.5%）之前对应的一段时间。

图 2-12 示出了实测的过共析钢（碳含量 1.2%）和亚共析钢（碳含量 0.45%）的奥氏体等温形成图。对比图 2-11 和图 2-12 可见，共析钢、过共析钢和亚共析钢的奥氏体等温形成图基本上一样，都是由奥氏体的形成、残余渗碳体的溶解以及奥氏体成分均匀化几个阶段组成。这进一步说明非析钢的奥氏体等温形成过程与共析钢类似，只是多了一个先共析相相变为奥氏体的过程。从图 2-12(b) 可见，亚共析钢多了一条先共析铁素体溶解"终了"曲线。从图 2-12(a) 可见，过共析钢的渗碳体溶解以及奥氏体成分均匀化需要的时间加长。

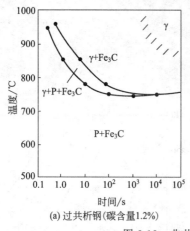 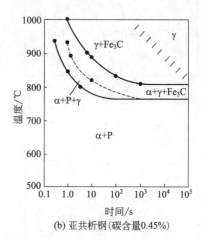

(a) 过共析钢(碳含量1.2%)　　　　　　(b) 亚共析钢(碳含量0.45%)

图 2-12　非共析钢奥氏体等温形成图

亚共析钢的室温退火组织为珠光体加先析铁素体。其中珠光体的数量随钢的碳含量降低而减少。对于这类钢，当加热到 $A_{c,1}$ 以上某个温度珠光体相变为奥氏体后，如果保温时间不太长，可能有部分铁素体和渗碳体被残留下来。对于碳含量比较高的亚共析钢，在 $A_{c,3}$ 以上等温加热时，铁素体全部相变为奥氏体后不久，有可能仍有部分渗碳体残留，再继续保温，才能使残余渗碳体溶解和奥氏体成分均匀化。

共析钢的室温退火组织为珠光体加先共析渗碳体。这类钢中渗碳体的数量比共析钢多，因此，当加热温度在 $A_{c,1} \sim A_{c,cm}$ 之间珠光体刚刚相变为奥氏体时，钢中仍有大部分先共析渗碳体和部分共析渗碳体尚未溶解。只有在温度超过 $A_{c,cm}$，并经过长时间保温后，渗碳体才能完全溶解。同样，在渗碳体溶解后，还需要延长时间保温才能使奥氏体成分均匀化。

2.4　影响奥氏体等温形成速度的因素

由于奥氏体的形成是依靠形核和核长大来完成的，因此，一切影响奥氏体形成速度的因素都是通过影响奥氏体形核和核长大而起作用的。

2.4.1　加热温度的影响

加热温度的影响表现在以下几个方面：

① 加热温度升高，过热度 ΔT 增大，相变驱动力 ΔG 增大，原子扩散速度增加，形核率 I 和长大速度 G 均增大，并且形核率 I 的增大速率高于长大速度 G 的增大速率，如表 2-1 所示。

② 从等温相变图可知，加热温度升高，奥氏体等温形成的孕育期变小，奥氏体相变完

成时间变短，即奥氏体形成速度增大。

③ 加热温度升高，由 Fe-Fe$_3$C 平衡相图［图 2-8(a)］可知，不仅 $C_{\gamma \to cem} - C_{\gamma \to \alpha}$ 增大，即 dC/dx 增大，而且奥氏体与铁素体和渗碳体的相界面碳浓度差 $\Delta C_{B\alpha} = C_{\gamma \to \alpha} - C_{\alpha \to \gamma}$ 和 $\Delta C_{Bcem} = C_{cem \to \gamma} - C_{\gamma \to cem}$ 随之减小，因此形核率 I 和长大速度 G 均增大。

④ 加热温度升高，奥氏体向铁素体一侧推移速度比向渗碳体一侧推移速度加快，在铁素体消失瞬间残余渗碳体的数量增加，奥氏体中碳含量降低，如表 2-2 所示，相变的不平衡程度增加。

表 2-2　奥氏体形成温度对其碳含量的影响

奥氏体形成温度/℃	735	760	780	850	900
基体碳含量(相消失时)/%	0.77	0.69	0.61	0.51	0.46

综上所述，随着奥氏体形成温度的升高，奥氏体的起始晶粒细化；同时，相变的不平衡程度也随之增大，在铁素体消失的瞬间，残余渗碳体数量增多，使得奥氏体中的平均碳含量降低。这两个因素对改善淬火高碳钢的韧性具有显著的工程实际意义。另外实验证明，在影响奥氏体形成速度的诸多因素中，加热温度的影响最为显著，因此，实际奥氏体形成时控制加热温度十分重要。

2.4.2　碳含量的影响

钢中碳含量越高，一方面碳化物的数量就越多，增加了铁素体与渗碳体的相界面，增加了奥氏体的形核部位，在相同的加热温度下奥氏体形核 I 增大；另一方面，碳化物的数量增多，使得珠光体层片间距 S_0 变小，不仅导致 dC/dx 增大，而且也使奥氏体形成时碳原子扩散距离减小，因此导致奥氏体长大速度 G 增大。图 2-13 给出了碳含量对奥氏体相变 50% 时所需时间的影响。由图中看出，在 740℃ 时，碳含量为 0.46% 的钢所需时间为 7min；碳含量为 0.85% 的钢需要 5min；而碳含量为 1.35% 的钢仅需 2min。但是，在过共析钢中，随着碳含量的增加，由于碳化物数量过多，导致残余渗碳体的溶解和奥氏体成分的均匀化时间延长。

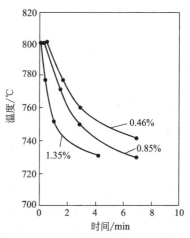

图 2-13　不同碳含量钢 P→A
转变 50% 所需时间

2.4.3　原始组织的影响

这里所谓的原始组织是指珠光体组织。在钢的成分相同的前提下，原始组织中碳化物分散度越大，相应的铁素体与渗碳体的相界面就越多，奥氏体形核率 I 越大；原始组织中碳化物分散度越大，珠光体层片间距 S_0 就越小，不仅使 dC/dx 增大，而且也使奥氏体形成时碳原子扩散距离减小，导致奥氏体长大速度 G 增大。例如，等温温度为 760℃ 时，若珠光体的层片间距从 0.5μm 减小至 0.1μm，则奥氏体的长大速度增大近 7 倍。因此，钢成分相同时，原始组织为屈氏体的奥氏体形成速度比原始组织为索氏体和珠光体的都快，粗珠光体的奥氏体形成速度最慢。

原始组织中，碳化物的形状对奥氏体的形成速度也有影响。与粒状珠光体相比，片状珠光体的相界面比较大，渗碳体较薄，易于溶解，加热时奥氏体容易形成，如图 2-14 所示。从图 2-14 可以看出，无论在高温还是低温，原始组织为片状碳化物的，其奥氏体长大速度比原始组织为粒状碳化物的大，这在低温时更为明显。

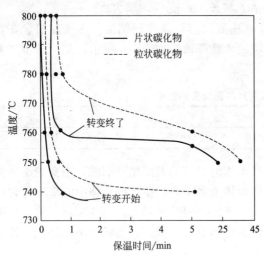

图 2-14　0.9％钢珠光体形态对奥氏体长大速度的影响

通常，粒状珠光体组织与片状珠光体组织相比，奥氏体形成时，其残余渗碳体的溶解和奥氏体成分均匀化的时间都比较长。

2.4.4　合金元素的影响

钢中加入合金元素，并未改变奥氏体的形成机制，但影响碳化物的稳定性和碳在奥氏体中的扩散系数。而且，许多合金元素在碳化物和基体之间的分布是不均匀的，因此，合金元素将影响钢中奥氏体的形核、长大、碳化物溶解以及奥氏体成分的均匀化的速度。关于合金元素对奥氏体形成速度的影响可以从下面几个方面来说明。

（1）影响碳在奥氏体中的扩散系数　强碳化物形成元素如 Cr、Mo、W 等，降低碳在奥氏体中的扩散系数。例如，加入 3％ 的 Mo 或 1％ 的 W 可使碳在 γ-Fe 中的扩散速度减少一半，因此大大降低了珠光体向奥氏体的相变速率。非碳化物形成元素 Co 和 Ni 增大碳在奥氏体中的扩散系数。例如碳钢中加入 4％ 的 Co，可使碳在奥氏体中的扩散系数增大一倍，这将增大珠光体向奥氏体的相变速率。Si 和 Al 对碳在奥氏体中的扩散系数影响不大，因此对奥氏体的相变速率没有太大影响。

（2）影响碳化物的稳定性　图 2-15 给出了 Cr 含量对珠光体向奥氏体相变速率的影响。当 Cr 含量分别为 2％ 和 6％ 时，Cr 元素起到延缓奥氏体形成作用。但是 Cr 含量达到 11％ 时，奥氏体形成速度反而比 Cr 含量 6％ 时快。其原因在于 Cr 含量不同，形成的合金碳化物类型不同，它们的稳定性不同。例如 Cr 含量为 2％ 时，形成较为稳定的不易溶解的 $(CrFe)_3C$；Cr 含量为 6％ 时，形成更为稳定的 $(CrFe)_7C_3$，因而延缓了奥氏体的形成。当 Cr 含量为 11％ 时，合金碳化物为含碳较少、较易溶解的 $(CrFe)_{23}C_6$。一方面 $(CrFe)_{23}C_6$ 较不稳定；另一方面在钢中 $(CrFe)_{23}C_6$ 数量比 $(CrFe)_7C_3$ 多，使得相界面数量增加，增大了奥氏体形成速度。可见，奥氏体的相变速率与碳化物溶入奥氏体的溶解度相关。强碳化物形成元素如 W、Mo 和 Cr 等，形成特殊的不易溶解于奥氏体中的合金碳化物，降低奥氏体的形成速度。

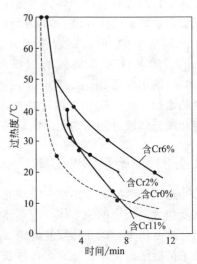

图 2-15　钢（碳含量约 1.0％）中含 Cr 量对 P→A 的影响

（3）影响奥氏体相变的临界点　钢中加入合金元素改变了奥氏体相变临界点 A_1、A_3 和 A_{cm} 的位置，即改变了奥氏体相变时的过热度，从而影响奥氏体的相变速率。如 Ni、Mn 和 Cu 等降低 A_1 点，相对增大了过热度，使奥氏体相变速率增大；Cr、Mo、Ti、Si、Al、W 和 V 等提高 A_1 点，相对减小了过热度，使奥氏体相变速率降低。

（4）影响奥氏体成分的均匀性　研究证明，钢中合金元素在原始组织中的分布是不均匀的。在退火状态下（获得原始组织的工艺），碳化物形成元素如 Cr、Mo、Ti、W 和 V 等主要集中在碳化物相中，而非碳化物形成元素如 Ni、Co 和 Si 等则主要集中在铁素体相中。合金元素的这种不均匀分布现象直至碳化物完全溶解后还显著地保留在奥氏体中。因此，合金钢的奥氏体均匀化过程，除了碳的均匀化外，还包括了合金元素的均匀化。由于碳原子的扩散系数比合金元素的扩散系数大 $10^3 \sim 10^4$ 倍，加上碳化物形成元素降低了碳原子在奥氏体中的扩散系数，并且形成的特殊合金碳化物如 WC、VC 和 TiC 等更难于溶入奥氏体中，上述原因叠加作用，导致合金钢奥氏体化时与相同碳含量的碳素钢相比，为了获得成分均匀的奥氏体，需要更高的加热温度和更长的保温时间。

此外，合金元素还可影响珠光体的层片间距和碳在奥氏体中的溶解度，从而影响相界面的浓度差和奥氏体中碳的浓度梯度以及形核功，进而影响奥氏体的形成速度。

2.5　钢在连续加热时珠光体向奥氏体的相变

工程实际奥氏体化采取的加热过程如高频感应加热、火焰加热、真空加热等，大多数属于非等温加热，奥氏体相变属于非等温的连续加热相变。

图 2-16 为碳含量 0.70% 的碳钢连续加热时奥氏体形成曲线，这些曲线是将一系列不同加热速率下测得的相变开始点以及相变终了点分别连接而成的。从曲线中可以看出，在不同加热速率下奥氏体的相变量-温度-时间的关系。曲线清楚地表明，连续加热时奥氏体相变的基本过程和等温相变相似，也包括奥氏体的形核、长大、残余 Fe_3C 溶解以及奥氏体成分均匀化四个阶段。实验也证明，影响这些过程的因素也大致与等温相变时相同。所不同的是，由于奥氏体是在连续加热条件下形成的，所以在相变动力学以及相变机理上，常常会出现若干与等温相变不同的特点。

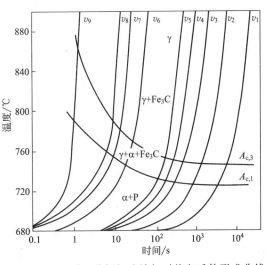

图 2-16　0.70% 亚共析钢连续加热时热奥氏体形成曲线
$v_1 < v_2 < v_3 < v_4 < v_5 < v_6 < v_7 < v_8 < v_9$

2.5.1　相变在一个温度范围内进行

连续加热时奥氏体形成的热分析曲线示意图如图 2-17 所示。从图 2-17 可以看出：

① 当缓慢加热时，相变开始时珠光体相变为奥氏体的速率小，相变吸收的热量（相变潜热）q 亦很小，若加热供给的热量 $Q = q$ 则相变在等温下 ac 段进行。

② 若加热速率较快 $Q > q$，热量除用于相变外有剩余，则温度升高，但由于受 q 的影响使升温减慢，所以温升沿 aa_1 弧段而不是直线段 ab 段进行。当奥氏体相变量增大 $q > Q$，温度沿 a_1C 段下降，随后相变速率逐步下降，相变量也下降。q 减少，$Q > q$，温度复又沿 cd 段上升。

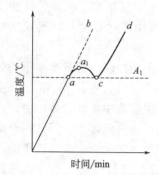

图 2-17　连续加热奥氏体形成的热分析曲线示意图

③ 快速加热，沿 aa_1 向高温延伸，台阶 a_1c 移向高温，加热速率越高，台阶越陡，难以用 Fe-Fe₃C 相图判断钢的组织。

由热分析曲线的分析结果结合图 2-16 可见，连续加热时奥氏体形成有相变开始温度和相变终了温度。从图 2-16 清晰可见，奥氏体形成的各个阶段分别在一个温度范围内进行，而且随着加热速率增大，奥氏体相变的各个阶段温度范围向高温推移、扩大，同时，奥氏体的形成速度加快，形成时间缩短（比较图中加热速率 v_1 和 v_2）。

对于共析碳钢，当加热速率为 $10^3℃/s$ 时，珠光体开始相变为奥氏体的温度在 $800℃$ 左右，相变终了温度在 $930℃$ 左右，其形成温度间隔约为 $130℃$。而当加热速率为 $10^7℃/s$ 时，奥氏体的开始形成温度提高到 $830℃$ 左右，而相变终了温度约为 $1070℃$，其形成温度间隔约为 $240℃$。可见，在加热速率很大时，奥氏体形成温度提高很多，形成温度范围变得很宽。

2.5.2　临界点随加热速率的增大而升高

从图 2-16 可以看出，随着加热速率的增大，临界点 $A_{c,1}$ 和 $A_{c,3}$ 移向高温。图 2-18 也清楚地示出了这一点。可以看出，所有相变临界点如 $A_{c,1}$、$A_{c,3}$ 和 $A_{c,cm}$ 在连续快速加热时都向高温移动。加热速率越大，钢的相变温度越高。但当加热速率大到某一范围时，所有亚共析钢的相变温度均相同，如当加热速率为 $10^5 \sim 10^6℃/s$ 时，$0.2\% \sim 0.9\%$ 碳钢的相变点均约为 $1130℃$。

2.5.3　相变速率随加热速率的增大而增大

从图 2-16 清楚看到，随着加热速率的增大，相变开始温度和相变终了温度升高，相变所需时间缩短，奥氏体形成速度提高。图中 $v_9 > v_8 > v_7 > v_6 > v_5 > v_4 > v_3 > v_2 > v_1$，对应加热速率下的奥氏体相变时间逐渐减小，相变速率逐渐增大。由于奥氏体形成不是在恒温下进行的，而是在一个相当大的温度范围内进行，加热速率提高，相变温度范围也随之增大。

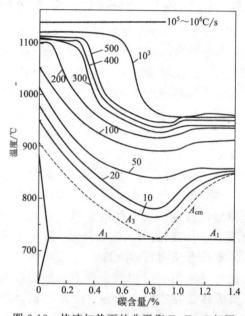

图 2-18　快速加热下的非平衡 Fe-Fe₃C 相图

2.5.4　奥氏体成分不均匀性随加热速率的增大而增大

连续加热时，随着加热速率增大，奥氏体形成温度升高，导致与铁素体相接的奥氏体碳含量 $C_{\gamma \to \alpha}$ 减少，而与渗碳体相接的奥氏体碳含量 $C_{\gamma \to cem}$ 增大［如图 2-8（a）］。加热速率增加，碳化物来不及充分溶解，碳及合金元素不能充分扩散，导致奥氏体中碳和合金元素的浓度很不均匀，使得奥氏体中碳含量降低。例如，碳含量为 0.4% 的碳钢，当以 $130℃/s$ 速率加热到 900℃时，奥氏体中存在 1.6%的高碳区；当以 230℃/s 速率加热到 960℃时，奥氏体中则有 1.7%的高碳区（如图 2-19）。同样现象在碳含量为 0.18%碳钢中也明显存在，如图 2-20 所示，当以 30℃/s 速率加热到 910℃时，原始珠光体区域的奥氏体碳含量约为 0.6%，而原始铁素体区域奥氏体的碳含量几乎为零。当加热温度一定时，随着加热速率的增大，相变时间缩短，将增大原珠光体和原铁素体区域内奥氏体碳含量的差别，而且也使奥氏体平均碳含量降低。对于亚共析钢，加热速率提高，淬火后得到低于平均成分的马氏体及未经相变完全的铁素体和碳化物，应该予以避免；对于过共析钢，加热速率提高，奥氏体化时间变短，奥氏体形成时来不及溶解的残余渗碳体数量较多，奥氏体的平均碳含量降低，淬火后得到低于共析成分的低、中碳马氏体及剩余碳化物，有助于马氏体韧化，有利于实际生产。

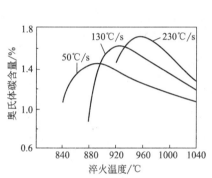

图 2-19　加热速率和温度对含碳 0.4%钢奥氏体
中高碳区内最高碳含量的影响

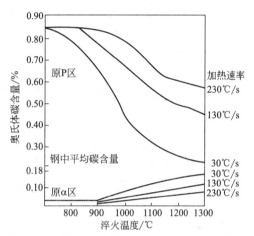

图 2-20　加热速率和温度对 0.18%C 钢奥氏体碳
含量不均匀度的影响

2.5.5　奥氏体起始晶粒度大小随加热速率的增大而细化

超快速加热时奥氏体相变的过热度很大，奥氏体不仅在铁素体和渗碳体的相界面上形核，而且也可以在铁素体内的亚晶界上形核。实验测定，铁素体亚晶界处的碳浓度可达 0.2%~0.3%，在 800~840℃以上可能形成奥氏体晶核，所以，加热速率提高，过热度显著增大，形核率显著增大，加热时间短，奥氏体晶粒来不及长大，可获得超细化晶粒，淬火后马氏体的晶粒也可以超细化。近年来的快速加热淬火、超快速加热及脉冲加热淬火都是依据此原理。

在连续加热时，随着加热速率增大，奥氏体成分的不均匀性增大，残余碳化物数量增多，奥氏体内平均碳含量降低，加上奥氏体起始晶粒被细化，这两个因素都使淬火马氏体获得强化和韧化。

2.6　奥氏体晶粒长大及控制

钢件奥氏体化的目的就是要获得成分相对均匀、晶粒大小一定的奥氏体组织。在大多数情况下，总是希望得到细小的奥氏体晶粒，有时为了满足某些特殊性能或工艺性能要求，也需要得到比较粗大的奥氏体晶粒。为了获得所希望的奥氏体晶粒尺寸，必须弄清楚奥氏体晶粒度的概念、晶粒长大机制及其控制因素。

2.6.1 奥氏体晶粒度

奥氏体晶粒度对钢的性能有着重要的影响。实验证明，晶粒粗大往往使钢的力学性能特别是冲击韧性、疲劳性能降低，晶粒细小可以提高钢的屈服强度、抗拉强度、疲劳强度，同时使钢材具有较高塑性和冲击韧性，并能降低钢的脆性相变温度。因此在制定热处理工艺时，在一般情况下应尽量设法获得细小的奥氏体晶粒。

奥氏体晶粒大小可以用奥氏体晶粒直径或单位面积中奥氏体晶粒数目来表示。为了方便起见，实际生产中习惯用奥氏体晶粒度来表示。奥氏体晶粒度通常用数值表示，数值越大，晶粒越细。若晶粒度在 8 以上则称为超细晶粒。奥氏体晶粒度级别与晶粒大小的关系为：

$$n = 2^{N-1} \tag{2-9}$$

式中，n 为放大 100 倍视野中每平方英寸（$6.45\mathrm{cm}^2$）所含的奥氏体晶粒个数，个/in^2；N 为晶粒度级别。

奥氏体晶粒越细小，n 值越大，N 值也越大。表 2-3 为奥氏体晶粒度级别与其他各种表示方法对照表。奥氏体晶粒度有三种，即起始晶粒度、实际晶粒度和本质晶粒度。

表 2-3   晶粒度级别对照表

晶粒度级别（N）	放大 100 倍时每平方英寸内晶粒数(n)	平均每个晶粒所占面积/mm^2	晶粒平均直径/mm	弦平均长度/mm
1	1	0.0625	0.250	0.222
2	2	0.0312	0.177	0.157
3	4	0.0156	0.125	0.111
4	8	0.0078	0.088	0.0783
5	16	0.0039	0.062	0.0553
6	32	0.00195	0.044	0.0391
7	64	0.00098	0.031	0.0267
8	128	0.00049	0.022	0.0196
9	256	0.000144	0.0156	0.0138
10	512	0.000122	0.0110	0.0098
11	1024	0.000061	0.0078	0.0056
12	2048	0.000030	0.0055	0.0045

（1）起始晶粒度   奥氏体形成刚结束，其晶粒边界刚刚相互接触时的晶粒大小称为起始晶粒度。奥氏体起始晶粒度的大小取决于奥氏体的形核率 I 和长大速度 G，单位面积内的奥氏体数目 n 与 I 和 G 之间的关系可以用下式表示：

$$n = K \left(\frac{I}{G} \right)^{\frac{1}{2}} \tag{2-10}$$

式中，K 为系数。可见，I/G 值越大，n 值就越大，即奥氏体的晶粒就越细小。这说明增大形核率或降低长大速度是获得细小奥氏体晶粒的重要方法。

（2）本质晶粒度   值得指出的是，不同种钢或不同冶炼方法制得的同一种钢，在同一加热条件下，可能表现出不同的晶粒长大倾向。有关标准规定：在 $930℃ \pm 10℃$ 条件下保温

3～8h 后测得的奥氏体晶粒大小称为本质晶粒度，本质晶粒度为 5～8 级的钢称为本质细晶粒钢，本质晶粒度为 1～4 级的钢称为本质粗晶粒钢。本质晶粒度表明了一定条件下奥氏体晶粒的长大倾向，是实际晶粒度的特殊情况。图 2-21 给出了奥氏体晶粒随温度升高而长大的情况，由图看出，本质细晶粒钢在 930 ～950℃以下加热时，晶粒长大倾向小，所以这种钢淬火温度范围较宽，生产上容易掌握。并且这种钢可以在 930℃高温下渗碳后直接淬火。而本质粗晶粒钢必须严格控制加热温度，以防止过热。

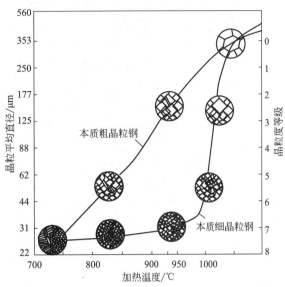

图 2-21　加热温度对奥氏体晶粒尺寸的影响

（3）实际晶粒度　经热处理后获得的实际奥氏体晶粒大小称为实际晶粒度。奥氏体实际晶粒度既取决于钢材的本质晶粒度，又和实际加热温度及保温时间有关。通常，在一般加热速率下，加热温度越高，保温时间越长，最后得到的晶粒越粗大，实际晶粒度等级越低。

2.6.2　晶粒度的表征

由 Fe-Fe$_3$C 平衡相图可知，奥氏体在高温下才是稳定相。因此欲测定奥氏体晶粒度，就得设法将高温状态奥氏体轮廓的痕迹在室温下显示出来。通常，奥氏体晶粒的显示方法，主要根据国家标准 GB 6394—2002《金属平均晶粒度测定法》规定的方法使用。常用的显示奥氏体晶粒的方法可归纳为渗碳法、晶界腐蚀法、氧化法和网状渗碳体或网状铁素体法等。

（1）渗碳法　渗碳法是利用奥氏体晶界优先形成渗碳体和氧化亚铁等组成物形成网络来显示出奥氏体轮廓。渗碳法一般适用于碳含量不高于 0.3% 的渗碳钢和碳含量不高于 0.6% 而含碳化物较多的其他类型钢。渗碳法的具体操作为：将试样加热到 930℃±10℃，渗碳 8h 获得不低于 1mm 的渗层，缓冷后在渗层的过共析钢部分形成网状 Fe$_3$C，借助于网状 Fe$_3$C 进行晶粒度评定（由于渗层 C% 增加，不能准确反映原试样的晶粒度，有误差）。

（2）氧化法　氧化法是利用氧原子在高温下向晶内扩散时，晶界优先被氧化的特点来显示奥氏体晶粒大小。氧化法的具体操作为：将样品抛光，在无氧化条件下加热至 930℃± 10℃，使晶粒充分长大，然后在氧化气氛下短时间氧化，由于晶界比晶内容易氧化，冷却后试样抛光和腐蚀，即可把氧化的晶界网清晰地显示出来进行晶粒度评定。氧化法适用于任何结构钢和工具钢。常用的腐蚀液为硝酸酒精溶液，为了清晰显示奥氏体晶粒，也可用 15% 的盐酸酒精溶液进行浸蚀。

（3）晶界腐蚀法　晶界腐蚀法的加热方法与氧化法相同，加热保温结束后试样经不同介质淬火处理，获得淬火马氏体组织。将试样磨平后采用一定的腐蚀液进行腐蚀处理，由于晶界优先被腐蚀，通过显示淬火马氏体晶粒的轮廓确定原奥氏体晶粒形貌。

优先显示原奥氏体晶界的腐蚀液，效果较好的是含有缓蚀剂的饱和苦味酸水溶液，例如

2g 饱和苦味酸水溶液加上 1g 苯亚磺酸钠（或其他适量缓蚀剂）再加上 100mL 水，能使原奥氏体晶界优先显示。试样淬硬后回火温度不能高于 530℃。

优先显示马氏体晶粒衬度的腐蚀液，效果较好的是盐酸 1~5mL 加上饱和苦味酸 1g 再加上 90mL 乙醇，能使马氏体直接显示出来，再利用马氏体深浅不同和颜色的差异进而显示出奥氏体的晶粒大小。试样淬硬后回火温度应低于 250℃，回火保温时间小于 15min。值得指出的是，晶界腐蚀法一般适用于合金化程度高的能直接淬硬的钢。

（4）网状渗碳体或网状铁素体法　共析钢（碳含量大于 1.0% 以上的碳钢）没有特别规定，一般加热至 820℃±10℃，至少保温 30min 使晶粒充分长大，控制冷却速率，使先共析网状渗碳体沿奥氏体晶界周围少量析出，以显示奥氏体晶粒。

亚共析钢碳含量在 0.25%~0.6% 范围的碳钢或合金钢，加热温度选择主要依据碳含量，一般碳含量低于 0.35% 时，加热温度选择在 900℃±10℃，然后至少保温 30min 使晶粒充分长大，控制冷却速率，使先共析网状铁素体沿奥氏体晶界周围少量析出，以显示奥氏体晶粒。碳含量高于 0.35% 时，加热温度在 860℃±10℃，至少保温 30min 使晶粒充分长大，为了在奥氏体晶界上清晰析出铁素体网，降温至 760℃±10℃，保温 10min 后油冷或水冷。

试样经过打磨、抛光和腐蚀后，通过沿晶界网状分布的渗碳体和网状分布的铁素体，显示原奥氏体晶粒大小和形貌。

2.6.3　奥氏体晶粒长大原理

由于晶界的能量高，为了减少总的晶界面积，降低界面能，在一定温度下奥氏体晶粒会发生相互吞并而使晶粒长大的现象，因此奥氏体晶粒长大在一定条件下是一个自发过程。奥氏体晶粒长大是通过晶界推移实现的，是晶粒长大动力和晶界推移阻力相互作用的结果。

2.6.3.1　晶粒长大动力

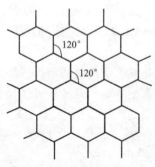

图 2-22　二维平面上晶粒的稳定形状

奥氏体晶粒长大的动力为其晶粒大小的不均匀性。理想状态下的奥氏体晶界如图 2-22 所示，二维平面上晶粒呈六边形，晶界呈直线，三条晶界相交于一点并互成 120°角，二维平面上每个晶粒均有六个相邻晶粒。处于这种状态下的奥氏体晶粒相对稳定，不易长大。但实际上奥氏体晶粒大小是不均匀的，因此，直径小于平均晶粒直径的晶粒，其邻接晶粒数可能小于六，而直径大于平均晶粒直径的晶粒，其邻接晶粒数可能大于六。为了保证界面张力平衡，相交于一点的三条晶界应互成 120°角。因此，在一定温度条件下，由于界面张力的平衡作用，凡邻接晶粒数小于六的晶粒的晶界将弯曲成正曲率弧，使晶界面积增大，界面能升高。而为了减少晶界面积以降低界面能，晶界由曲线（曲面）自发地变成直线（平面），因此导致该晶粒缩小甚至消失。而邻接晶粒数大于六的晶粒，其晶界也因界面张力平衡而弯曲成负曲率弧，同样为了减少界面面积降低界面能，该晶粒将长大并吞并小晶粒。进一步提高加热温度或延长保温时间，大晶粒将继续长大。所以，奥氏体晶粒长大就是这种无数个小晶粒被吞并和大晶粒长大的综合结果。这种长大过程称为奥氏体的聚集再结晶。

晶粒长大驱动力 F 与晶粒大小和界面能大小可用下式表示：

$$F = \frac{2\sigma}{r} \tag{2-11}$$

式中，σ 为单位奥氏体晶界的界面能（比界面能）；r 为晶界曲率半径，当晶粒为球形时，r 即为球半径。可见比界面能越大，晶粒尺寸越小，则奥氏体晶粒长大驱动力 F 越大，即晶粒的长大倾向越大，晶界易于迁移。

2.6.3.2　晶界推移阻力

在实际金属材料中，晶界或晶内存在很多细小难熔的沉淀析出粒子。晶界推移过程中遇到沉淀析出粒子时将发生弯曲，导致晶界面积增大，晶界能量升高，阻碍晶界推移，起钉扎晶界作用。所以，沉淀析出粒子的存在是晶界移动的阻力。当沉淀析出粒子的体积分数一定时，则粒子越细小，分散度越高，对晶界移动的阻力就越大。

如图 2-23 所示，晶粒 A 与晶粒 B 的界面为平行 y 轴垂直 x 轴的平面，在沿 x 轴方向移动时，与半径为 r 的第二相粒子相遇。当晶界迁移到 y 轴时，也就是第二相粒子的直径平面位置 I 时，由于第二相粒子的存在省去了部分晶界而使两粒子的界面能达到最低。当晶界继续向前移动如位置 II 时，晶界将脱离第二相粒子，晶界面积将逐渐增大，同时为了保持界面张力平衡，必须使第二相粒子相交处的晶界与第二相粒子界面始终保持垂直，即角 $\varphi = \theta$，从而引起第二相粒子附近的晶界发生弯曲，导致晶界面积增大，界面能升高。弥散析出的第二相粒子越细小，粒子附近晶界的弯曲曲率就越大，晶界面积增大就越大，界面能增大也就越大。显然，这个系统自由能增大的过程是不可能自发进行的。所以，沉淀析出的第二相粒子的存在是晶界推移的阻力。第二相粒子对晶界推移的最大阻力 F_m 与粒子半径 r 及单位体积中粒子数量 f 之间有如下关系：

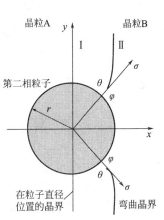

图 2-23　晶界移动时与第二相粒子的交互作用示意图

$$F_m = \frac{3f\sigma}{2r} \tag{2-12}$$

可见，当第二相粒子的体积分数一定时，粒子尺寸越小，单位体积中粒子数量就越多，弥散分布程度越好，其对晶界推移的阻力就越大。

由上述可知，在有第二相粒子存在的前提下，奥氏体晶粒的长大过程要受到弥散析出的第二相粒子的阻碍作用。随着奥氏体晶粒长大过程的进行，奥氏体总的晶界面积减小，晶粒长大动力逐渐降低，直至晶粒长大动力和第二相弥散析出粒子的平均阻力相平衡时，奥氏体晶粒便停止长大。在一定温度下，奥氏体晶粒的平均极限半径 R_{lim} 取决于第二相沉淀析出粒子的半径 r 及单位体积中的数量 f，即：

$$R_{lim} = \frac{4r}{3f} \tag{2-13}$$

由此可以解释本质细晶粒钢在 950℃ 以上加热时，奥氏体晶粒突然长大的现象。这是因为在 950℃ 以上，阻止晶粒长大的难溶第二相粒子发生聚合长大或溶解于奥氏体中，失去了抑制晶粒长大作用，奥氏体晶粒便迅速长大。

另外，由于沉淀析出粒子的分布是不均匀的，所以晶粒长大阻力也是不均匀的，可能在局部区域晶界推移阻力很小，晶粒异常长大，出现晶粒大小极不均匀的现象，即所谓的"混晶"。由于混晶造成的晶粒大小不均匀，又导致晶粒长大驱动力的增大，当晶粒长大驱动力超过晶界推移阻力时，其中较大的晶粒将吞并周围较小的晶粒而长大，形成更为粗大的晶粒。

总之，奥氏体晶粒长大是一个自发过程，其主要表现为晶界的推移，高度弥散的难溶第二相粒子对晶粒长大起到阻碍作用。为了获得细小的奥氏体晶粒，必须保证钢中有足够数量和足够细小的难溶第二相粒子。

2.6.4　影响奥氏体晶粒长大的因素

前已述及，形核率 I 与长大速度 G 之比（I/G）越大，奥氏体的起始晶粒度就越细小。在起始晶粒形成之后，实际晶粒度则取决于奥氏体晶粒在继续保温或升温过程中的长大倾向。而起始晶粒度越细小，大小越不均匀，界面能越高，则奥氏体晶粒的长大倾向就越大。奥氏体晶粒长大主要表现为晶界的迁移，实际上是原子在奥氏体界面附近的扩散过程。影响奥氏体晶粒长大的因素很多，主要有以下几点：

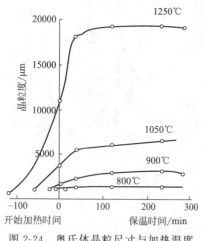

图 2-24　奥氏体晶粒尺寸与加热温度和保温时间的关系

（1）加热温度和保温时间　加热温度越高、保温时间越长，形核率 I 越大，长大速度 G 越大，奥氏体晶界迁移速度越大，其晶粒越粗大，见图 2-24。由图可见，在每个温度下都有一个快速长大期，当奥氏体晶粒长到一定尺寸后，长大过程将减慢直至停止。加热温度越高，奥氏体晶粒长大进行得就越快。

奥氏体晶粒长大速度 v 与晶界迁移速率及晶粒长大驱动力成正比，即：

$$v = K \exp\left(-\frac{Q_m}{RT}\right) \times \frac{\sigma}{D} \qquad (2\text{-}14)$$

式中，K 为常数；R 为摩尔气体常数；T 为热力学温度；Q_m 为晶界移动激活能或原子跨越晶界扩散激活能；D 为奥氏体晶粒直径；σ 为单位奥氏体晶界的界面能（或比界能）。

可见，随着加热温度升高，晶粒长大速度 v 呈指数函数关系迅速增大。同时，晶粒越细小，界面能越高，晶粒长大速度 v 越大。但当晶粒长大到一定程度后，由于 D 增大，晶粒长大速度将减慢，这与图 2-24 的测试结果一致。

顺便指出，由于加热工艺不当（加热温度过高、保温时间过长等）而引起实际奥氏体晶粒粗大，在随后的淬火或正火得到十分粗大的组织，从而使钢的力学性能严重恶化，此现象称为过热。过热工件淬火时最容易变形或开裂。

通过退火、正火的重结晶可以消除过热组织（非平衡组织则难以消除）。

由于加热工艺不当（加热温度过高、保温时间过长等）而导致奥氏体晶界发生熔化的现象称为过烧。通过正火、退火的重结晶不能消除过烧组织，过烧工件只能报废。

（2）加热速率　加热速率实际上是过热度的问题。加热速率越大，则过热度越大，即奥氏体的实际形成温度越高，则奥氏体形核率 I 与长大速度 G 之比（I/G）增大，所以获得细小的奥氏体起始晶粒度，如图 2-25 所示。但由于起始晶粒度细小，加之加热温度较高，奥氏体晶粒很容易长大，因此不能长时间保温，否则晶粒反而更加粗大。所以，在保证奥氏体成分较为均匀的前提下，快速加热和短时间保温，奥氏体晶粒来不及长大，能够获得细小的奥氏体晶粒。

（3）碳含量 在钢中碳含量不足以形成过剩碳化物的前提下，奥氏体晶粒大小随碳含量的增大而增大。这是因为碳含量增大时，碳原子在奥氏体中的扩散速度以及 Fe 的自扩散速度均增加，故奥氏体晶粒长大倾向增加。但碳含量超过一定量时，形成未溶解的二次渗碳体，阻碍奥氏体晶粒长大。在这种情况下，随钢中碳含量增加，二次渗碳体数量增加，奥氏体晶粒反而细化。一般过共析钢在 $A_{c,1} \sim A_{c,cm}$ 之间加热时，可以保持较为细小的晶粒，而在相同加热温度下，共析钢的奥氏体晶粒长大倾向最大，这是因为共析钢的加热组织中不含过剩碳化物。

（4）合金元素 在钢中加入适量的ⅣB族元素（Ti、Zr）和ⅤB族元素（V、Nb），有强烈细化奥氏体晶粒、升高晶粒粗化温度的作用，见图 2-26。这些合金元素是强碳化物、氮化物形成元素，在钢中形成熔点较高、稳定性强、不易聚集长大的 NbC、NbN 和 Nb（C，N）等化合物，它们弥散分布在奥氏体晶界上阻碍奥氏体晶粒长大。

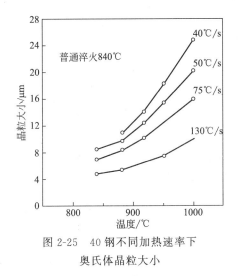

图 2-25 40 钢不同加热速率下
奥氏体晶粒大小

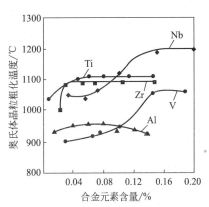

图 2-26 合金元素对奥氏体晶粒
粗化温度的影响

此外，能产生稳定碳化物的合金元素 W、Mo、Cr 等，也有细化奥氏体晶粒的作用。Ni、Co、Cu 等稍有细化晶粒的作用，而 P、O 等则是粗化晶粒的元素。

综上，按照阻碍奥氏体晶粒长大程度的不同，可将合金元素分成如下几类：

强烈阻碍晶粒长大元素：Nb、Zr、Ti、Ta、V、Al 等。

中等阻碍晶粒长大元素：W、Mo、Cr 等。

稍有阻碍晶粒长大元素：Cu、Ni、Co、Si 等。

增大晶粒长大倾向元素：C（溶入奥氏体中）、P、Mn、O 等。

应当指出，上述合金元素的作用是指它们各自单独加入到钢中的情况，复合加入的影响，就不一定是单独加入效果的简单叠加。目前，关于合金元素对奥氏体晶粒长大的综合影响有待进一步研究。

（5）脱氧剂的影响 用 Al 脱氧的钢，奥氏体晶粒长大倾向小，属于本质细晶粒钢；而用 Si、Mn 脱氧的钢，奥氏体晶粒长大倾向大，一般属于本质粗晶粒钢。

Al 能细化晶粒的主要原因是钢中含有大量难溶的六方点阵结构的 AlN，它们弥散析出在晶界上阻碍晶界移动，阻止了晶粒长大。但是，当钢中残余 Al（固溶 Al）的含量超过一定数量时，钢的奥氏体晶粒反而更容易粗化。导致钢的本质晶粒由细变粗的残余铝含量，因钢种和冶炼方法的不同而有所不同。对于碳素钢而言，Al 含量超过 0.05％时，反而使粗化温度下降，如图 2-26 所示。这可能和固溶 Al 量增加时易引起晶粒粗化有关。

用 Si、Mn 脱氧的钢，因不能像 Al 那样生成稳定的高度弥散的第二相硬质颗粒，因此没有阻止晶粒长大的作用，奥氏体晶粒长大倾向较大，一般属于本质粗晶粒钢。

第 **3** 章

钢的过冷奥氏体转变图

奥氏体化之后进行冷却时，奥氏体的相变产物和相变类型是受冷却条件控制的，并且相变产物和类型决定钢件热处理后的性能。表 3-1 所示为不同冷却方式对 45 钢力学性能影响的实例。从表 3-1 可以看出，同一种钢（45 钢），虽然奥氏体化条件相同，但因为冷却方式不同，相变产物和类型也不相同，因此其力学性能差别很大。

表 3-1　不同冷却方式对 45 钢力学性能的影响

冷却方式	力学性能				
	屈服极限 σ_s /MPa	抗拉强度 σ_b /MPa	延伸率 δ /%	断面收缩率 /%	硬度/HV
随炉冷却	272	519	32.5	49	210
空气冷却	333	657~706	15~18	45~50	240~260
油冷却	608	882	18~20	48	405~510
水冷却	706	1078	7~8	12~14	540~710

在大多数科研和生产中，奥氏体的冷却相变属于不平衡相变，因此，奥氏体的相变产物、类型和相变规律不能用 Fe-Fe$_3$C 平衡相图来确定。若要研究奥氏体冷却发生的相变产物、相变类型和对应的力学性能，就必须重新建立新的相图。

奥氏体一旦降到 $A_{r,1}$ 温度以下变成过冷奥氏体，立刻处于热力学不稳定状态，在一定条件下就会发生相变。过冷奥氏体的相变类型主要取决于形成温度，而相变程度和相变速率往往与时间密切相关，也就是说，成分一定的过冷奥氏体相变是一个与相变温度和时间（或冷却速率）相关的过程，通常可以用温度、时间和相变程度之间关系的过冷奥氏体转变图来表达。

本章重点介绍两种过冷奥氏体冷却转变图，即过冷奥氏体等温冷却转变图（time-temperature-transformation 缩写为 "TTT" 图）和过冷奥氏体连续冷却转变图（continuous-cooling-transformation 缩写为 "CCT" 图）。通过学习过冷奥氏体两种转变图及其影响因素，我们可以判定过冷奥氏体冷却转变的转变类型、转变产物和对应的力学性能，这是本章学习的重点内容。

另外，在研究过冷奥氏体等温转变之前，先介绍一下过冷奥氏体及其特点，这对理解后续过冷奥氏体相变以及马氏体相变都有帮助。把 $A_{r,1}$ 以下存在且处于热力学不稳定状态、在一定条件下会发生相变的奥氏体称为过冷奥氏体。过冷奥氏体是发生相变之前，将奥氏体过冷到 $A_{r,1}$ 温度以下能够稳定存在的奥氏体。概括地说，过冷奥氏体与奥氏体相比有如下特点：

① 晶体结构相同。过冷奥氏体和奥氏体都是面心立方结构，当过冷奥氏体所处的温度较低时，由于热应力的作用和碳含量的变化，晶面间距会发生一定程度的变化畸变。

② 所处的温度区间不同。奥氏体在临界点 $A_{c,1}$ 温度以上稳定存在，过冷奥氏体在临界点 $A_{r,1}$ 温度以下尚未发生相变之前稳定存在。

③ 热力学状态不同。奥氏体在 $A_{c,1}$ 温度以上稳定存在，是热力学稳定相；奥氏体过冷到 $A_{r,1}$ 温度以下变成过冷奥氏体时，立即有转变为其他相的趋势。所以，尽管在 $A_{r,1}$ 温度以下尚未发生转变之前稳定存在，但是从热力学方面看是非稳定相（或称亚稳相）。

④ 碳含量可能降低。随着奥氏体转变为过冷奥氏体的温度降低，奥氏体的溶解度随之降低，碳原子可能从奥氏体中脱溶析出而导致碳含量降低。

⑤ 与奥氏体相比受力状态不同。由于热应力和碳含量的变化等因素的作用，导致过冷奥氏体和奥氏体相比，其受力状态发生了变化。

⑥ 产生了稳定化（热稳定化和机械稳定化）。由于奥氏体变成过冷奥氏体时在低温等温或停留，便可产生热稳定化和机械稳定化（详见第5章5.8节）。

⑦ 缺陷的含量和类型可能不同。奥氏体处于高温热力学稳定状态，其内部缺陷的含量很少，冷却到临界点 $A_{r,1}$ 温度以下变成过冷奥氏体时热应力增大，可能导致缺陷的含量和类型增加。

⑧ 发生马氏体相变或其他相变的温度（例如 M_s、B_s、P_s 点）不同。由于热应力和碳含量的变化等因素的作用，导致过冷奥氏体和奥氏体相比，其 M_s、B_s、P_s 点发生了变化。

⑨ 显微组织形态与奥氏体可能不同。正常条件下奥氏体化的奥氏体，显微组织形态为等轴状多边形晶粒，过冷奥氏体（例如夹在板条马氏体间的残余奥氏体）如果受较大应力的作用，其显微组织形态可能会发生变化。

⑩ 对钢的力学性能的贡献不同。奥氏体的塑性韧性较好，但强度硬度较低。以过冷奥氏体（残余奥氏体）为最终显微组织时，将会降低钢的脆性倾向提高冲击韧性，另外，由于过冷奥氏体受到应力的作用，其内部缺陷含量增加而导致一定程度的加工硬化，对强度和硬度的提高有一定贡献。

3.1 过冷奥氏体等温转变冷却图

在连续冷却过程中，过冷奥氏体是在一个温度范围内发生相变的，几种相变可能重叠出现，所以相变情况相对复杂。为了方便起见，首先讨论比较简单的过冷奥氏体等温相变情况。

将奥氏体迅速冷至临界温度 $A_{r,1}$ 以下的一定温度，在此温度下进行等温，在等温过程中发生的相变称为过冷奥氏体等温相变。过冷奥氏体等温转变图综合反映了过冷奥氏体在不同过冷度下等温转变的过程，即在等温转变图中明确了过冷奥氏体转变开始时间和转变终了时间、转变产物和转变量与转变温度和转变时间的关系。由于等温转变图通常呈"C"字形，所以又称等温C曲线，如图3-1所示。

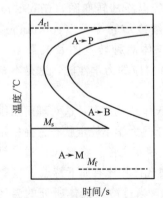

图 3-1 共析钢等温C曲线

3.1.1 过冷奥氏体等温转变图的建立

过冷奥氏体等温转变图可以采用金相法、膨胀法、磁性法、电阻法、热分析法等测定绘制。这些方法都是利用过冷奥氏体转变产物的组织形态或物理性质发生变化测定的，大多数等温转变图是利用金相法和膨胀法（或磁性法）配合应用测定的。

金相法是把同一原始状态的小试片（直径 $\phi 10 \sim 15mm$，

厚度 1.5mm）奥氏体化后保温（通常 15min）一定时间，获得比较均匀的奥氏体，然后置于选定的恒温熔盐（或金属）浴中冷却，等温保持一定时间（几秒甚至几天）后迅速取出试片在盐水中淬冷。采用小试片的目的是其能在极短时间内达到热浴的温度，在盐水中急冷是为了使某些未转变的过冷奥氏体在随后的急冷时转变为马氏体，以区别于热浴等温转变组织。然后，用金相法（辅以 X 射线衍射法）确定在给定热浴温度下一定时间内等温转变产物的转变类型和转变分数，并将结果绘制成曲线。图 3-2 为金相法建立等温转变图的示意图。图 3-2（a）是不同等温温度下的转变量与时间的关系曲线。可见，过冷奥氏体只有经过一定时间后才开始转变，这段时间称为孕育期。转变开始后转变速率逐渐加快，当转变量达到 50%左右时转变速率最大，随后又逐渐降低直至转变结束。

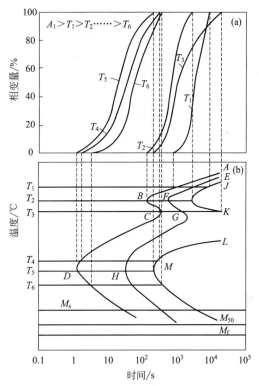

图 3-2　等温转变图建立的示意图
(a) T_1、T_2……T_6 温度下的等温相变曲线；
(b) 等温转变图

　　由于过冷奥氏体在某些温度下很不稳定，有的钢保持不到 1s 就开始转变；而在另外温度下等温时，需要很长时间（甚至几天）才能转变。为了便于在同一张图中表示不同温度下等温转变开始时间和转变终了的时间，一般表示时间的横坐标通常用对数表示。把不同过冷度下等温转变量-转变时间关系试验数据记录在温度为纵坐标、时间为横坐标的图上，连接不同等温温度对应的转变开始点、一定转变量和转变终了点，可得到图 3-2(b) 的曲线，该曲线称过冷奥氏体等温转变图。图中 ABCD 表示不同等温转变开始（实际上转变量为 2%）时间，而 EFGH 和 JK、LM 线分别表示过冷奥氏体发生 50%转变和 100%转变（实际上转变量为 98%）对应的时间。从图 3-2(b) 中可见，随着等温温度的降低，转变速率首先增大然后降低，最后又增大。

　　为了测定马氏体转变开始温度（M_s），将奥氏体化后的试片迅速投入预先估计的马氏体转变开始温度的热浴中，保持 2～3min，再将试片移到温度比第一个热浴高 20～30℃的热浴中保持 2～3min，最后淬入盐水中。如果第一个热浴温度高于该钢的 M_s 点，则在两个热浴中等温时过冷奥氏体都不发生转变，只在淬入盐水后才转变为马氏体，因此，在显微镜下观察到的只是白亮的马氏体组织。反之，如果第一个热浴温度低于 M_s 点，则试片在热浴中等温后将有部分过冷奥氏体转变为马氏体，而在第二个热浴中等温保持时，已转变的马氏体将被回火，而未转变的过冷奥氏体在随后的盐水淬冷时将转变为马氏体，所以，其显微组织为暗黑色的回火马氏体加白亮的淬火马氏体。多次调整热浴温度，使试片经处理后的组织几乎全部是淬火马氏体和很少量的回火马氏体，此时第一个热浴的温度就近似为该钢的 M_s 点。采用金相法求得的 M_s 点可以准确到误差在 5～10℃范围内。用类似方法可以求得马氏体转变量为 50%和 100%所对应的 M_{50} 和 M_f 温度。

　　金相法的优点是可以直接分析显微组织的变化，缺点是需要大量试片（通常大约需要

200 个），费时而且麻烦，同时金相分析时要有丰富的鉴别显微组织经验。

膨胀法是利用过冷奥氏体转变时发生比体积变化来测定转变曲线的，每测一个温度的等温转变只需要一个试样。该方法适合于确定不同转变量所需的时间。电阻法是利用奥氏体转变会出现电阻值的变化来表征珠光体或贝氏体等温转变。但是，电阻变化并不是转变体积的简单函数，其他因素对电阻值也有影响，这将影响测定精度。磁性法是利用奥氏体为顺磁相，其转变产物在居里点以下均为铁磁相这一原理，通过过冷奥氏体转变伴有磁性变化测定等温转变曲线。目前电阻法和磁性法应用较少。

图 3-3 为含 Cr 中碳钢的等温转变 C 曲线。$A_{c,1}$ 和 $A_{c,3}$ 代表平衡加热转变的临界温度，用 α、P、B 和 α' 分别表示铁素体、珠光体、贝氏体和马氏体形成区间，在对应的区间内用 $\gamma \rightarrow \alpha$、$\gamma \rightarrow P$、$\gamma \rightarrow B$ 和 $\gamma \rightarrow \alpha'$ 表示其转变类型。如果在某一等温温度下，不同组织组成物相继形成，可在该组织组成物转变终止线前标出形成的百分数。例如过冷奥氏体在 650℃ 等温时，保持 5s 开始析出铁素体，经 11.8s 形成 30% 铁素体后开始珠光体转变，大约经 105s 后，70% 未转变的过冷奥氏体全部转变为珠光体。在等温转变终了线右边或右边纵坐标轴上，以圆圈数字标出不同等温温度下转变产物的硬度。图中 M_s、50%（M_{50}）、90%（M_{90}）和 M_f 线分别代表马氏体转变开始、马氏体转变 50%、马氏体转变 90% 和马氏体转变结束的温度。

3.1.2 过冷奥氏体等温转变的组织

等温转变图明确了过冷奥氏体等温温度、时间与转变量的关系，表明了转变产物是随等温温度的不同而变化的。从图 3-3 可以看出，在 $A_{c,3} \sim M_s$ 之间的温度范围内等温时，过冷奥氏体需要有一定的孕育期，它可以用 C 曲线图中开始转变线与纵轴的距离来表示。低于 M_s 温度线，转变属于无扩散的马氏体转变。而 M_{50} 线表示等温冷却到该温度时，50% 的过冷奥氏体转变为马氏体；当温度降至 M_f 后，过冷奥氏体几乎全部转变为马氏体。

观察图 3-3 可见，当在 650℃ 等温时，靠近 $A_{c,3}$ 线的第一条 C 曲线为先析相 α 相的开始析出线，随着等温时间向右延长，与靠近 $A_{c,1}$ 线的第二条 C 曲线相交后，先析相 α 相析出结束，过冷奥氏体开始析出珠光体（P），直到继续延长等温时间并与第三条 C 曲线相交后，珠光体转变结束。

同样地，在 400℃ 左右等温时，随着等温时间向右延长，与靠近纵轴的第四条 C 曲线相交，过冷奥氏体开始析出贝氏体，继续延长等温时间并与第五条 C 曲线相交后，贝氏体转变结束。当然，在两个 C 曲线重叠区域（图 3-3 中 550℃ 左右）等温时，可以得到珠光体与贝氏体的混合组织。对于 M_s 点较高的钢，贝氏体等温转变线可以延伸到 M_s 温度以下（如图 3-3），即贝氏体与马氏体转变区域重叠，若在稍低于 M_s 温度以下等温，可以得到马氏体与贝氏体混合组织。

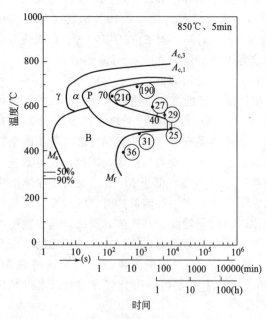

图 3-3 中碳 CrNi 钢等温 C 曲线

定性地说，在略低于 $A_{c,1}$ 温度等温时，珠光体形成速度缓慢，随着等温温度的降低，珠光体转变速率增大，其层片间距减小，珠光体组织变细。在贝氏体转变 C 曲线较高温度区域内等温形成的是上贝氏体，在较低温度区域内形成的是下贝氏体。

从图 3-3 等温 C 曲线可以看出：该 C 曲线有三个转变区，即珠光体、贝氏体和马氏体转变区；五条重要的线，即 $A_{c,3}$、过冷奥氏体开始转变（P、B）的 C 曲线、过冷奥氏体转变（P、B）终了的 C 曲线、M_s 和 M_f。$A_{c,3}$ 线以上奥氏体稳定存在，以下奥氏体变成亚稳定存在的过冷奥氏体。M_s 为马氏体转变开始线，M_f 为马氏体转变终了线。一般珠光体、贝氏体和马氏体转变区域可能重叠。

3.1.3　过冷奥氏体等温转变图的类型

对碳钢而言，非共析钢的等温 C 曲线的形状基本上与共析钢相似，对比图 3-1 和图 3-3 可见，亚共析钢奥氏体在低于 $A_{c,3}$ 的某一温度等温时，首先析出的是先析铁素体。对应在其等温 C 曲线中有一铁素体形成区，在 C 曲线左上方有一条先析铁素体开始析出线，如图 3-3 所示。随着碳含量增加，由于先析铁素体的析出逐渐变得困难，对应先析铁素体开始析出线向右下方移动。中、低碳钢（包括合金钢）的先析铁素体可以在一个很宽的温度范围内析出，在 C 曲线中先析铁素体析出线也呈 C 形。钢的碳含量较高，先析铁素体析出线可以与珠光体或贝氏体转变开始线相交，只出现 C 形的上半部分，如图 3-3 所示。

与亚共析钢相似，过共析钢（包括合金钢）在 $A_{c,cm}$ 以上奥氏体化时，等温转变曲线左上方有一条先析碳化物开始析出线，而且随着碳含量增加，由于先析碳化物的析出逐渐变得容易，对应先析碳化物开始析出线向左上方移动。碳化物的开始析出线也可以呈 C 形或只出现 C 形的上半部分。若过共析钢在 $A_{c,3} \sim A_{c,cm}$ 之间奥氏体化，大部分过共析碳化物未溶入到奥氏体中，此时过冷奥氏体碳含量相对较低，导致在其等温 C 曲线中一般没有先析碳化物析出线。

过冷奥氏体等温转变的 C 曲线因受合金元素及其他因素的影响，可以有各种各样的形状，其形状主要取决于珠光体、贝氏体和马氏体的转变曲线是否重叠还是明显分离，以及它们与纵轴的相对位置。可以将它们归属于五种基本类型。

（1）A 型等温转变图　A 型等温转变图中，珠光体和贝氏体转变 C 曲线实际上是重叠在一起的，因此，具有单一的 C 形曲线，如图 3-1 所示。共析钢及非碳化物形成元素 Si、Ni、Cu、Mn（<1.5%）等构成的低合金钢具有此类型的 C 曲线。

（2）B 型等温转变图　B 型等温转变图中，珠光体转变与贝氏体转变 C 曲线仅部分重叠，两种转变曲线孕育期最小位置（一般称鼻温位置）相距温度坐标几乎相同，相距时间坐标不同。图 3-4 中的等温转变 C 曲线就属于此类型。

（3）C 型等温转变图　C 型等温转变图中，珠光体转变与贝氏体转变 C 曲线仅部分重叠，两种转变曲线鼻温位置相距时间坐标和相距温度坐标都是不同的。其中有珠光体等温转变 C 曲线的鼻温位置距纵轴较近的 TTT 图（如图 3-5），也有贝氏体鼻温位置距纵轴较近的 TTT 图（如图 3-6）。含少量碳化物形成元素的过共析钢，如 GCr15、CrWMn 及 9Cr2 等钢具有前一种

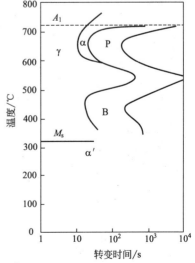

图 3-4　37CrSi 钢的等温 C 曲线

TTT 图，含少量碳化物形成元素的亚共析钢，如 20Cr、40Cr、12Cr2Ni4 和 35CrMo 等钢具有后一种 TTT 图。

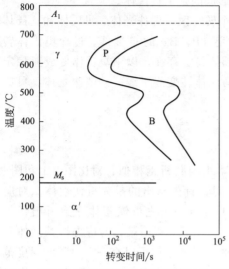

图 3-5　GCr15 钢 950℃奥氏体化的等温 C 曲线

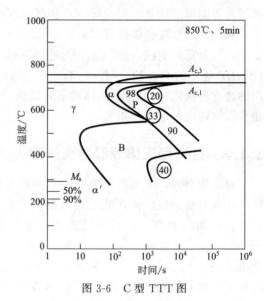

图 3-6　C 型 TTT 图

　　(4) D 型等温转变图　D 型等温转变图中，珠光体转变与贝氏体转变 C 曲线不仅完全分离，而且有一个较宽的间隔，形成一个亚稳定的过冷奥氏体区域。D 型等温转变图的特点是珠光体转变曲线被显著移向右侧，如图 3-7 所示。碳化物形成元素含量较高或成分复杂的中碳钢，如 45Cr3、40Cr2Ni4、5CrNiMo 和 3Cr2W8 等钢具有此类等温转变 C 曲线。

　　(5) E 型等温转变图　与 D 型等温转变曲线类似，E 型等温转变图中，珠光体转变与贝氏体转变 C 曲线不仅完全分离，而且也有一个较宽的间隔，形成一个亚稳定的过冷奥氏体区域。E 型等温转变图的特点是贝氏体转变曲线被显著移向右侧，如图 3-8 所示。碳化物形成元素含量较高的钢，如 Cr12MoV、W18Cr4V、Cr5MoV 和 Cr12 等钢具有此类等温转变 C 曲线。

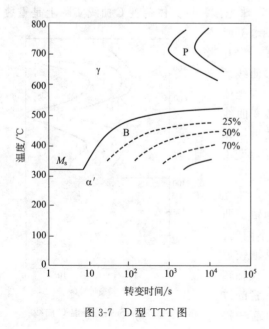

图 3-7　D 型 TTT 图

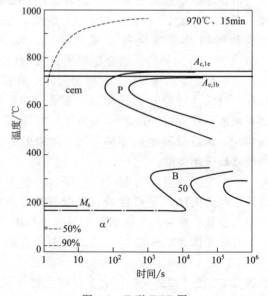

图 3-8　E 型 TTT 图

应该指出的是，以上过冷奥氏体等温转变 C 曲线基本类型的讨论中，没有考虑先共析铁素体和碳化物析出线的形状和位置，若考虑这些差异，还可以把每一类型的等温转变曲线再细分若干类。

3.1.4　影响过冷奥氏体等温转变图的因素

由于等温转变 C 曲线受到许多因素的影响，所以才会出现上述各种类型。了解影响等温转变图的因素，对研究钢的力学性能、合理选用钢材和制定钢的热处理工艺等意义重大。

3.1.4.1　碳含量的影响

对于碳钢而言，在正常加热条件下，碳含量对等温转变 C 曲线中珠光体区域和贝氏体区域的影响有所不同。一般对珠光体区域的影响规律是：亚共析钢完全奥氏体化后，随着碳含量增加，先析铁素体形核率下降，导致先析铁素体含量降低，过冷奥氏体转变为珠光体的形核部位减少，过冷奥氏体稳定性提高，珠光体转变孕育期增加，C 曲线右移。当碳含量增加到共析成分，过冷奥氏体稳定性最高，珠光体转变的孕育期最长，等温转变 C 曲线最靠右。碳含量继续增加至过共析钢成分，当完全奥氏体化后，随着碳含量增加，先析渗碳体形核率升高导致其转变量增加，致使过冷奥氏体转变为珠光体的形核部位增加，过冷奥氏体稳定性降低，过冷奥氏体转变为珠光体转变的孕育期减少，等温转变 C 曲线左移。

非共析钢由于有先析相析出，使奥氏体转变为珠光体的形核部位增加，过冷奥氏体稳定性降低，珠光体转变的孕育期减小，因此，和共析钢相比其等温转变 C 曲线左移，见图 3-9 虚线所示。

碳含量对等温转变 C 曲线贝氏体区域的影响规律是：由于贝氏体转变温度相对较低，随着碳含量的增加，碳原子对过冷奥氏体固溶强化作用增强，过冷奥氏体转变为贝氏体的开始线和终了线都向右推移，致使贝氏体等温转变 C 曲线全部右移。

碳对降低 M_s 点和 M_f 点的作用更大，这个问题在马氏体转变一章再做详细解释。

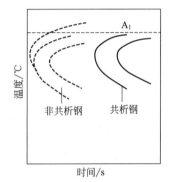

图 3-9　共析钢和非共析钢等温
C 曲线位置的对比（示意图）

3.1.4.2　合金元素的影响

合金元素只有溶入奥氏体中，才能对过冷奥氏体转变产生影响，否则，由于存在未溶解的碳化物或夹杂物，它们将起到非均质形核作用，促使过冷奥氏体转变，导致等温转变 C 曲线左移。一般地，除 Co 外，所有合金元素都增大过冷奥氏体稳定性，推迟转变和降低转变速率，使等温转变 C 曲线右移，延长过冷奥氏体等温转变开始和终了时间。按照合金元素对过冷奥氏体等温转变影响的性质不同，可分为两大类。

（1）非（或弱）碳化物形成元素　非（或弱）碳化物形成元素对过冷奥氏体转变的影响在性质上与碳的影响相似，即减慢珠光体和贝氏体的形成，降低 M_s 点。这类合金元素中最重要的是 Ni 和 Mn，Si 和 Cu 的影响较小。

（2）碳化物形成元素　碳化物形成元素中大多数减慢铁素体-珠光体形成的作用大于减慢贝氏体形成的作用，不仅使等温转变 C 曲线右移，又使其形状分成上下两部分，同时其降低 M_s 点的作用明显。这里再次强调该类合金元素必须溶入奥氏体中，才能发挥这样的作用。

一般认为,过冷奥氏体转变为珠光体时,不仅发生碳原子扩散,合金元素的原子也参与扩散,在过冷奥氏体转变过程中,合金元素在转变一开始就通过扩散进行再分配,而合金元素的自扩散系数远远小于碳原子的扩散系数,因此使珠光体的转变速率大大降低。与此相反,此类合金元素如 Cr、Mo、V、W、Ti 等形成的合金碳化物一般具有较高的熔点,奥氏体化时很难全部溶入奥氏体中,导致过冷奥氏体等温转变时,由于未溶解的合金碳化物起到非均质形核作用,促进过冷奥氏体等温转变,使得过冷奥氏体等温转变 C 曲线左移。

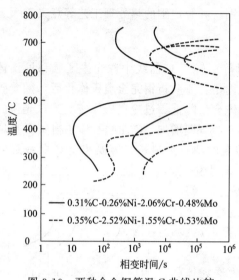

图 3-10　两种合金钢等温 C 曲线比较

必须指出的是,钢中加入少量合金元素,往往对等温转变 C 曲线的形状和位置影响有限。如果两种或多种合金元素适当搭配,同时加入到钢中,则可以显著推迟过冷奥氏体的扩散型转变。图 3-10 给出了两种中碳 Cr-Ni-Mo 钢的等温转变 C 曲线。虽然它们碳含量和合金元素总量接近,但是它们的等温转变 C 曲线距纵轴的距离相差很大,说明合金元素适当搭配才能起到推迟过冷奥氏体扩散型转变的作用。但是,合金元素单独加入到钢中和多种合金元素同时加入到钢中,对等温转变 C 曲线的影响规律是不同的,甚至同一种合金元素与其他合金元素进行组合后加入到钢中,对等温转变 C 曲线的影响规律也是不同的。系统研究合金元素对过冷奥氏体等温转变的影响还不够充分,有待深入研究。

3.1.4.3　奥氏体晶粒度的影响

奥氏体晶粒与奥氏体化条件有关。加热温度高保温时间长,奥氏体晶粒粗大,成分均匀性提高,晶界总面积减少,过冷奥氏体转变的形核位置减少,奥氏体稳定性增加,过冷奥氏体等温转变的孕育期增长,等温转变 C 曲线右移。反之,等温转变 C 曲线左移。

图 3-11 表示奥氏体晶粒度对中碳合金钢等温转变 C 曲线的影响。从中可以看出,超细奥氏体晶粒(13.5 级)会加速过冷奥氏体向珠光体转变,而对贝氏体转变的影响较小;粗大的奥氏体晶粒(3.5 级),显著推迟珠光体转变,而对贝氏体转变稍有推迟作用。因为发生贝氏体转变时,作为贝氏体晶核的 α 相不一定要在晶界上形核,故而奥氏体晶粒度对贝氏体转变的影响较小。

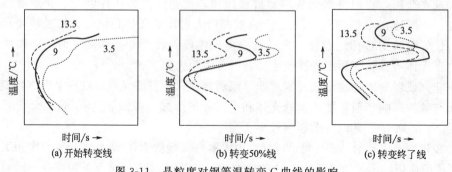

图 3-11　晶粒度对钢等温转变 C 曲线的影响

3.1.4.4　原始组织的影响

相同条件下，钢的原始组织越细小，单位体积内晶界越多，过冷奥氏体转变的形核率越高。同时原始组织越细小有利于 C 原子扩散，奥氏体形成时达到均匀化时间短，相对长大时间长，相同条件下易使奥氏体长大并且均匀性提高，等温转变 C 曲线右移，M_s 点也相应降低。

当原始组织相同时，提高奥氏体化温度或延长保温时间，将促使碳化物溶解、成分均匀和奥氏体晶粒长大，也会使等温转变 C 曲线右移。图 3-12 表示 GCr15 轴承钢不同奥氏体化温度测定的等温转变 C 曲线，可见，奥氏体化温度不仅使等温转变 C 曲线的位置改变，而且（b）图中因奥氏体化温度较高，合金元素 Cr 充分溶入奥氏体中，从而使珠光体和贝氏体等温转变 C 曲线产生明显分离。奥氏体化温度不同，导致两条等温转变 C 曲线明显不同。若加热保温后，钢中保留较多的细小碳化物颗粒，而且奥氏体成分也不均匀，晶粒细小，则等温转变 C 曲线左移。奥氏体化后，钢中若有夹杂存在时，它们对奥氏体分解能起着非均质形核的作用，也会使等温转变 C 曲线左移。

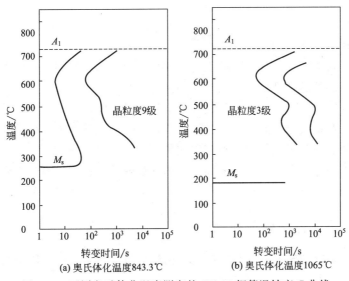

图 3-12　不同奥氏体化温度测定的 GCr15 钢等温转变 C 曲线

3.1.4.5　变形的影响

研究表明，无论是在高温（奥氏体稳定区域）还是在低温（过冷奥氏体亚稳区域）变形，对过冷奥氏体等温转变 C 曲线均有影响。

奥氏体比体积最小，奥氏体转变时发生体积膨胀。对过冷奥氏体施加拉应力或进行塑性变形，造成晶体点阵畸变和位错密度增加，有利于碳原子和铁原子扩散及晶体点阵重构，促进珠光体的形核和晶体长大，加速珠光体等温转变，使 C 曲线左移。过冷奥氏体塑性变形温度越低，促进珠光体转变的作用就越大。

对过冷奥氏体施加等向压应力，将使原子迁移阻力增大，碳原子和铁原子的扩散及晶体点阵重构困难，将降低珠光体的形成温度，减慢或不利于珠光体等温转变，使过冷奥氏体等温转变 C 曲线右移。

图 3-13 给出了中碳合金钢 550℃进行拉伸变形后 650℃等温的转变量和转变时间关系曲线。从图中可见，变形对过冷奥氏体转变有加速作用，未经变形的过冷奥氏体在 650℃下等

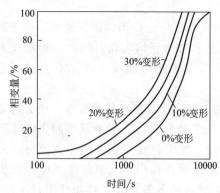

图 3-13 中碳 Ni-Cr-Mo 钢变形量
对 TTT 图的影响

温 900s 才开始转变，而 550℃拉伸变形 30％的试样不到 100s 就开始转变。未经变形的钢中，铁素体几乎仅在晶界析出，经变形的过冷奥氏体在等温转变时出现晶内形核，不仅铁素体晶粒尺寸减小，而且珠光体团尺寸减小一半，出现了亚结构，改善了力学性能。

综上所述，过冷奥氏体等温转变 C 曲线的形状和位置是上述诸多因素综合作用的结果。应该指出的是，在应用等温转变图时，必须注意到测定的等温转变图所用钢的化学成分（包括微量合金元素）、奥氏体化温度和奥氏体晶粒度等，同时还应注意实际化学成分和热处理工艺规范等与所用的等温转变图之间的差别。不问条件地应用等温转变图，可能导致错误的结果。

3.2 过冷奥氏体连续转变冷却图

等温转变图反映的是过冷奥氏体等温转变的规律，可以直接用来指导等温热处理工艺的制定。但是，实际热处理经常是在连续冷却条件下进行的，虽然可以利用等温转变图来分析过冷奥氏体的连续冷却转变过程，然而这种分析只能是粗略的估计，有时甚至可能得出错误的结果。实际上，在连续冷却时，过冷奥氏体是在一个温度范围内发生转变的，几种转变往往重叠出现，得到的显微组织常常是不均匀的和复杂的。

尽管早就认识到过冷奥氏体连续冷却转变图的重要性，但是，由于连续冷却转变图比较复杂和测试上的困难，所以迄今为止还有许多钢的 CCT 图有待精确测定。

3.2.1 过冷奥氏体连续转变图的建立

过冷奥氏体连续冷却转变图一般是综合应用热分析法、金相法和膨胀法（用快速膨胀仪测定试样转变时比体积的变化）测定的。

快速膨胀仪使用的试样尺寸一般为 $\phi 3 \times 10mm$，在试样上点焊 0.1mm 的热电偶，热电偶与温度-时间记录仪连接以记录热分析数据。试样在真空中加热奥氏体化后，按照规定的条件连续冷却（在 800～500℃范围内平均冷却速率可以控制在 10000℃/min～1℃/min），测定不同冷却速率下连续冷却至室温时试样长度的变化。其中长度变化曲线不规则变化部分，对应过冷奥氏体发生转变的一定体积分数。规定不同冷却速率下转变量为 1％对应的各点连线为转变开始线，转变量为 99％对应的各点连线为转变终了线，将这些连线记录在温度-时间（用对数坐标）坐标图中，如图 3-14 所示。将冷却后的试样进行显微组织分析和硬度测定，把测定的硬度值用圆圈表示标记在相应的冷却曲线端部。

膨胀法测定过冷奥氏体转变量达到 99％的温度和时间是不精确的，因此，采用带摄像装置的高温金相显微镜，研究冷却速率和合金元素对珠光体转变动力学和形态的影响。与金相法相比，该方法可直接观察冷却过程中珠光体和马氏体转变过程。特别是冷却过程中若出现马氏体或贝氏体转变，试样表面将出现浮凸，这在显微镜下很容易观察到。而珠光体的产生却难以识别。采用相衬物镜可以观察到过冷奥氏体向珠光体的转变，同时还可以测得过冷

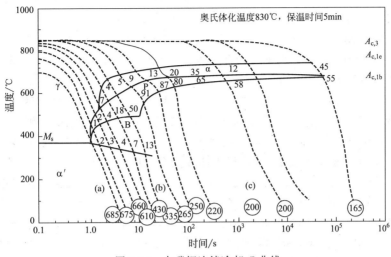

图 3-14　中碳钢连续冷却 C 曲线

奥氏体转变成一种或多种产物的热分析、动力学数据及形态等资料。所以膨胀法是研究过冷奥氏体转变的合适方法。

3.2.2　连续冷却转变图分析

过冷奥氏体连续冷却转变图也称连续冷却转变 C 曲线，在连续冷却转变条件下，过冷奥氏体的转变产物与等温转变产物相似。图 3-14 为中碳钢的连续冷却转变 C 曲线，图中各区域内标出的符号与等温 C 曲线的意义相同，包括先析铁素体（α）转变区［过共析钢为先析碳化物（K）转变区］、珠光体（P）转变区、贝氏体（B）转变区以及马氏体转变区（α′）。与等温转变 C 曲线对比，连续冷却转变 C 曲线有如下不同之处：

3.2.2.1　图中的数字

自左上方至右下方的 12 条不同冷却速率的连续冷却曲线分别与先析铁素体、珠光体、贝氏体及马氏体区相交，其中数字代表以该冷却速率冷却后，经过对应转变区域过冷奥氏体的转变量。例如，最右侧的连续冷却转变线，当过冷奥氏体连续冷却进入先析铁素体转变区时析出了 45% 的先析铁素体，进入珠光体转变区时析出了 55% 的珠光体，继续冷却，剩余的过冷奥氏体将全部转变为马氏体。连续冷却曲线下端小圆圈对应的数字，代表以该速率冷却得到的室温组织对应的维氏（或洛氏）硬度。而奥氏体化温度和时间等条件，标注在 CCT 图的右上角上。

3.2.2.2　冷却速率

在建立连续冷却转变 C 曲线时，理论上要求测定的连续冷却速率恒定且精确，这样绘制的连续冷却转变 C 曲线才能准确。但是，任何一种冷却介质都难以维持恒定的冷却速率，另外过冷奥氏体转变还要释放转变潜热等，因此，恒定的连续冷却速率难以做到。从目前公布的连续冷却转变 C 曲线看，可以用下列方法描述 CCT 图中各冷却速率。

（1）奥氏体化温度（或 800℃）至 500℃ 范围的平均冷却速率　用平均冷却速率作为连续冷却速率来绘制 CCT 图。显然这是一种不太精确的近似方法。若时间轴以自然数为坐标，则连续冷却速率应该为直线，若时间轴以对数为坐标，则连续冷却速率就应该为曲线。正因如此，时间坐标轴原点不能为零点，并且高速冷却的冷却曲线起点也不在奥氏体化温度上。

（2）以奥氏体化温度冷至500℃所需时间来描述冷却速率　可用CCT图中各条冷却曲线与图中500℃等温线交点来确定时间，因此，该方法比平均冷却速率法更方便些。结合图3-14讨论在三种典型的冷却速率（a）、（b）和（c）下，过冷奥氏体的转变过程和产物组成。以（a）速率（冷至500℃需0.7s）冷却时，直到冷至M_s点（360℃）不见扩散型转变发生；从M_s点开始转变为马氏体，冷至室温得到马氏体加少量残余奥氏体组织，硬度为685HV。以（b）速率（冷至500℃需5.5s）冷却时，约经过2s在630℃开始析出先析铁素体；经过3s冷却至600℃左右，铁素体析出4%后，过冷奥氏体开始发生珠光体转变；经6s冷至480℃，珠光体转变量达到18%，然后，过冷奥氏体进入贝氏体转变区；经9.5s冷至330℃左右，有7%的过冷奥氏体转变为贝氏体；继续冷至M_s点（330℃）开始转变为马氏体；冷至室温得到的室温组织含有4%铁素体、18%细片状珠光体、7%贝氏体和71%马氏体加残余奥氏体，硬度为430HV。以（c）速率（冷至500℃需260s）冷却时，经过80s冷至720℃开始析出先析铁素体；经过105s冷却至680℃左右，析出35%铁素体后，过冷奥氏体开始发生珠光体转变；经115s冷至655℃，珠光体转变量达到65%后转变终了了，冷至室温得到35%铁素体和65%珠光体混合组织，硬度为200HV。

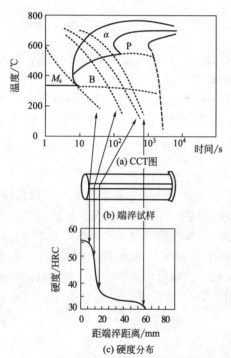

图 3-15　CCT 图冷却曲线与端淬试样
水冷端距离的关系（示意图）

（3）以端淬试验的方法描述CCT图中的冷却速率　在端淬规定的冷却条件下，试样的各点均对应一定的冷却速率，并且冷却速率因距水冷端距离的增大而降低。因此，可以使CCT图上的各条冷却曲线与端淬试样上各点的冷却速率对应（图3-15）。用这种方法描述冷却曲线的优点是把CCT图和端淬试验数据联系起来，便于分析钢件在淬火后截面上的硬度分布和淬透层深度。

（4）圆棒直径　不同直径钢料空冷时，如果奥氏体化温度相同，其心部的冷却速率只与圆棒直径有关，因此，也用圆棒直径描述CCT图中的某些冷却曲线。少数CCT图就是这样做成的，它对预计不同直径钢料正火后的显微组织和硬度是比较方便的。

3.2.2.3　M_s点

仔细观察非共析钢CCT图中的M_s点，发现M_s的水平线右侧为斜线，亚共析钢M_s线右侧向下倾斜，过共析钢的M_s线右侧向上倾斜。这是因为亚共析钢由于析出先析铁素体，导致过冷奥氏体中的碳含量升高，碳原子对过冷奥氏体的固溶强化作用增强，使其稳定性提高，故降低了M_s点，或者使M_s线右侧向下倾斜（如图3-14）。过亚共析钢由于析出先析渗碳体，导致过冷奥氏体中的碳含量降低，碳原子对过冷奥氏体的固溶强化作用减弱，使其稳定性降低，故提高了M_s点，或者使M_s线右侧向上倾斜。

3.2.3　连续冷却转变图与等温转变图比较

连续冷却条件下，过冷奥氏体是在一个温度范围内发生转变的，可以看作是由许多个温度差很小的等温转变过程组成的，所以，连续冷却转变得到的显微组织，可以认为是不同等温转变产物的混合物。因此，CCT 图与 TTT 图在某些方面是有联系的，同时也有差别。

与影响 TTT 图的因素相似，合金元素在等温条件下推迟过冷奥氏体转变，在连续冷却条件下提高过冷奥氏体稳定性和增大其转变的孕育期，降低过冷奥氏体的转变速率。此外，由于合金元素和其他因素的影响，CCT 图具有各种不同的转变类型：即只有珠光体转变区无贝氏体转变区；只有贝氏体转变区而无珠光体转变区；三种转变区可以是相互衔接，也可以相互分离的。在应用 CCT 图时，同时要注意测定该图的试验条件。

奥氏体化条件对 CCT 图也有影响，与等温转变 C 曲线的影响一样，高温奥氏体化和粗大的奥氏体晶粒的 CCT 图，处在正常奥氏体化 CCT 图的下方。

虽然 CCT 图和 TTT 图在某些方面是相似的，但是，由于连续冷却转变还受到冷却速率的影响，所以，连续冷却转变显得更为复杂，它的某些特点要根据 TTT 图直接推出是困难的。

连续冷却转变时，过冷奥氏体在较低的温度下发生珠光体转变，和等温转变相比，尽管转变温度降低过冷度增大，珠光体转变的形核率有增大趋势，但珠光体形成时原子扩散速度慢和扩散距离短，所以珠光体经过较长时间孕育后才开始转变。因此，和 TTT 曲线相比，CCT 曲线处于 TTT 曲线右下方。

图 3-16 比较了共析钢的等温转变图和连续冷却转变图，与 TTT 图比较可见，共析钢的 CCT 图只有高温珠光体转变区和低温马氏体转变区，而无中温的贝氏体转变区。若冷却速率大于 138℃/s（图 3-16），即使与 TTT 曲线相交，室温组织仍为马氏体；冷却速率小于 33℃/s（图 3-16），室温组织为珠光体；冷却速率在 138～33℃/s 之间，室温组织为珠光体和马氏体。

连续冷却转变是在一个温度范围内发生的，对扩散型转变而言，冷却速率小，则转变温度范围狭窄，转变时间长；冷却速率大，则转变温度范围宽，转变时间短。因为转变是在一个温度范围内发生的，所以转变初期和转变后期形成的产物有一定的差别，几种转变可能重叠发生，往往得到复杂的显微组织。

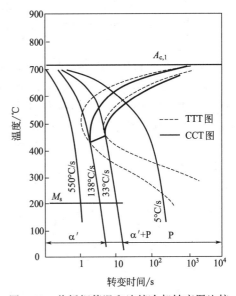

图 3-16　共析钢等温和连续冷却转变图比较

3.3　钢的临界冷却速率

过冷奥氏体连续冷却转变的转变过程和转变产物取决于 CCT 图的位置和冷却速率。在连续冷却中，使过冷奥氏体不析出先共析铁素体（亚共析钢）、先共析碳化物（过共析钢完全奥氏体化）或不转变为珠光体、贝氏体的最低冷却速率分别称为抑制先共析铁素体、先共析碳化物、珠光体和贝氏体的临界冷却速率。它们分别可以用与 CCT 图中先共析铁素体、先共析碳化物的析出线或珠光体和贝氏体的转变开始线相切的冷却曲线来表示。

为了使钢件在淬火后得到完全马氏体组织，应使奥氏体从淬火加热温度至 M_s 点的冷却过程中不发生分解。为此，钢件的冷却速率应大于某一临界值，此临界值称为临界淬火速率或临界冷却速率，通常用 V_c 表示。V_c 是得到完全马氏体组织（包括残余奥氏体）的最低冷却速率，V_c 值表示钢接受淬火的能力，它是决定钢件淬透层深度的主要因素，也是合理选用钢材和正确制定热处理工艺的重要依据之一。

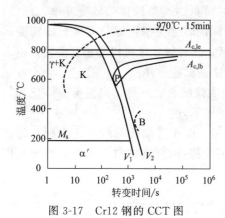

图 3-17　Cr12 钢的 CCT 图

临界淬火速率与 CCT 曲线的形状和位置有关，图 3-17 是 Cr12 钢的 CCT 图。由图可知，珠光体转变的孕育期较短，而贝氏体转变的孕育期较长，因此，如果忽略少量先析碳化物析出的影响，Cr12 钢的临界淬火速率取决于抑制珠光体转变的临界冷却速率；反之，若珠光体转变的孕育期比贝氏体长，则临界淬火速率取决于抑制贝氏体转变的临界冷却速率。

亚共析钢和低合金钢的临界淬火速率多取决于抑制先共析铁素体析出的临界冷却速率。抑制先共析碳化物析出的临界冷却速率，可以衡量过共析成分的奥氏体在连续冷却时析出碳化物的倾向性。从 Cr12 钢的 CCT 图可知，碳化物析出线靠近纵轴，因此，抑制先共析碳化物析出的临界冷却速率较大，所以，在淬火过程中容易析出碳化物。

临界淬火速率主要取决于 CCT 曲线的位置，使 CCT 曲线左移的各种因素，都将使临界淬火速率增大。而使 CCT 曲线右移的各种因素，都将降低临界淬火速率。最后一提的是，影响 TTT 曲线位置的因素（如碳含量、合金元素、奥氏体晶粒度、奥氏体化温度以及原始组织等等）也将影响 CCT 曲线的位置，而且影响机理也和影响 TTT 图的机理基本相同，这里不再赘述。

第 4 章

珠光体相变

根据 Fe-Fe$_3$C 相图可知,将奥氏体过冷到临界点以下时,奥氏体首先沿着 GS 线和 ES 线析出先共析铁素体和渗碳体,同时,奥氏体的碳含量不断向 G 点靠拢,当达到 G 点时,具有共析成分的奥氏体将在略低于临界点(A$_{r1}$)的地方发生共析转变,形成铁素体和渗碳体的混合组织。按照金属学的规定,把铁素体和渗碳体的混合组织称为珠光体。

实际冷却过程中冷却速率远大于 Fe-Fe$_3$C 相图的平衡冷却速率,也就是说,冷却速率增大导致过冷度增大,过冷奥氏体的相变温度降低。相变温度降低直接导致铁原子和碳原子的活动能力降低,必将影响过冷奥氏体的相变机制。一般按照相变机制的不同,将过冷奥氏体的相变分为三大类:高温相变、中温相变和低温相变。

高温相变时由于冷却速率相对缓慢,相变温度相对较高,铁原子和碳原子均能充分地扩散,所发生的相变是扩散型相变,相变产物能够按照 Fe-Fe$_3$C 相图判断。共析转变形成珠光体的相变就是典型的扩散型相变。冷却速率较快的中温相变则被称为贝氏体相变,相变温度相对较低,原子只能发生近程扩散,相变产物不能按照 Fe-Fe$_3$C 相图判断。冷却速率很快的低温相变则被称为马氏体相变,相变温度相对更低,点阵结构通过切变改组,原子不能发生扩散,因而新相和母相的化学成分相同,同样相变产物也不能按照 Fe-Fe$_3$C 相图判断。

工程实际生产中经常使用退火、正火和索氏体化处理工艺,目的是为了获得均匀、稳定的组织,所发生的相变主要是珠光体相变。这类加工工艺既可以作为预先热处理,为后续的冷、热成形加工做好显微组织准备,也可以作为最终热处理,使其具备强度、硬度和塑性、韧性的适当配合。另外,随着大截面结构零件强化要求的不断提高,其淬透性要求相应地提高,而淬透性与珠光体相变孕育期密切相关。改变奥氏体化学成分和组织形态,可以有效地改变珠光体相变的孕育期,从而改变钢的淬透性和大截面结构件的强韧化性能。

钢中珠光体相变即是过冷奥氏体(γ)向珠光体(α+Fe$_3$C)的转变(γ $\longrightarrow$ α+Fe$_3$C),研究珠光体相变机理、动力学及其影响因素,不仅是为了制定获得珠光体相变的正火、退火、索氏体化热处理工艺,而且也是为了更好地研究避免珠光体相变的淬火和等温淬火工艺。本章重点讨论珠光体相变产物的组织形态、形成过程、相变速率、力学性能及其影响因素,对钢的相间沉淀做简单介绍。

4.1 珠光体的组织形态与晶体结构

4.1.1 珠光体的组织形态

将共析钢加热到临界点 A$_{c1}$ 以上得到均匀的奥氏体,然后缓慢冷却,在稍低于 A$_{r1}$ 温度下将得到珠光体组织。珠光体是铁素体和渗碳体的机械混合物,其典型的形态是片状或层状的组织，如图 4-1 所示。

片状珠光体是由一层铁素体与一层渗碳体机械交替地紧密堆叠而成的。图 4-2 给出了片状珠光体显微组织示意图。在片状珠光体组织中，一对铁素体或渗碳体片的总厚度称作"珠光体层间距离"，亦即相邻两片渗碳体（或铁素体）的平均距离 S_0，见图 4-2(a)；片层方向大致相同的区域称为"珠光体领域"或"珠光体团"，也称"珠光体晶粒"，见图 4-2(b)。一个原奥氏体晶粒内可以形成几个珠光体晶粒。

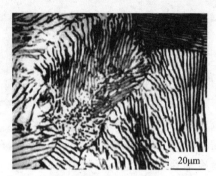

图 4-1　共析钢的珠光体组织

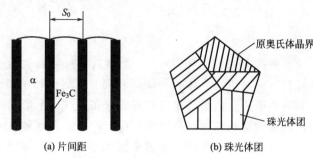

(a) 片间距　　　　　　(b) 珠光体团

图 4-2　片状珠光体显微组织示意图

4.1.2　珠光体分类

随着珠光体形成温度的降低，层片状珠光体的层片间距 S_0 也随之变小。工业上按照 S_0 的大小，常将珠光体进行如下分类。

（1）珠光体　工业上所谓的珠光体，是指在光学显微镜下能够明显看出铁素体与渗碳体呈层状分布的组织形态，其层片间距 S_0 一般在 150～450nm。这种珠光体一般叫作"普通片状珠光体"，用符号 P 表示，见图 4-1。

（2）索氏体　如果珠光体的形成温度较低，在光学显微镜下很难辨别铁素体片与渗碳体片的形态，只能由电子显微镜测定其层片间距 S_0，一般在 80～150nm 之间。这种细片状珠光体，工业上叫作"索氏体"，用符号 S 表示，见图 4-3 中（a）和（b）。

（3）屈氏体　对于在更低温度下形成的层片间距 S_0 在 30～80nm 范围内的极细片状珠光体，在光学显微镜下无法分辨铁素体与渗碳体的层片（呈黑球状）特征，只有在电镜下可清晰观察到铁素体与渗碳体的片层。这种组织工业上叫作"屈氏体"（也称托氏体），用符号 T 表示，见图 4-3 中（c）和（d）。

研究指出，在一定温度下形成的珠光体组织中，每个珠光体团内的层片间距不是一个定值，而是在一个中值附近呈统计分布，因此通常所指的层片间距是一个平均值。在高倍电子显微镜下无论是片状珠光体、索氏体或屈氏体，都具有层片状特征，如图 4-3 所示。它们之间并无本质上的差别，只是层片间距大小不同，在电镜下观察其形貌都具有典型的斑马条纹特征。

在工业用钢中，也可见到在铁素体基体上分布着粒状渗碳体的组织，这种组织称为"粒状珠光体或"球状珠光体"，也有人建议叫"球化体"，如图 4-4 所示。这种球状珠光体组织一般由球化退火工艺获得，也可以通过淬火然后经高温回火获得。顺便指出，经过普通球化退火之后，钢中的渗碳体并不能都成为尺寸相等的球体，随着钢中原始组织和球化退火工艺的不同，粒状珠光体的形态也不一样。粒状珠光体中的碳化物大小、形态和分布，常常对最

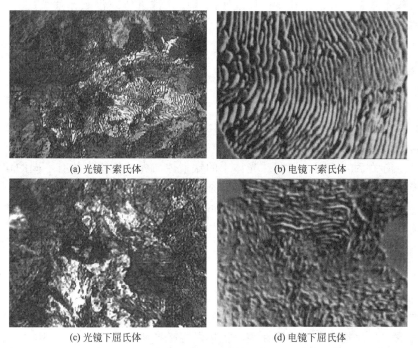

(a) 光镜下索氏体　　　　　　　　　　(b) 电镜下索氏体

(c) 光镜下屈氏体　　　　　　　　　　(d) 电镜下屈氏体

图 4-3　索氏体和屈氏体金相组织

终热处理（淬火、回火）后的组织形态和性能产生影响。对于高碳工具钢中的粒状珠光体，按照渗碳体颗粒大小，分为粗粒状珠光体、珠光体、细粒状珠光体和点状珠光体。

　　当珠光体在更低温度形成时，在高倍光学显微镜下，观察到的珠光体组织呈黑色针状，称作"针状珠光体"。如果放大倍数较低，其形态是由许多针组成的冰花状。在工业生产中，针状珠光体不常见。另外，还有一种纤维状珠光体也不常见，这里不赘述。

4.1.3　珠光体的晶体结构

　　珠光体虽然有多种形态，但本质上都是铁素体与渗碳体的机械混合物。透射电子显微镜观察表明，退火状态下在珠光体中，铁素体与渗碳体中的位错密度较小，而在铁素体与渗碳体两相交界处的位错密度较高，如图 4-5 所示。从图中还可以看出，在同一片状珠光体领域中，存在亚晶界，构成许多亚晶粒。

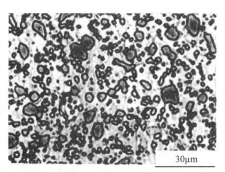

30μm

图 4-4　高碳钢的粒状珠光体

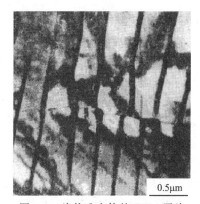

0.5μm

图 4-5　片状珠光体的 TEM 照片

在片状珠光体中，特别是在索氏体或屈氏体中，铁素体或渗碳体片彼此并不绝对平行，渗碳体片的厚度也并非绝对均匀。

珠光体形成时，新相（渗碳体和铁素体）与母相（奥氏体）有一定的晶体学位向关系，使新相和母相原子在界面上能够较好地匹配。例如珠光体形成时，其中铁素体与奥氏体的位向关系为：

$(110)_{\gamma}$ // $(112)_{\alpha}$; $[112]_{\gamma}$ // $[110]_{\alpha}$

而在亚共析钢中，先共析铁素体与奥氏体的位向关系则为：

$(111)_{\gamma}$ // $(110)_{\alpha}$; $[110]_{\gamma}$ // $[111]_{\alpha}$

这两种位向关系的不同，说明珠光体中的铁素体与先共析铁素体有不同的相变特性。珠光体中的渗碳体与奥氏体的位向关系比较复杂。

利用透射电镜选区电子衍射分析技术，可以测定珠光体中铁素体与渗碳体之间也存在确定的位向关系，在一个珠光体团中，铁素体与渗碳的位向关系通常有两类：

第一类：$(001)_{cem}$ // $(21\bar{1})_{\alpha}$; $[100]_{cem}$ // $[0\bar{1}1]_{\alpha}$, $[010]_{cem}$ // $[111]_{\alpha}$

第二类：$(001)_{cem}$ // $(5\bar{2}1)_{\alpha}$; $[100]_{cem}$ // $[13\bar{1}]_{\alpha}$ （差 $2°36'$） , $[010]_{cem}$ // $[113]_{\alpha}$ （差 $2°36'$）

第一类位向关系，常常是珠光体晶核在奥氏体晶界上有先共析渗碳体产生时测出的；第二类位向关系，常常是珠光体晶核在纯奥氏体晶界上产生时测出的。

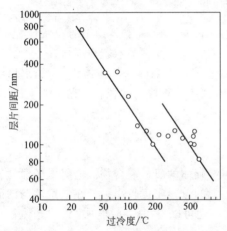

图 4-6　T12 钢层片间距与过冷度的关系

4.1.4　珠光体的层片间距

珠光体片间距 S_0 的大小，取决于珠光体的形成温度（过冷度 ΔT）而与原奥氏体晶粒尺寸大小无关。形成温度越低，过冷度越大，层片间距 S_0 越小，如图 4-6 所示。

S_0 大小变化的原因：

① 珠光体形成在一个温度范围内进行，先冷却得到的珠光体由于形成温度高，C 原子扩散速度快，扩散距离长，珠光体片层间距 S_0 大。

② 随着温度降低，后冷却得到的珠光体由于过冷度 ΔT 增大，珠光体相变的驱动力 ΔG 增大，形核率 I 增大，并且碳原子扩散速度和距离变小，使 S_0 变小。

碳素钢中珠光体的层片间距 S_0（Å，$1\text{Å}=0.1\text{nm}=10^{-10}$ m）与过冷度 ΔT 之间满足下面经验公式：

$$S_0 = \frac{8.02 \times 10^4}{\Delta T} \tag{4-1}$$

从式（4-1）中可以看出，过冷度 ΔT 与珠光体的层片间距 S_0 呈反比关系，过冷度愈大，层片间距愈小。如果，过冷奥氏体先在较高温度部分相变为珠光体，未相变的过冷奥氏体随后在较低温度相变为珠光体，在此情况下，形成的珠光体有粗有细，而且是先粗后细，即珠光体显微组织的层片间距先大后小。由此可以推断，同一种钢奥氏体化后进行等温冷却，如果能得到珠光体、索氏体和屈氏体，它们的形成温度一定是逐渐降低的，其平均层片间距的大小一定是逐渐减小的。同理，如果过冷奥氏体在连续冷却过程中转变成珠光体，亦即珠光体在一个温度范围内形成，在高温形成的珠光体组织比较粗，低温形成的珠光体组织比较细。这种粗细不均匀的珠光体将引起力学性能不均匀，从而对钢的切削加工性能可能产生不利的影响，因此，可对结构钢采用在一个温度等温处理（等温正火或等温退火）的方法，来获得粗细相近的珠光体组织，以提高钢的切削性能。

另外，随着珠光体层片间距的减小，珠光体中渗碳体片的厚度变薄。而且，当珠光体层片间距相同时，随着钢中碳含量降低，渗碳体片也将变薄。

奥氏体晶粒大小，对珠光体团的大小有影响，但对珠光体层片间距没有明显影响。表 4-1 中所列数据表明，当奥氏体晶粒度由 2 级减小到 8~9 级时，珠光体的层片间距未出现明显变化。

表 4-1　0.78%C-0.63%Mn 钢奥氏体晶粒度对珠光体层间距的影响

奥氏体化参数	奥氏体晶粒度	相变温度/℃	层片间距(×2500)/mm
1050℃,20min	2	700	1.54
860℃,12min	6	700	1.38
860℃,20min	6	700	1.45
815℃,30min	8~9	694	1.65

4.2　珠光体的形成机制

4.2.1　珠光体形成的热力学条件

奥氏体过冷到 $A_{r,1}$ 温度以下时，将发生珠光体相变，由于珠光体相变是在较高温度形成，Fe 和 C 原子能够长程扩散，珠光体可以在缺陷处形核，因此相变消耗的能量较小，在较小过冷度 ΔT 条件下珠光体相变即可发生。

通过实验测得共析钢中过冷奥氏体转变为珠光体的热熔，由此推导出各温度下的过冷奥氏体与珠光体自由能之差，如图 4-7 所示，当自由能为一定的负值时，即可发生珠光体相变。即：

$$\Delta G = G_P - G_\gamma \leqslant 0 \qquad (4-2)$$

研究钢的珠光体相变时，可用奥氏体、铁素体和渗碳体各相的自由能水平和总的自由能变化，来分析珠光体形成的温度条件和各相转化的可能途径。图 4-8 示出了 Fe-C 合金 α（铁素体）、γ（奥氏体）和 Fe₃C（渗碳体）三相在 $A_{r,1}$ 点及其以下 T 温度的各相自由能状态图。可以看出，在临界点 $A_{r,1}$ 温度时，α 相、γ 相和 Fe₃C 相的自由能曲线有一条公切线，如图 4-8(a)，说明在此温度下三相平衡，由三个切点作垂线与图 4-8(c)

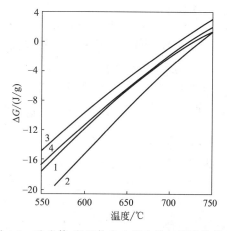

图 4-7　珠光体-奥氏体自由能之差与温度的关系
1—碳素钢；2—1.9%Co 钢；
3—1.8%Mn 钢；4—0.5%Mo 钢

横坐标相交，得到对应的三相的平衡成分 α（P）、γ（S）和 Fe₃C（e）。当温度降至 T 时，如图 4-8(b)，有三条混合相自由能曲线，因此可作三组公切线，即成分为 d 的 γ 相与 Fe₃C 相平衡，成分为 c 的 γ 相与成分为 a 的 α 相平衡，成分为 a' 的 α 相与 Fe₃C 相平衡。由上述切点分

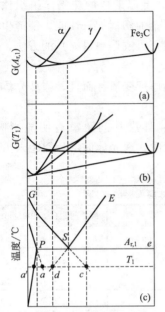

图 4-8　Fe-C 合金临界点及其以下
温度的成分自由能曲线示意图

别作垂线与横坐标相交，可得到两相平衡的成分点分别为：α (a')、α (a)、γ (d)、γ (c) 和 Fe₃C (e)。其中成分为 a' 的 α 相与 Fe₃C 相的自由能最低，理论上作为相变产物的可能性最大，所以，过冷奥氏体最终的转变产物就是这种铁素体加渗碳体的混合产物，但是在相变过程中，也有可能转变为综合自由能低于奥氏体而高于铁素体加渗碳体混合物的过渡相。

4.2.2　片状珠光体的形成机制

共析钢奥氏体转变为珠光体时，是由碳含量为 0.77% 的均匀奥氏体，转变为碳含量为 6.67% 的渗碳体和碳含量约为 0.02% 的铁素体的机械混合物。下面分析这种相变是怎样进行的。

4.2.2.1　珠光体相变的领先相

珠光体的形成是形核、长大的结果，由于珠光体是由两个相组成的，因此形核有领先相的问题。领先相究竟是铁素体还是渗碳体？很显然，铁素体和渗碳体碳含量差别很大，在同一微区同时出现的可能性是很小的，这个问题由于很难通过实验来直接验证，所以到目前为止，还没有形成一个统一的认识。某些研究认为，珠光体形成时的领先相，可以随相变发生的温度和奥氏体成分的不同而异。过冷度小时渗碳体是领先相，过冷度大时铁素体是领先相；在亚共析钢中铁素体是领先相，在过共析钢中渗碳体是领先相，而在共析钢中渗碳体和铁素体作为领先相的趋势是相同的。但是，一般认为共析钢中珠光体形成时的领先相是渗碳体，其原因如下：

① 珠光体中的渗碳体与从奥氏体中析出的先共析渗碳体的晶体位相相同，而珠光体中的铁素体与直接从奥氏体中析出的先共析铁素体的晶体位向不同。

② 珠光体中的渗碳体与共析转变前产生的渗碳体在显微组织上常常是连续的，而珠光体中的铁素体与共析转变前产生的铁素体在显微组织上常常是不连续的。

③ 奥氏体中未溶解的渗碳体有促进珠光体形成的作用，而先共析铁素体的存在，对珠光体的形成则无明显的影响。

4.2.2.2　珠光体的形成机制

共析成分的过冷奥氏体发生珠光体相变时，其晶核多半产生在奥氏体晶界上（晶界的交叉点更有利于珠光体形核），或晶体缺陷（如位错）比较密集的区域。这是由于这些部位有利于产生能量起伏、成分起伏和结构起伏，晶核就在那些高能量、接近渗碳体碳含量和类似渗碳体点阵结构的区域产生。但是，当奥氏体中碳浓度很不均匀或者有较多未溶解的渗碳体存在时，珠光体的晶核也可以在奥氏体晶粒内产生。

珠光体的形成过程，包含着两个同时进行的过程，一个是碳的扩散，以生成高碳的渗碳体和低碳的铁素体；另一个是晶体点阵的重构，由面心立方的奥氏体相变为体心立方点阵的铁素体和复杂单斜点阵的渗碳体。即：

$$\gamma\ (0.77\%) \longrightarrow \alpha\ (0.02\%) + Fe_3C\ (6.67\%)$$

　　　　　　面心立方　　　　体心立方　　　复杂斜方

以 Fe$_3$C 为领先相讨论，当珠光体晶核在奥氏体晶界刚刚形成（γ、α和 Fe$_3$C 三相共存）时，过冷奥氏体中的碳浓度是不均匀的，碳浓度的分布情况如图 4-9（a）所示，即与铁素体相接的碳浓度 $C_{γ\text{-}α}$ 较高，与渗碳体相接的碳浓度 $C_{γ\text{-}cem}$ 较低。因此，一旦珠光体晶核形成，在奥氏体中就存在碳的浓度差，从而引起碳原子的扩散，其扩散的示意如图 4-9（b）所示。

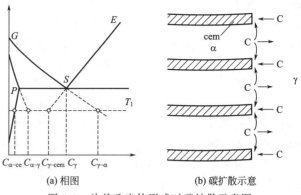

(a) 相图　　　　(b) 碳扩散示意

图 4-9　片状珠光体形成时碳扩散示意图

碳原子在奥氏体中的扩散结果，引起了铁素体前面的奥氏体碳浓度降低（低于 $C_{γ\text{-}α}$），渗碳体前面的奥氏体碳浓度增高（高于 $C_{γ\text{-}cem}$），这就打破了该温度下奥氏体中碳浓度的平衡。为了保持这一平衡，在铁素体前面的奥氏体必须溶解析出铁素体，使其碳含量增高到平衡碳浓度 $C_{γ\text{-}α}$；在渗碳体前面的奥氏体必须溶解析出渗碳体，使其碳含量降低到平衡碳浓度 $C_{γ\text{-}cem}$。珠光体晶核纵向长入奥氏体晶内，这样一直到过冷奥氏体全部转变为珠光体为止。

从图 4-9 可以看出，在过冷奥氏体中，珠光体形成时除了以上述一种情况进行碳的扩散之外，还将发生远离珠光体的奥氏体（碳浓度为 $C_γ$）中的碳向与渗碳体相接的奥氏体处（碳浓度为 $C_{γ\text{-}cem}$）扩散，而与铁素体相接的奥氏体处的碳（碳浓度为 $C_{γ\text{-}α}$）向远离珠光体的奥氏体（碳浓度为 $C_γ$）中扩散。此外，对已形成的珠光体，其铁素体与奥氏体相接处碳浓度为 $C_{α\text{-}γ}$，而与渗碳体相接处碳浓度为 $C_{α\text{-}cem}$，它们之间也要产生碳的扩散。所有这些都促使珠光体中的铁素体和渗碳体不断长大，也就是促进了过冷奥氏体向珠光体的转变。

过冷奥氏体转变为珠光体时，晶体点阵的重构，是由部分铁原子自扩散完成的。

图 4-10 为珠光体形成过程示意图。由于能量、成分和结构起伏，首先在奥氏体晶界产生了一小片渗碳体（晶核），如图 4-10（a）所示。这样的晶核，一方面为渗碳体长大提供较大的碳原子接受面积，另一方面在渗碳体长大时碳原子扩散距离缩短。值得指出的是，珠光体晶核刚刚形成时，与奥氏体可能保持共格关系，为了减小形核时的应变能，故形成片状晶核。晶核按非共格扩散方式长大时，共格关系被破坏，而长大方式发生变化：不仅向纵向方向长大，而且也向横向的方向长大。渗碳体横向长大时，吸收了两侧的碳原子，使其两侧奥

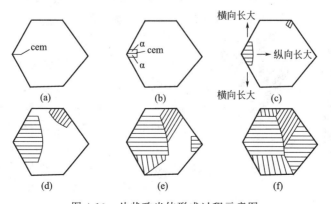

图 4-10　片状珠光体形成过程示意图

氏体碳含量降低，当碳含量降低到足以形成铁素体时，就在渗碳体片两侧出现了铁素体片，如图 4-10(b) 所示。新生成的铁素体片，除了伴随渗碳体片的纵向长大外，也向横向长大。铁素体横向长大时，必然要向侧面的奥氏体中排出多余的碳，因而增高了侧面奥氏体的碳浓度，这就促进了另一片渗碳体的形成，出现了新的渗碳体，如此连续进行下去，就形成了许多铁素体-渗碳体相间的片层。珠光体的横向长大主要是靠铁素体和渗碳体片的不断增多实现的。与此同时，在晶界的其他部位有可能形成新的晶核（渗碳体小片），如图 4-10(c) 所示。当过冷奥氏体中已经形成了层片相间的铁素体和渗碳体的集团，继续长大时，在长大着的珠光体与奥氏体的相界上，也有可能产生新的具有另一长大方向的渗碳体晶核，如图 4-10(d) 所示。在原奥氏体中的各种不同取向珠光体不断长大，而在奥氏体晶界上和珠光体-奥氏体向界面上，又不断地产生新的晶核并不断地长大，如图 4-10(e) 所示。直到各珠光体团长大至相互接触，过冷奥氏体全部转变为珠光体时，珠光体形成即告结束，如图 4-10(f) 所示。

图 4-11 给出了共析钢过冷奥氏体相变为珠光体的实验照片。共析钢在 705℃等温5min50s 时，珠光体开始形成，等温 66min40s 时，珠光体已全部形成。

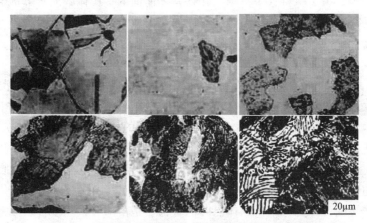

图 4-11 共析钢过冷奥氏体等温转变过程的显微组织

由上述珠光体的形成过程可知，珠光体形成时纵向长大是渗碳体片和铁素体片同时连续向奥氏体中延伸；而横向长大是渗碳体片与铁素体片交替堆叠增多。

随着珠光体形成温度的降低，珠光体形核后，两侧铁素体和渗碳体片连续形成的速度及其纵向长大速度稍有不同，正在成长的相变产物，其形貌也不相同。随着相变温度的降低，后续形成的铁素体和渗碳体片逐渐变薄缩短。形成珠光体群的轮廓也由光滑的块状变为扇形，继而为轮廓不光滑的团絮状甚至枪尖状，即由片状珠光体逐渐转变为索氏体、屈氏体甚至于针状珠光体。

4.2.2.3 珠光体的分枝长大

仔细观察珠光体显微组织形态发现，珠光体中的渗碳体，有些是以产生枝杈的形式长大的，这种渗碳体的平面形态如图 4-12 所示。图 4-12(a) 为实际显微组织照片。图 4-12(b) 表示过冷奥氏体发生珠光体相变时，在生成渗碳体晶核后，以分枝的形式逐渐长成的渗碳体片。在渗碳体片之间，则相应地逐渐相变为铁素体，这样，就形成了渗碳体与铁

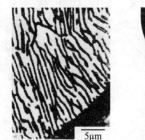

(a) 金相照片　　(b) 示意图

图 4-12 珠光体中渗碳体片的分枝长大

素体机械混合的片状珠光体。

分枝长大的渗碳体在特定的区域（位错处）形核长大，可以长成两个或多个渗碳体，它们也可以在不同区域同时或先后生成渗碳体，在成长的过程中生枝分权。这种按渗碳体分枝而形成的珠光体，与前述渗碳体和铁素体交替成长而形成的珠光体，其形成机理是不同的。

正常的片状珠光体形成时，铁素体与渗碳体是交替配合长大的，但在某些不正常的情况下，片状珠光体形成时，铁素体与渗碳体不一定交替配合长大，可以在较低温度下，在粗大珠光体的渗碳体上，向未相变的过冷奥氏体中长出分枝的渗碳体，在分枝的端部长成层间距较小的珠光体小球，或者在长出的分枝渗碳体两侧，没有铁素体配合而成为一片渗碳体片。

图 4-13 表示由于过共析钢不配合形核而产生的几种反常组织示意图。其中图 4-13（a）表示在奥氏体晶界上形成的渗碳体一侧长出一层铁素体，但此后却不再配合形核长大；图 4-13（b）表示从晶界上形成的渗碳体中，长出一个分枝伸向晶粒内部，但无铁素体与之配合，因此形成一条孤立的渗碳体片；图 4-13（c）表示由晶界长出的渗碳体片，伸

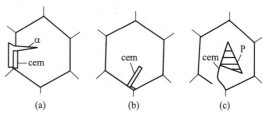

图 4-13　过共析钢中的几种不正常组织

向晶粒内后形成一个珠光体团。其中图 4-13（a）和图 4-13（b）为离异共析组织，以此可以解释渗碳钢渗层组织出现反常的现象。

4.2.3　粒状珠光体的形成机制

粒状珠光体的形成情况与片状珠光体是不相同的，粒状珠光体是通过渗碳体球状化获得的。从能量角度考虑，片状渗碳体的表面积大于同体积的粒状渗碳体，因此渗碳体球化是一个自发过程。根据胶态平衡理论，第二相颗粒的溶解度与其曲率半径有关，曲率半径越小，其溶解度越高，片状渗碳体的尖角处溶解度高于平面处的溶解度，因此渗碳体尖角处的碳浓度大于与平面处的碳浓度，这样就引起碳的扩散。扩散的结果破坏了碳浓度的胶态平衡，为了恢复平衡，渗碳体尖角处将进一步溶解，而平面将向外长大，如此不断进行，最终形成了各处曲率半径相近的粒状渗碳体。

片状渗碳体中有位错存在可以形成亚晶界，亚晶界的存在将在渗碳体内产生一界面张力，从而使片状渗碳体在亚晶界处出现沟槽，沟槽两侧将成为曲面，如图 4-14 所示。沟槽两侧与平面相比具有较小的曲率半径，因此溶解度较高，将引起碳的扩散，并以渗碳体的形式在附近平面的渗碳体上析出，扩散的结果使沟槽曲面处的渗碳体溶解而使曲率半径增大，破坏了界面张力平衡。为了恢复平衡，沟槽将因渗碳体继续溶解而进一步加深。如此循环直至渗碳体片溶穿，一片变成两截。渗碳体片溶穿过程中和溶穿之后，又按尖角溶解、平面析出长大而向球化转化。

由此可见，在 A_1 温度以下，片状珠光体的球化是通过渗碳体片的断裂、碳原子的扩散进行的，其过程如图 4-15 所示。片状珠光体相变为粒状珠光体的金相照片如图 4-16 所示。图 4-16（a）是部分渗碳体相变为粒状珠光体，仍有部分片状渗碳体存在，图 4-16（b）则是完全的粒状渗碳体。

一般认为，钢中碳化物的球化主要取决于奥氏体化的加热温度，

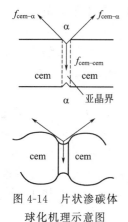

图 4-14　片状渗碳体
球化机理示意图

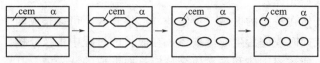

图 4-15　片状渗碳体破断、球化过程

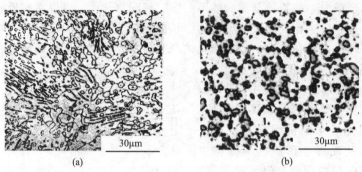

(a)　　　　　　　　　　　　(b)

图 4-16　片状珠光体转变为粒状珠光体照片

奥氏体化温度越高，奥氏体成分越均匀，在 $A_{r,1}$ 温度以下获得片状珠光体的趋势增大，碳化物越不易球化。球化退火等温温度过高时，不易发生珠光体相变和碳化物球化，等温温度过低，虽然珠光体相变较快，但也不易球化。

对于片状珠光体进行塑性变形，将增高珠光体中铁素体和渗碳体的位错密度，从而增加亚晶界数量，有促进碳化物球化的作用。

采用碳化物高度分散的原始组织（如索氏体、贝氏体、马氏体等）和低温加热，使奥氏体化后残留较多的细小均匀的碳化物颗粒，在随后冷却时，细小均匀的碳化物颗粒既可以作为非均匀形核的晶核，又可以减小碳的扩散距离，从而加速珠光体相变和碳化物的球化。

根据粒状珠光体形成机理，工艺上在 $A_{c,1}$ 附近采用波动加热 $[A_{c,1} + （20～30）℃]$ 冷却 $[A_{r,1} - （20～30）℃]$ 的方式，由于碳化物加热时在尖角处溶解，冷却时在平面处析出，加速了碳化物的球化。

4.3　非共析钢的珠光体相变和组织形态

4.3.1　先析相的转变及形态

非共析钢即亚（过）共析钢的珠光体相变基本上与共析钢相似，所不同的是要考虑先析相即铁素体与渗碳体的析出，另外还要考虑伪共析相变。先共析相的析出温度范围和在各种温度下的析出数量，可以从图 4-17 中看出。

图 4-17 中 $E'S$ 线左面，GS 线以下的区域是先共析铁素体析出区域；$E'S$ 线右面，ES 线以下的区域是先共析渗碳体析出区域。钢中先共析相的析出量，大致用杠杆定律可以估算。在连续冷却的情况下，先共析相的析出温度、析出量与冷却速率的关系，亦表示在图 4-17 上。

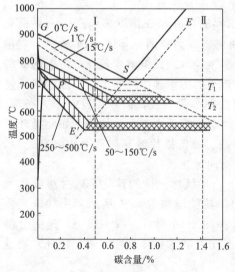

图 4-17　先共析相的析出温度范围

　　先共析相的析出，是与碳在奥氏体中的扩散密切相关的。以先共析铁素体的析出为例，图 4-17 中合金 I 在 T_1 温度下，首先在奥氏体晶界上产生铁素体晶核，靠近铁素体晶核的奥氏体，其碳浓度为 $C_{\gamma\text{-}\alpha}$，高于奥氏体的平均碳浓度 C_γ，因而引起了碳原子扩散。为了保持相界面碳浓度的平衡，必须从奥氏体中析出铁素体，以便排出大量的碳，使得铁素体-奥氏体界面的奥氏体碳含量恢复到 $C_{\gamma\text{-}\alpha}$，从而使铁素体长大。在此过程中部分铁原子将发生扩散，使晶体点阵从面心立方相变为体心立方。铁素体数量增多，直至未相变的奥氏体中碳浓度全部达到 $C_{\gamma\text{-}\alpha}$ 时，铁素体析出停止。

　　在亚共析钢中，生成的先共析铁素体一般呈等轴状。这种形态的铁素体往往是在有利于铁原子自扩散的条件下，即在奥氏体晶粒较细、等温温度较高、冷却速率较慢的情况下产生的。

　　如果奥氏体晶粒较大，冷却速率较快，先共析铁素体可能沿着奥氏体晶界呈网状析出。当奥氏体成分均匀、晶粒粗大，冷却速率又比较适中时，先共析铁素体有可能呈片（针）状析出。在亚共析钢中，从奥氏体中析出的先共析铁素体的形态如图 4-18 所示。图 4-18(a)、(b) 和 (c) 表示铁素体形成时与奥氏体无共格关系的形态。图 4-18(a) 和 (b) 表示的是块状铁素体，(c) 表示的是网状铁素体。图 4-18(d)、(e) 和 (f) 表示铁素体形成时与奥氏体有共格关系的形态，形成的是片状铁素体。

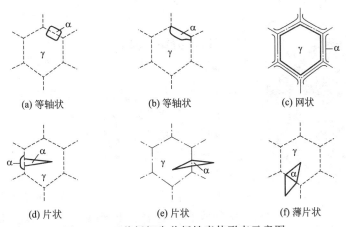

(a) 等轴状　　　　　　(b) 等轴状　　　　　　(c) 网状

(d) 片状　　　　　　(e) 片状　　　　　　(f) 薄片状

图 4-18　亚共析钢先共析铁素体形态示意图

　　在过共析钢中以合金 II 为例，如图 4-17 所示，当加热到 A_{cm} 温度以上，经保温获得均匀奥氏体后，再在 A_{cm} 温度以下 T_2 温度以上等温保持或缓慢冷却时，将从奥氏体中析出渗碳体，过共析渗碳体的形态，可以是粒状的、网状的或针（片）状的。但是过共析钢在奥氏体成分均匀、晶粒粗大的情况下，从奥氏体中直接析出粒状渗碳体的可能性是很小的，一般渗碳体呈网状或针（片）状析出。

　　如果过共析钢已经形成了网状或针（片）状渗碳体组织，将显著增大钢的脆性。因此，过共析钢毛坯件退火加热温度必须在 A_{cm} 点以下，以避免网状渗碳体的形成。为了消除钢件中的网状或针（片）状渗碳体，加热温度必须到 A_{cm} 点以上，使碳化物全部溶于奥氏体中，然后快速冷却，使先共析渗碳体来不及析出，形成伪共析或其他组织，然后再进行球化退火。

4.3.2　伪共析组织

　　从图 4-17 可以看出，在 $A_{r,1}$ 点以下，随着过冷奥氏体相变温度的降低，亚共析钢中先共析铁素体析出的数量减少，过共析钢中先共析渗碳体析出的数量也将减少。以图 4-17 中的 I 和 II 合金为例，当过冷到 T_2 温度时，合金 I 不再析出铁素体，合金 II 不再析出渗碳体。在这种情况下，过冷奥氏体全部相变为珠光体型组织，但因合金的成分并不是共析成分，故相变组织称为"伪共析组织"。亦即亚（过）共析钢快冷后抑制先共析相的析出，在非共析钢成分下析出的共析组织（α＋Fe₃C）称为伪共析组织。从图 4-17 中可见，只有在 $A_{r,1}$ 点以下，GS 线和 ES 线的两条延长线之间，才能形成伪共析组织。而且，过冷奥氏体相变温度越低，伪共析程度越大。

需要指出的是，伪共析组织的形成机制与产物的显微组织特征和珠光体相变完全相同，但其中铁素体和渗碳体的量则与珠光体不同，随过冷奥氏体碳含量而改变，碳含量越高，渗碳体含量越多。所以这一相变被称为"伪共析相变"，相变产物被称为"伪共析组织"，但一般仍称为珠光体。

工程实际中冷却速率远大于平衡冷却速率，使得 Fe-C 平衡状态图的临界点发生变化。具体地说，冷却速率越快，临界点降低越大。由于实际冷却速率远大于平衡冷却速率，$A_{r,1}$、$A_{r,3}$、$A_{r,cm}$ 均不同程度降低，而 $A_{r,3}$、$A_{r,cm}$ 降低速率比 $A_{r,1}$ 大，所以 $A_{r,1}$、$A_{r,3}$ 和 $A_{r,cm}$ 三条线不能相交于 S 点，而是相交于一个区域，在这个区域内成分的合金都可以转变为珠光体型组织。

图 4-19　GCr15 钢热轧后魏氏组织碳化物

4.3.3　魏氏组织

工业上将先共析的片（针）状铁素体或片（针）状碳化物加珠光体组织称魏氏组织，用 W 表示。前者称 α-Fe 魏氏组织，后者称渗碳体魏氏组织。

魏氏组织的典型形貌如图 4-19 和图 4-20 所示。对于从奥氏体中直接析出呈片状（其截面呈针状）形态分布的铁素体，称为"一次魏氏组织铁素体"。如果从原奥氏体晶界上首先析出的是网状铁素体，再从网状铁素体上长出片状铁素体，这样的组织称为"二次魏氏组织铁素体"。

如图 4-21 所示。钢中常见的是二次魏氏组织铁素体，但由于网状铁素体和二次魏氏组织铁素体是连在一起的，两者往往组成一个整体。之所以将这两种铁素体人为分开，是因为它们的形成机制不同。

图 4-20　铸造 45 钢羽毛状魏氏组织铁素体

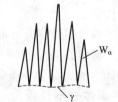
(a) 一次魏氏组织铁素体

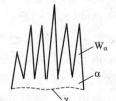
(b) 二次魏氏组织铁素体

图 4-21　魏氏组织示意图

亚共析钢中的魏氏组织铁素体，单个的形貌是片（针）状的，从整体分布状态看，则有羽毛状的、三角状的，也可能是几种形态的混合。我国早期的冶金部颁标准 YB31-64，规定了亚共析钢魏氏组织评级标准为 0、1、2、3、4、5 六级。实践中注意一些合金钢如 20CrMo 和 20MnMo 等，魏氏组织与上贝氏体组织相似易混淆。一般上贝氏体成束分布，而魏氏组织铁素体彼此分离，且片间交角较大。

过共析钢的碳化物魏氏组织也分两类，一次魏氏组织碳化物和二次魏氏组织碳化物。图 4-19 示出的是一次魏氏组织碳化物（白色针状），基体是珠光体组织。二次魏氏组织碳化物是由网状碳化物加针状碳化物组成的组织，基体也是珠光体。

大量实践证明：魏氏组织只有在一定冷却速率范围内才会形成；钢的碳含量超过 0.6％ 时很难形成魏氏组织；奥氏体晶粒粗大时容易形成魏氏组织。魏氏组织以及经常与其伴生的粗晶组织，会使钢的力学性能，尤其是塑性和冲击韧性显著降低，如表 4-2 所示。少量魏氏组织并不明显降低钢的力学性能。奥氏体晶粒粗大出现粗大魏氏组织，会严重影响钢的力学性能，必须通过细化晶粒的退火、正火以及锻造消除。

表 4-2　魏氏组织对 45 钢力学性能的影响

组织状态	σ_b/MPa	$\sigma_5/\%$	$\Psi/\%$	$\alpha_k/(J/cm^2)$
有大量魏氏组织	524	9.5	17.5	12.74
细化晶粒处理	669	26.1	51.5	51.94

4.4　珠光体相变动力学

珠光体相变和其他类型的相变一样，其相变过程遵循晶核形成和晶体长大规律。因此，珠光体相变动力学可以用结晶规律来分析。

4.4.1　珠光体的形核率和长大速度

4.4.1.1　形核率（I）和长大速度（G）与温度的关系

过冷奥氏体相变为珠光体的形核率（I）和长大速度（G）与温度的关系见图 4-22。形核率和长大速度与相变温度之间具有极大值特征。

产生上述特性的原因，定性地说是因为在其他条件不变的前提下，随着过冷度增大（相变温度降低），过冷奥氏体与珠光体的自由能差增大，相变驱动力增大有导致形核率增大的趋势；但随着过冷度增大，原子活动能力减弱，因而又有使形核率减小的倾向。故形核率与相变温度的关系曲线具有极大值是这种综合作用的结果。

由于珠光体相变是典型的扩散型相变，所以珠光体的形成过程与原子扩散密切相关。当相变温度降低时，由于原子扩散速度减慢，因而有使晶体长大速度减慢的倾向。但是相变温度降低，将使靠近珠光体的奥氏体中的碳浓度增大，亦即 $C_{\gamma-cem}$ 与 $C_{\gamma-\alpha}$ 差增大［参阅图 4-9(a)］，这就增大了碳的扩散速度，进而有促进晶体长大速度的作用。

从热力学条件来分析，由于能量的原因，随着相变温度的降低，有利于形成薄片状珠光体组织。

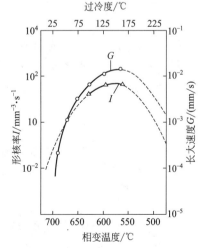

图 4-22　0.78％C、0.63％Mn 钢形核率和长大速度与相变温度的关系

当浓度差相同时，层间距离减小，碳原子运动的距离变短，因而有增大珠光体长大速度的作用。综合上述因素的影响，长大速度与相变温度的关系曲线也具有极大值特征。

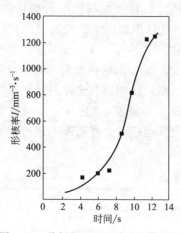

图 4-23 共析钢 680℃时珠光体形核率与相变时间的关系

4.4.1.2 形核率和长大速度与相变时间的关系

当相变温度一定时，珠光体的形核率与相变时间的关系，可用图 4-23 表示。即随着相变时间的增长，形核率 I 逐渐增大。等温保持时间对珠光体长大速度 G 无明显影响。

珠光体的长大速度受过冷奥氏体中碳重新分配速度的影响，它又是通过碳在奥氏体、珠光体之间的奥氏体中扩散速度控制的。早期认为珠光体形成是通过奥氏体体扩散的结果，后来认为是通过界面扩散的结果。在含 Mn 共析钢中，测得的珠光体长大速度与按体积扩散和按晶界扩散的计算结果都不符合，而是小于按体积扩散得到的计算值，又大于按界面扩散得到的计算值。因此，珠光体长大时，碳的重新分配，实际上是一部分通过体积扩散，另一部分通过界面扩散完成的。

4.4.2 珠光体等温相变的动力学图

综合不同温度下的珠光体形核率和晶体长大速度与时间的关系，其相变动力学曲线如图 4-24 中的实线所示。由图中的实线可见，珠光体形成初期有一孕育期。所谓孕育期是指等温开始至发生相变的这段时间。当等温温度从 $A_{r,1}$ 点逐渐降低时，相变的孕育期逐渐缩短。温度下降到某一温度时，孕育期最短。温度再继续降低，孕育期反而增长。从整体来看，当过冷奥氏体转变为珠光体时，随着转变时间增长，转变速率增大，但当转变量达到 50% 以后，转变速率又逐渐降低，直至转变完成。

对于亚共析钢，在珠光体形成动力学曲线的左上方，有一条先共析铁素体析出线，如图 4-25 所示。这种析出线，随着钢中的碳含量增高，逐渐向右下方移动。

与此相似，对于过共析钢，如果奥氏体化温度在 A_{cm} 点以上，在等温转变过程中，珠光体形成曲线的左

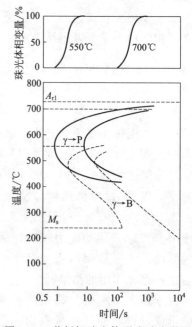

图 4-24 共析钢珠光体形成动力学图

上方有一条先共析渗碳体析出线，如图 4-26 所示。这条析出线，随着钢中碳含量的增加，逐渐向左下方移动。

4.4.3 影响珠光体相变动力学的因素

珠光体的相变量取决于形核率和长大速度，因此，凡是影响珠光体形核率和长大速度的

因素，都是影响珠光体相变动力学的因素。

影响珠光体相变动力学的因素，概括起来可以分为两大类：一类是钢本身内在因素，如化学成分、组织结构状态等；另一类是外界因素，如加热温度、保温时间等。

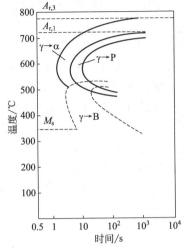 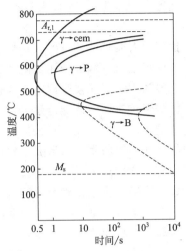

图 4-25　45 钢过冷奥氏体等温相变图　　图 4-26　T10 钢过冷奥氏体等温相变图

4.4.3.1　化学成分的影响

（1）碳含量的影响　完全奥氏体化前提下，对于亚共析钢，碳含量增加，先析铁素体形核率降低，铁素体长大需要扩散离去的碳含量增高，使过冷奥氏体转变为珠光体的孕育期增大，过冷奥氏体的稳定性提高，导致过冷奥氏体转变为珠光体的转变速率降低。对于过共析钢，碳含量增加，渗碳体的形核率增加，使过冷奥氏体转变为珠光体的孕育期减小，过冷奥氏体的稳定性降低，导致过冷奥氏体转变为珠光体的转变速率提高。

不完全奥氏体化前提下，如果在 $A_{c,1} \sim A_{c,cm}$ 之间奥氏体化（工程实际中亚共析钢几乎不在两相区加热，故不讨论），得到的是不均匀的奥氏体加残余碳化物组织，在冷却进行珠光体转变时，这种组织具有促进珠光体形核和长大作用，使过冷奥氏体的稳定性降低，珠光体转变的孕育期缩短，转变速率加快。因此，对于相同碳含量的过共析钢，不完全奥氏体化比完全奥氏体化容易发生珠光体相变。

（2）合金元素　尽管合金元素对珠光体相变动力学的影响规律是建立在大量实验基础上的，但是，很多问题至今仍未搞清楚，这里主要讨论与工程技术相关的合金元素。

总体上说，由于珠光体相变是典型的高温扩散型相变，在珠光体形成时，合金元素阻碍碳原子在奥氏体中的扩散速度，同时也降低铁原子的自扩散（晶格改组）速度。因此，合金元素都有降低珠光体形成速度，增大过冷奥氏体稳定性的作用。

从影响临界点方面看，实验表明，除了 Mn、Ni 降低 A_1 点之外，其他合金元素都提高 A_1 点温度。如果珠光体的相变温度相同，则碳素钢比其相同碳含量的合金钢的过冷度就小些，对应形成的珠光体的层片间距就大些；对于不同的合金钢，如果珠光体的相变温度相同，则相变的过冷度也不相同，形成的珠光体的层片间距也不相同。

合金元素对珠光体相变动力学的影响比较复杂，概括说，合金元素显著地改变了珠光体相变的形核率和长大速度，因而影响珠光体的相变速率。

对于强碳化物形成元素 V、Ti、Zr、Nb 和 Ta 等，如果这些合金元素的碳化物在奥氏体化时能够溶入奥氏体中，则增大过冷奥氏体的稳定性。如果奥氏体化温度不高或者即使加热到很高温度，这类碳化物仍不能完全溶入奥氏体中，则降低过冷奥氏体的稳定性。

Si 对过冷奥氏体的珠光体相变速率影响较小，稍有增大过冷奥氏体稳定性的作用；Al 对珠光体相变的影响很小；Co 增大过冷奥氏体的珠光体相变速率，减小过冷奥氏体的稳定性。

亚共析钢中含有微量的硼（0.0010％～0.0035％），可以显著降低先析铁素体的析出速度，对珠光体的形成也有抑制作用。随着钢中碳含量升高，硼增大过冷奥氏体稳定性的作用逐渐降低。一般认为，硼元素吸附在奥氏体晶界上，降低了晶界的能量，从而降低了先析铁素体和珠光体的形核率，因此硼能延迟过冷奥氏体分解的开始时间。但硼对先析铁素体长大速度无显著影响，有增大珠光体长大速度倾向。如果硼元素不能保持在过冷奥氏体晶界上，而是与钢中的铁或残留的氮、氧形成稳定的夹杂物，或者由于奥氏体化温度高扩散到奥氏体晶内，使晶界有效含硼量降低，则使过冷奥氏体稳定化的作用降低甚至消失。

综上所述，当钢中合金元素充分溶入奥氏体的情况下，除 Co 外，所有的常用合金元素都使珠光体相变的孕育期增长，相变速率降低。除 Ni、Mn 外，所有的常用合金元素都使珠光体相变的"鼻子"移向高温。

（3）奥氏体成分均匀性和过剩相溶解情况的影响 奥氏体成分不均匀，过冷奥氏体转变为珠光体的形核率提高，碳原子扩散速度高，长大速度快；未溶碳化物多，可作为领先相晶核存在，使过冷奥氏体转变为珠光体的形核率提高，加速其转变为珠光体的长大速度。

4.4.3.2　奥氏体化温度和时间的影响

奥氏体化温度高、时间长，促进渗碳体或合金碳化物进一步溶解，奥氏体晶粒粗大且奥氏体化均匀，使过冷奥氏体转变的 C 曲线右移，发生珠光体相变的孕育期、形核率和长大速度均降低，珠光体形成速度降低。

4.4.3.3　奥氏体晶粒度的影响

奥氏体晶粒越细小，单位体积内晶界面积越大，珠光体形核的部位就越多，过冷奥氏体转变为珠光体的形核率相应地越高，将提高珠光体转变速率。同理，细小的奥氏体晶粒，也将促进先共析铁素体和渗碳体的析出，降低过冷奥氏体的稳定性，导致过冷奥氏体转变的孕育期减少，提高过冷奥氏体转变为珠光体的相变速率。

4.4.3.4　应力和塑性变形的影响

奥氏体化时拉应力或塑性变形，易使点阵畸变和位错增高，促进 C、Fe 原子扩散及点阵重构，促进珠光体的形核长大。奥氏体化时压应力，原子迁移阻力增大，C、Fe 原子扩散困难，减慢珠光体形成速度。

4.5　珠光体的力学性能

钢中珠光体的力学性能，主要取决于内因化学成分和外因热处理工艺（包括奥氏体化加热工艺）。在化学成分一定的前提下，热处理工艺决定钢的显微组织形态，因此决定其力学性能。一般地，过共析钢及其合金钢的珠光体相变产物经常作为预先相变组织，目的是为最终相变奠定组织准备，而碳含量在亚共析钢到共析钢范围的碳钢或低合金钢，珠光体相变产物作为最终相变组织，可以在工程实际生产中直接使用，所以，研究珠光体相变产物对力学性能的影响具有重要的意义。

4.5.1 共析成分珠光体的力学性能

共析成分碳钢经珠光体相变可得到片状珠光体，也可以得到粒状珠光体，这里首先讨论片状珠光体的力学性能。片状珠光体的力学性能与珠光体片间距、珠光体团的直径以及珠光体中铁素体片的亚结构等有关。珠光体的片间距主要取决于珠光体的形成温度（过冷度）和原子扩散，与奥氏体晶粒大小关系不大。随着珠光体形成温度的降低，珠光体形成的过冷度增大，原子扩散距离缩短，珠光体的片间距变小。而珠光体团的直径不仅与珠光体的形成温度有关，还与奥氏体晶粒大小有关。随着珠光体形成温度的降低以及奥氏体晶粒的细化，珠光体团的直径变小。因此，可以认为共析成分的片状珠光体的力学性能主要取决于奥氏体化温度和珠光体形成温度。

珠光体层片间距 S_0 和珠光体团直径对强度和塑性的影响分别见图 4-27 和图 4-28。从图中可以看出，珠光体层片间距 S_0 和珠光体团直径越小，断裂强度越高，塑性也越大。其主要原因是 S_0 越小，铁素体和渗碳体的相界面越多，相界面阻碍位错运动的能力增加，变形抗力提高，因此断裂强度提高；另外层片间距 S_0 越小，铁素体和渗碳体片变薄，易弯曲和滑移使塑性变形能力提高。

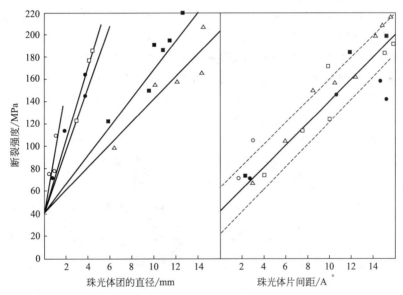

图 4-27　共析碳钢的珠光体团径和片间距对断裂强度的影响

（$1\text{Å}=0.1\text{nm}=10^{-10}\text{m}$）

晶粒尺寸：○620μm；●158.7μm；□81.3μm；■27.9μm；△22.7μm

珠光体团直径减小，表明单位体积内珠光体片层排列方向增多，每个有利于塑性变形的片层尺寸减小，使局部发生大量塑性变形引起应力集中的可能性减小，因此既提高了强度也提高了韧性。反之，强度和韧性降低。

如果珠光体是在连续冷却过程中形成的，相变产物的片层间距大小不等，高温形成的片层间距较大，低温形成的片层间距较小，引起抗塑性变形能力的不同。珠光体片层间距大的

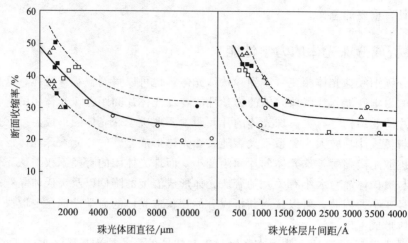

图 4-28 共析钢珠光体团直径和层片间距对断面收缩率的影响

($1Å = 0.1nm = 10^{-10}m$)

晶粒尺寸：○620μm；●158.7μm；□81.3μm；■27.9μm；△22.7μm

区域，抗塑性变形能力差，在外力作用下，往往首先在这些区域产生过量变形，出现应力集中而断裂，导致钢的强度和塑性都降低。

退火状态下，同一成分钢，粒状珠光体的相界面比片状珠光体的相界面少，其强度和硬度低；塑性较高，如图 4-29 所示。这是因为铁素体呈连续分布，渗碳体颗粒分布在铁素体基体上，对位错阻碍作用小。因此粒状珠光体不仅表现出切削加工性能好，而且冷塑性变形性能也好，同时其加热时变形或开裂倾向小。所以，粒状珠光体常常是高碳钢（高碳高合金工模具钢）切削加工要求的显微组织形态，也是降低这类钢淬火变形、开裂倾向的预先热处理要求的显微组织。此外，中、低碳钢的冷挤压成型加工，也要求具有粒状珠光体的原始组织。通过热处理改变钢中珠光体的碳化物形态、大小和分布，可以控制钢的强度和硬度。在相同的抗拉强度下，粒状珠光体比片状珠光体的疲劳强度有所提高，如表 4-3 所示。

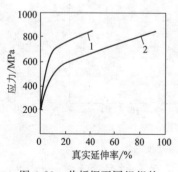

图 4-29 共析钢不同组织的
应力-应变曲线
1—片状珠光体；2—粒状珠光体

表 4-3 珠光体组织形态对疲劳强度的影响

钢种	显微组织	σ_b/MPa	σ_{-1}/MPa
共析钢	片状珠光体	676	235
	粒状珠光体	676	286
含碳 0.7%钢	细片状珠光体	926	371
	回火索氏体	942	411

4.5.2 铁素体加珠光体的力学性能

对于亚共析钢，随着碳含量的提高，其显微组织中珠光体的量增多，对钢的强度和韧性的作用增大。铁素体加珠光体组织的强度可用下式表示：

$$\sigma_b = 15.4 \left[f_\alpha^{1/3} (16 + 74.2\sqrt{w_N} + 1.18 d^{-1/2}) + (1 - f_\alpha^{1/3})(46.7 + 0.23 S_0^{-1/2}) + 6.3 w_{Si} \right]$$

$$(4-3)$$

$$\sigma_s = 15.4 \left[f_\alpha^{1/3} (2.3 + 3.8 w_{Mn} + 1.13 d^{-1/2}) + (1 + f_\alpha^{1/3})(11.6 + 0.25 S_0^{-1/2}) + 4.1 w_{Si} + 27.6\sqrt{w_N} \right]$$

$$(4-4)$$

式中，f_α 为铁素体体积分数；d 为铁素体晶粒直径（平均线截取值）；S_0 为珠光体层片间距，mm；$f_\alpha^{1/3}$ 和 $(1-f_\alpha^{1/3})$ 分别表示铁素体和珠光体含量；w_{Mn}、w_N、w_{Si} 分别表示锰、氮、硅合金元素的含量。

上述公式适用于所有铁素体加珠光体组织的亚共析钢，甚至全部为珠光体的共析钢。式中指数 1/3 表明屈服强度、抗拉强度随珠光体含量变化是非线性变化的。

屈服强度主要取决于铁素体晶粒尺寸，随珠光体含量的增加，它对强度的影响减小。越接近共析成分，珠光体对强度的影响越强烈，珠光体层片间距的作用就越加明显。当珠光体含量增加时，各种强化机制对强度的贡献如图 4-30 所示。图中假设珠光体的层片间距是相同的。这种规律适用于经高温 1100℃ 正火处理的钢，也适用于通过铝、铌、钛等元素细化晶粒处理的钢。

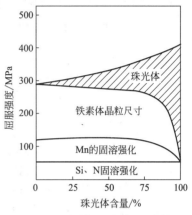

图 4-30　珠光体体积分数对铁素体加珠光体组织各项强化机制贡献的影响

4.5.3　形变珠光体的力学性能

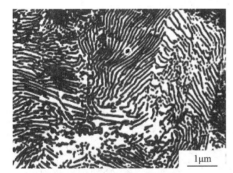

(a) 变形前的SEM照片

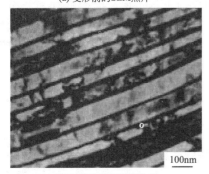

(b) 变形后的TEM照片

图 4-31　珠光体冷拔变形前后的电镜照片

珠光体组织进行塑性变形加工，可以大幅度提高钢的强度，特别是细片状珠光体具有较高的塑性变形强化效果。索氏体具有良好的冷拔性能，一般认为，是由于索氏体层片间距较小，使滑移可以沿最短途径进行；同时，由于渗碳体的片很薄，在强烈塑性变形时，能够弹性弯曲，因此塑性变形能力强。图 4-31 是珠光体冷拔变形前后的电镜照片。可以看出，冷塑性变形使亚晶细化，形成许多位错网组成的位错壁，而这种位错壁彼此之间的距离，将随着变形量的增大而减小，同时强化程度也增大。

含碳 1% 钢经 10% 冷变形，显微组织为片状珠光体时，其中铁素体片的晶体点阵畸变 $\Delta a/a = 3.1 \times 10^{-3}$，亚晶粒 $D = 2.9 \times 10^{-6} cm$；显微组织为索氏体时，其中铁素体片的晶体点阵畸变 $\Delta a/a = 4.8 \times 10^{-3}$，亚晶粒 $D = 1.7 \times 10^{-6} cm$。也就是说，在相同的塑性变形条件下，珠光体的层片间距越小，亚晶粒越细，晶体点阵畸变越大。

珠光体组织进行塑性变形加工，可大幅度提高钢的强度，如图 4-32 所示。并且细片状珠光体具有较高的塑性变形强化效果。

冷塑性变形引起片状珠光体强化的原因，可以用图 4-33 表示。片状珠光体由于塑性变形而提高强度，主要是因为塑性变形引起位错密度增大（图中 A）和亚晶粒细化（图中 B）联合贡献的。从图中还可以看出，铬钢的强度高于锰钢的强度，这是因为铬钢具有较高的共析温度，使珠光体相变的过冷度增大，从而减小了珠光体的层片间距。在 600℃ 形成的珠光体，铬钢的层片间距为 $0.03\mu m$，锰钢则为 $0.128\mu m$。同时，亚晶粒细化引起的强化作用，铬钢也大于锰钢。此外，由于含铬奥氏体相变温度较低，相变后在铁素体中出现相变位错，也可以引起一定的强化作用（图 4-33 中 C）。

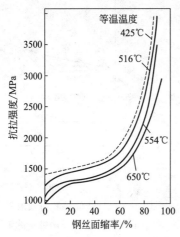

图 4-32　含碳 0.9% 钢丝 845～855℃ 奥氏体
化后不同温度等温处理，再经不同
减面率冷拔后的抗拉强度

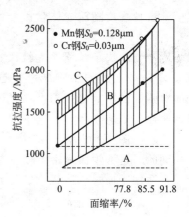

图 4-33　600℃ 形成的片状珠光体
抗拉强度与冷变形量的关系
A—位错密度增高的贡献；
B—亚晶细化的贡献；
C—残存的相变位错的贡献

4.6　钢中碳化物的相间沉淀

对于工业用钢，碳化物的弥散强化和二次硬化的利用，都是在调质状态下实现的。但是，在用控制轧制方式生产的非调质高强度钢中，通过添加少量金属铌、钒、钛等强碳化物形成元素，有效地提高了钢的强度。这是因为钢在冷却过程中，从过冷奥氏体中析出了细小的特殊碳（氮）化物。透射电镜观察表明，这种化合物的直径约为 50Å[1]，而且比较规则地成排分布。后来研究发现，这种碳（氮）化物是在奥氏体-铁素体相界面上形成的，因此称其为"相间沉淀"。相间沉淀是过冷奥氏体分解的一种特殊形式，其碳（氮）化物是在铁素体和奥氏体界面上形核长大的。这种相变发生在珠光体与贝氏体形成温度之间，因而研究这种相变，不仅对非调质钢的强化有实用价值，而且对弄清珠光体和贝氏体相变机理也有一定意义。

4.6.1　相间沉淀条件

相间沉淀是通过特殊碳（氮）化物在奥氏体-铁素体相界面上形核和长大完成的，因此，首先在奥氏体中必须溶入足够的碳（氮）元素和形成特殊碳化物的合金元素。所以对一定成

---

[1] 1Å＝0.1nm＝10^{-10}m。

分的钢，必须采用合适的奥氏体化温度。各种碳化物和氮化物的溶解度情况与奥氏体化温度的关系如图 4-34 所示。从图中可以看出，随着加热温度的升高，溶入奥氏体中的碳化物和氮化物的数量增多。当钢含氮时，应该采用较高的奥氏体化温度。

低碳低合金钢经加热奥氏体化后缓慢冷却，在一个相当大的冷却速率范围内，将转变为先共析铁素体加珠光体。对于含特殊碳化物形成元素钼、钒、铌、钛等的低合金钢，从奥氏体状态缓慢冷却时，除了析出铁素体外，还发生相间沉淀析出特殊碳化物（如 Mo_2C、VC、NbC、TiC 等），其沉淀温度范围在 $800\sim500℃$ 之间。由于这些碳化物或氮化物细小弥散，因此将使钢的硬度、强度增高。

在等温条件下，低碳合金钢相间沉淀的相变动力学图，与珠光体相变动力学图相似，也是"C"形曲线，如图 4-35 所示，图中实线为相间沉淀动力学曲线。可以看出，相间沉淀是在一定的温度范围内发生的，而且相变温度较高或较低时，都使相间析出的速度减慢，因此，这种相变符合扩散型相变的形核、长大规律。

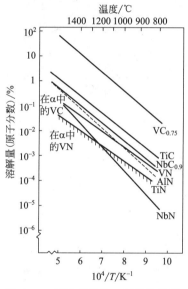

图 4-34　特殊碳化物、氮化物的溶
解量与奥氏体化温度的关系

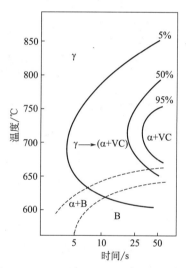

图 4-35　$0.23\%C$、$0.85\%V$ 钢过冷奥
氏体等温相变动力学图

在连续冷却条件下，如果冷却速率过慢，在较高的温度下停留时间过长，则由于特殊碳化物聚集长大，组织粗化，会使钢的硬度、强度降低。如果冷却速率过快，即在可发生相间沉淀的温度范围内停留的时间过短，细小的特殊碳化物来不及形成，过冷奥氏体将转变为先共析铁素体和珠光体以及贝氏体，也会使钢的硬度、强度降低。因此，对于低合金钢，必须根据钢的成分、奥氏体化温度（或轧制温度），控制钢的冷却条件，使其在合适的温度和冷却时间范围内相变，才会发生相间沉淀，才能获得良好的强化效果。目前，这种强化方式已应用于工业生产。

4.6.2　相间沉淀机理

经奥氏体化的低碳合金钢，迅速冷至 $A_{r,1}$ 点以下、贝氏体形成温度以上的区间等温保持，首先在过冷奥氏体晶界上形成铁素体。在奥氏体-铁素体相界面上奥氏体一侧，因为铁素体析出而使碳浓度升高 [图 4-36(a)]。图中左面的剖面线部分,代表已经析出的铁素体,右面部分代表过冷奥氏体,其中的曲线表示相间沉淀时碳浓度的变化。由于相界面处过冷奥氏体的碳浓度增高,铁素体长大受到抑制。如果在碳浓度最高的奥氏体-铁素体相界面上析出碳化物,将使相界面上奥氏体一侧碳浓度降低,如图 4-36(b) 所示。图中的虚线表示析出的碳化物颗粒。由于碳化物的析出,增大了过冷奥氏体相变为铁素体的驱动力,而使铁素体相变继续进行,相界面向过冷奥氏体中推移。铁素体析出后,又提高了相界面上的过冷奥氏体碳浓度,如图 4-36(c),所示。过冷奥氏体中碳浓度分布又回复到图 4-36(a) 的状态,因此又将在奥氏体-铁素体相界面上析出特殊碳化物颗粒,相变如此往复,铁素体与细颗粒状特殊碳化物交替形成,直到过冷奥氏体完全分解。因为相变温度较低,合金元素可能扩散距离很短,加之钢中碳含量又低,单位体积中可能提供的碳原子数量很少,所以在奥氏体铁素体相界面上由奥氏体中析出的特殊碳化物难以长大,只能呈细小颗粒状分布。

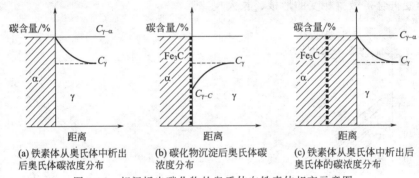

(a) 铁素体从奥氏体中析出后奥氏体碳浓度分布　(b) 碳化物沉淀后奥氏体碳浓度分布　(c) 铁素体从奥氏体中析出后奥氏体的碳浓度分布

图 4-36　相间析出碳化物的奥氏体向铁素体相变示意图

相间沉淀的碳化物,与铁素体有一定的晶体学位向关系。对于钒钢为:

$\{100\}_{VC}$ // $\{100\}_{\alpha}$; $<110>_{VC}$ // $<100>_{\alpha}$

对于钼钢为:

$(011)_{\alpha}$ // $(0001)_{Mo_2C}$, $(100)_{\alpha}$ // $(2\bar{1}\bar{1}0)_{Mo_2C}$; $[100]_{\alpha}$ // $[2\bar{1}\bar{1}0]_{Mo_2C}$ (生长方向)

说明相间沉淀碳化物是在奥氏体-铁素体相界面上形核,并按共格或半共格关系在铁素体中长大的。

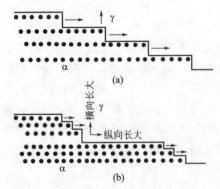

图 4-37　相间沉淀形核长大过程示意图

在相间沉淀过程中,铁素体和碳化物的长大,可按图 4-37 所示的台阶长大模型来说明。碳化物颗粒在奥氏体-铁素体相界面形核,并在铁素体中长大。铁素体向横向和纵向两个方向按台阶长大。有时,可能纵向长大一个较宽的区域后再在奥氏体-铁素体相界面上形成碳化物晶核,而后又连续出现几个较窄的铁素体带 [如图 4-37(b)所示]。

由于相间沉淀的特殊碳化物不规则地分布在曾经是奥氏体-铁素体相界面的平面上,因此,相间沉淀相变产物的立体模型如图 4-38 所示。从图中从 A 方面观察,可以看到碳化物颗粒,平均分布在原奥氏体-铁素体相界面上;从 B 方面观察,看到的碳化物颗粒则呈不规则分布。0.02%C-0.032% Nb 钢经 1175～900℃轧制并于 600℃等温 40min 后的显微组织如图 4-39 所示。从图 4-39(a)

可以看到平行排列的 NbC 颗粒，而从图 4-39(b) 看到的是不规则分布的 NbC。

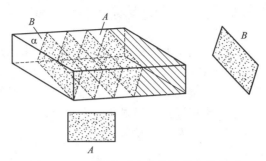

图 4-38　亚共析钢中相间沉淀的立体模型

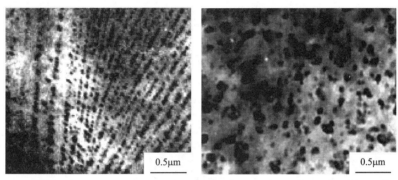

(a) 平行分布碳化物颗粒　　　　　　　(b) 不规则分布碳化物颗粒

图 4-39　含 Nb 低碳钢相间沉淀显微组织形态

由中碳合金钢（0.45%C-1.0%Mn-0.01%V）的研究表明，相间沉淀的 VC 细小颗粒，既在先共析铁素体中沉淀，又在珠光体的铁素体中析出，惯习面为 $\{100\}_\alpha$。在 Fe-V-C 合金中加入氮，并不改变相间沉淀机理，但使沉淀相细化，并有抑制先共析铁素体形成和降低魏氏组织铁素体形成温度的作用。

4.6.3　相间沉淀产物的形态与性能

钢中的相间沉淀产物，在低倍光学显微镜下，只能观察到相间沉淀形成的铁素体，其形态与先共析铁素体相似。在高倍电子显微镜下，可以观察到铁素体中有呈带状分布的粒状碳化物，这是相间沉淀的显微组织特征。这种显微组织与珠光体相似。也是铁素体与碳化物的机械混合物，但是碳化物不是片状的，而是细小粒状的，分布在有一定间距的平行平面上，因此也称为"变态珠光体"。

相间沉淀组织中，分布粒状碳化物的平行平面之间的距离（简称面间距），随着等温相变温度的降低或冷却速率的增大而减小，同时析出碳化物颗粒细化。钢的化学成分不同，对碳化物颗粒直径和面间距也有一定影响。通常，含特殊碳化物形成元素越多，形成的碳化物颗粒越细，面间距越小。在相同的相变温度下，随着钢碳含量的增高，析出碳化物的数量增多，面间距也有所减小。

相间沉淀产物的强度主要取决于碳化物的弥散强化和晶粒细化强化（晶界强化），而固溶强化的作用较小。其屈服强度可用下式表示：

$$\sigma_s = \sigma_0 + \sum k_i r_i + \sum k'_j c'_j + k_s d^{-\frac{1}{2}} \qquad (4\text{-}5)$$

式中，σ_0 为基体固有的黏滞应力（基体强度）；$k_i r_i$ 为固溶强化；$k'_j c'_j$ 为弥散强化；$k_s d^{-1/2}$ 为晶界强化。

相间沉淀研究成果在近代被应用于发展微合金钢。微合金化元素为 Nb、V、Ti 等，可单独或联合加入，含量一般为 0.1% 左右，主要目的在于通过相间沉淀获得碳化物弥散强化。微合金化钢的广泛应用对于节省能源和资源均有重要意义，因而受到世界各国的重视。此外，微合金化钢配合轧制技术，可以把晶界强化、弥散强化和形变强化结合起来，从而获得良好的强度和韧性配合，其经济效益十分显著。

第 5 章

马氏体相变

钢经奥氏体化后快冷，抑制其扩散性分解，在较低温度下发生无扩散型相变为马氏体相变。马氏体相变是钢件热处理强化的主要手段，因此，马氏体相变的理论研究对热处理生产有十分重要的意义。20 世纪初，把高碳钢淬火后得到的脆而硬、具有铁磁性的针状组织称为马氏体。现在关于马氏体相变的含义已经很广泛，除了钢以外的铁合金和非铁合金，甚至在陶瓷材料、高分子材料和生物体等材料中也发现了马氏体相变。马氏体也不仅仅局限于钢的快速冷却相变产物，凡是相变的基本特征属于马氏体型相变的，其相变产物都称为马氏体，如 Fe-Ni、Cu-Al 等合金以及 ZrO_2 陶瓷的 t-ZrO_2 ⟶ m-ZrO_2 同素异构相变，聚四氟乙烯（PTFE）自由体积切变引起的无扩散相变，T4 细菌体中尾翼鞘的收缩以及鞭毛中的多形态相变都属于马氏体相变。即使是纯铁，若冷却速率大到足以抑制扩散型相变（3000℃/s）时，也可以相变为马氏体。

迄今为止，人们对马氏体相变理论进行了广泛深入的研究，如马氏体的显微组织形态和晶体结构，马氏体相变的热力学、动力学、形核理论和切变模型，马氏体相变的特点以及马氏体的性能等。特别是 20 世纪 60 年代以来电子显微技术的发展，揭示了马氏体的精细结构，使人们对马氏体化学成分、显微组织结构和性能之间有了较深刻的认识，对马氏体的形成规律也有了进一步的了解。但对马氏体相变的许多细节至今尚未完全弄清楚。

本章以介绍钢中马氏体相变的基本规律为主，同时也涉及其他金属或合金的一些马氏体相变问题。其中钢中马氏体相变的主要特征、常见的马氏体的显微组织形态、马氏体相变的热力学及动力学、马氏体的力学性能、奥氏体的稳定化是学习的重点内容。

5.1 钢中马氏体的晶体结构

钢中马氏体的性质主要取决于其晶体结构。20 世纪 20 年代中期，XRD 分析证实，马氏体是碳在 α-Fe 中的过饱和间隙式固溶体。具有体心正方点阵。相变 γ ⟶ α′ 只有晶格改组而无成分变化，即奥氏体中固溶的碳全部保留在马氏体晶格中。随着马氏体碳含量的不同，其点阵常数也发生变化。

5.1.1 马氏体的点阵常数与碳含量的关系

20 世纪 20 年代末期，人们通过 XRD 分析测定室温下不同碳含量马氏体的点阵常数，得出了马氏体点阵常数 c、a 及 c/a 与钢中碳含量呈线性关系，如图 5-1 所示。随着钢中碳含量的升高，马氏体的点阵常数 c 增大，a 减小，正方度 c/a 增大。图中 a_r 为

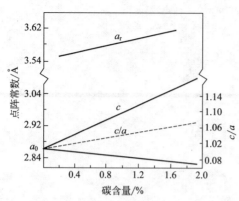

图 5-1 奥氏体和马氏体点阵常数与碳含量关系

$(1\text{Å}=0.1\text{nm}=10^{-10}\text{m})$

奥氏体的点阵常数。上述关系也可以用下列公式表示：

$$c=a_0+\alpha\rho \atop a=a_0-\beta\rho \atop c/a=1+\gamma\rho \}\tag{5-1}$$

式中，$a_0=2.861\text{Å}$；α-Fe 的点阵常数：$\alpha=0.116\pm0.002$；$\beta=0.013\pm0.002$；$\gamma=0.046\pm0.001$；ρ 为马氏体的碳含量（质量分数）。

系数 α 和 β 的数值决定了碳原子在 α-Fe 点阵中引起的局部畸变的程度。

上述关系对合金也适用，并可以通过测定 c/a，按照式(5-1)确定马氏体的碳含量。马氏体的正方度 c/a，甚至可以作为马氏体碳含量定量分析的依据。

5.1.2 新生成马氏体的异常正方度

研究发现，许多钢新生成的马氏体（淬火温度得到的马氏体而不是室温）的正方度与碳含量的关系不符合式(5-1)，有的钢与式(5-1)比较正方度 c/a 相当低，称为异常低正方度。有的钢与式(5-1)比较正方度 c/a 相当高，称为异常高正方度。例如，M_s 点低于 0℃ 的钢（0.6%～0.8%C-6%～7%Mn），制成奥氏体单晶淬入液氮，并在液氮温度下测得新生成的马氏体正方度，其与式(5-1)比较相当低。但当温度回升至室温时，正方点阵的 c 轴伸长，a 轴缩短，正方度增大并逐渐与式(5-1)接近，如图 5-2 所示。

Al 钢和高 Ni 钢中的新生成马氏体具有异常高正方度，如图 5-3 所示。温度回升至室温时，点阵常数 c 减小，a 增大，c/a 下降，变化趋势与异常低正方度马氏体正好相反。异常低正方度马氏体的点阵是体心正交的（$a\neq b\neq c$），而异常高正方度马氏体的点阵是体心正方的（$a=b\neq c$）。

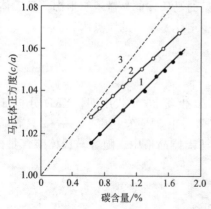

图 5-2 Fe-Mn-C 钢马氏体正方度与碳含量关系

1—新生马氏体；2—温度回升至室温；3—普通碳钢

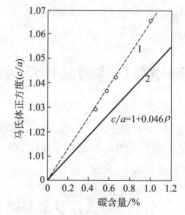

图 5-3 高 Ni 钢马氏体异常高正方度

1—新生马氏体；2—温度回升至室温

由图 5-2 和图 5-3 可见，新生成的马氏体异常正方度与式(5-1)的偏差随钢中碳含量的升高而增大。由此推测，马氏体的异常正方度现象可能与碳原子在马氏体点阵中的分布有关。

5.1.3　碳原子在马氏体点阵中的位置及分布

前已述及，钢中马氏体是碳在 α-Fe 中的过饱和固溶体。碳原子在马氏体点阵中可能存在的位置分布在 α-Fe 体心立方单胞的各棱边中点和面心位置，如图 5-4 所示，也可以看作是处于由铁原子组成的扁八面体间隙中

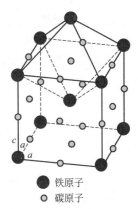

心。扁八面体的长轴为 $\sqrt{2}a$，短轴为 c，其几何形状如图中粗线所示。根据计算，α-Fe 点阵中的扁八面体间隙在短轴方向的半径为 0.19Å，而碳原子有效半径为 0.77Å，因此，在平衡状态下，碳原子在 α-Fe 中的溶解度极小（0.006%）。一般钢中马氏体的碳含量远远超过这个数值，所以引起点阵畸变。间隙碳原子溶入 α-Fe 点阵的扁八面体之后，力图使其变成正八面体，结果使短轴方向的铁原子间距伸长 36%，而在另外两个方向上则收缩 4%，从而使体心立方点阵变成了体心正方点阵。由间隙碳原子所造成的这种非对称畸变称为畸变偶极，这个畸变可视为一个强烈应力场，碳原子位于此应力场中心。

● 铁原子
○ 碳原子

图 5-4　碳原子在马氏体点阵中可能位置示意图

图 5-4 中灰点的位置只是表明了马氏体点阵中碳原子可能占据的位置，但实际上并非所有的碳原子都能占据可能位置，这些可能位置可分为三组，每一组都构成一个八面体，碳原子分别占据着这些八面体的顶点。由碳原子构成的八面体点阵称为亚点阵。c 轴称为第三亚点阵、b 轴称为第二亚点阵、a 轴称为第一亚点阵，见图 5-5 所示。如果碳原子在三个亚点阵上分布的概率相等，那么碳原子为无序分布，则马氏体应为体心立方结构。实际上马氏体为体心正方结构，则说明碳原子在三个亚点阵上分布的概率必然不相等，可能优先占据其中某一个亚点阵，而呈现有序分布。

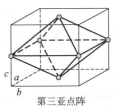
第三亚点阵

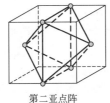
第二亚点阵

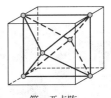
第一亚点阵

图 5-5　碳原子在马氏体点阵中的可能位置构成的亚点阵

假定碳原子是优先占据第三亚点阵的，即碳原子平行于 [001] 方向排列。但是研究表明，碳原子全部占据第三亚点阵时与式(5-1) 的测量结果也不吻合。而是与 80% 的碳原子优先占据第三亚点阵、20% 碳原子分布在另外两个亚点阵较为符合，也就是说，碳原子在马氏体点阵中的分布是部分有序（或部分无序）分布的。在普通碳钢新生成的马氏体中以及其他具有异常低正方度的新生成马氏体中，碳原子也都是部分无序分布的。正方度越低，则无序分布程度越大，有序分布程度越小。只有异常高正方度的马氏体中，碳原子才接近全部占据八面体间隙位置的第三亚点阵。但计算表明，即使碳原子全部占据第三亚点阵，马氏体正方度也不能达到实验测得的异常高正方度，所以有人认为，Al 钢或高 Ni 钢中的马氏体异常高正方度还与合金元素的有序分布有关。

按上述马氏体点阵中碳原子亚点阵模型容易解释异常正方度现象，具有异常低正方度的新生成马氏体，因为其碳原子是部分无序分布的，因而正方度异常低。正因为无序分布，所以有相当数量的碳原子分布在第一和第二亚点阵上，当它们在这两个亚点阵上分布的概率不相等时，必然引起 $a \neq b$，而使马氏体点阵结构为正交点阵。当温度回升到室温时，碳原子重新分布，有序度增大，故使正方度增大，而正交对称性逐渐减小直至消失。因此，新生成马氏体正方度的变化，是碳原子在马氏体点阵中重新分布引起的，这个过程就是碳原子在马氏体点阵中的有序-无序相变。相变的动力是碳原子只在八面体间隙位置的一个亚点阵上分布时具有最小的弹性，这与理论计算的结果是符合的。

近年来发现中子流、电子流以及 γ 射线辐照的马氏体有正方度的可逆变化。辐照后马氏体正方度下降，随后经几个月的室温时效正方度复又上升。这种可逆变化可以被认为是碳原子有序-无序相变过程存在的有力证明。马氏体经过辐照后，由于点阵缺陷密度升高，使碳原子发生了重新分布，部分碳原子离开第三亚点阵偏聚到缺陷处导致正方度降低；时效时由于点阵缺陷密度下降，碳原子又逐渐回到第三亚点阵上，碳原子的有序度升高，正方度随之逐渐上升。

经辐照后的马氏体，正方度部分恢复在室温下需要几个月，而加热到 70℃ 几分钟即可达到此效果。新生成的马氏体具有异常正方度的发现，对于研究马氏体形成过程以及探讨马氏体相变机理具有重要意义。

5.2　马氏体相变的主要特征

马氏体相变相对于珠光体相变而言，是在较低的温度下进行的，因此具有一系列与珠光体相变截然不同的特点。

5.2.1　切变共格和表面浮凸现象

人们早就发现，在高碳钢样品中产生马氏体相变之后，在其磨光表面上出现倾动，形成

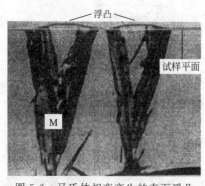

图 5-6　马氏体相变产生的表面浮凸

表面浮凸（图 5-6），这个现象说明相变和母相宏观切变有着密切联系。图 5-6 的表面倾动可以示意地表示为图 5-7。马氏体形成时，和它相交的试样表面发生转动，一边凹陷，一边凸起，并牵动奥氏体突出表面。图 5-7 示出了相变前抛光表面上的直线段刻痕 AB，在相变之后因倾动变成折线 $ACC'B'$。在显微镜光线（斜照明）照射下，浮凸两边呈现明显的山阴和山阳。由此可见，马氏体形成是以切变方式实现的，同时马氏体和奥氏体之间界面上的原子是共有的，既属于马氏体，又属于奥氏体，而且整个相界面是互相牵制的，如图 5-8 所示。这种界面称之为"切变共格"界面，这种以切变维持的共格关系也称之为第二类共格（以正应力维持的共格关系称为第一类共格）。

共格界面的界面能比非共格界面小，但其弹性应变能较大，这是所有共格界面的特点。在具有共格界面的新旧两相中，新相长大时，原子只做有规则的迁动而不改变界面的共格关系。

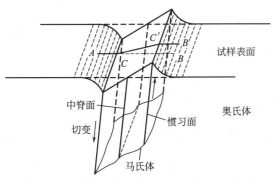

图 5-7　马氏体形成时引起的表面倾动示意图

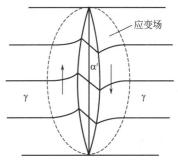

图 5-8　马氏体与奥氏体共格界面示意图

5.2.2　马氏体相变的无扩散性

从观察到的马氏体相变时出现宏观均匀切变现象推测,在马氏体相变过程中,母相奥氏体点阵上的原子从一种排列方式转变到另一种排列方式,原子之间应该是相互有联系和有规则的移动,原来相邻的两个原子在相变之后仍然相邻(除非在马氏体内发生滑移),它们之间的相对位移不超过一个原子间距。即原子不发生扩散就可以进行马氏体相变。

马氏体相变的无扩散性有以下实验证据:

① 碳钢中马氏体相变前后的碳浓度没有变化,奥氏体和马氏体成分一致,仅有晶格改组:

$$\gamma\text{-Fe(C)} \longrightarrow \alpha\text{-Fe(C)}$$
$$\text{面心立方} \qquad \text{体心立方}$$

② 马氏体相变可以在相当低的温度内进行,并且相变速率极快。例如,Fe-Ni 和 Fe-C 合金中,在 $-20 \sim -196℃$ 之间,每片马氏体的形成时间大约为 $5 \times 10^{-5} \sim 5 \times 10^{-7}$s。甚至在形成温度为 4K 时,形成速度依然很高。在这样低的温度下,原子扩散速度极小,相变已不可能以扩散方式进行。

5.2.3　具有一定的位向关系和惯习面

5.2.3.1　位向关系

马氏体相变的晶体学特点是新相和母相之间存在一定的位向关系。因为马氏体相变时,原子不需要扩散,只作有规则的很小距离的迁动,相变过程中新相和母相界面始终保持切变共格,因此,相变后两相之间的位向关系仍然保持着。在钢中已经观察到的位向关系有 K-S 关系、西山关系和 G-T 关系。

(1) K-S 关系　Курдюмов 和 Sachs 用 X 射线极图法测出碳钢(含碳 1.4%)中马氏体(α')和奥氏体(γ)两相之间存在下列位向关系:

$$\{011\}_{\alpha'}/\!/\{111\}_{\gamma}(\text{密排面平行}); \langle 111 \rangle_{\alpha'}/\!/\langle 101 \rangle_{\gamma}(\text{密排方向平行})$$

如图 5-9 所示,按照这样的位向关系,在马氏体形成时,每一个奥氏体的 $\{111\}_{\gamma}$ 面上,马氏体有六种不同的取向,而 $(111)_{\gamma}$ 有四个,因此按 K-S 关系马氏体形成时共有 24 种可能的取向。

(2) 西山(N)关系　西山在含 30%Ni 的 Fe-Ni 合金单晶中发现,在室温以上形成的

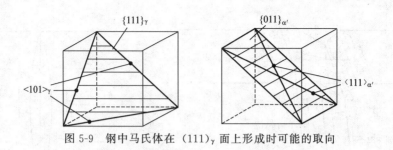

图 5-9 钢中马氏体在 (111)γ 面上形成时可能的取向

马氏体和奥氏体之间存在 K-S 关系，而在 −70℃ 以下形成的马氏体则具有下列位向关系：

$$\{110\}_{\alpha'} /\!/ \{111\}_{\gamma}（密排面平行）；\langle 110 \rangle_{\alpha'} /\!/ \langle 211 \rangle_{\gamma}（次密排方向平行）$$

这个关系称为西山关系（Nishiyama 关系，简称 N 关系）。按照西山关系，在每一个奥氏体 $\{111\}_{\gamma}$ 面上，马氏体有三种不同取向，而 $(111)_{\gamma}$ 有四个，因此按西山关系马氏体共有 12 种可能的取向，见图 5-10。

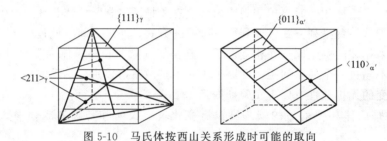

图 5-10 马氏体按西山关系形成时可能的取向

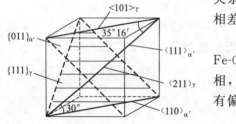

图 5-11 K-S 关系和西山关系比较

西山关系和 K-S 关系相比，晶面的平行关系相同，平行方向有所差别。马氏体按 K-S 关系取向为 35°16′，按西山关系取向为 30°，两种取向相差 5°16′（见图 5-11）。

（3）G-T 关系 Greninger 和 Troiaon 精确测量了 Fe-0.8%C-22%Ni 合金的奥氏体单晶中马氏体的位相，发现 K-S 关系中的平行晶面和平行晶向实际上略有偏差：

$$\{110\}_{\alpha'} /\!/ \{111\}_{\gamma} 差 1°；\langle 111 \rangle_{\alpha'} /\!/ \langle 110 \rangle_{\gamma} 差 2°$$

5.2.3.2 惯习面

实验证明，马氏体相变不仅新相和母相有一定的位向关系，而且马氏体是依托母相的一定晶面开始构建自己的晶面进而形核长大的，这个晶面即称为惯习面。通常用母相的晶面指数表示。

钢中马氏体的惯习面随碳含量及形成温度不同而异，常见的惯习面有三种，即 $(111)_{\gamma}$、$(225)_{\gamma}$、$(259)_{\gamma}$。当碳含量小于 0.6% 时，惯习面为 $(111)_{\gamma}$；碳含量在 0.6%～1.4% 之间时，惯习面为 $(225)_{\gamma}$；碳含量大于 1.4% 时，惯习面为 $(259)_{\gamma}$。随着马氏体形成温度的降低，惯习面有向高指数变化的趋势，故对同一种成分的钢也可能出现两种惯习面，如先形成的马氏体惯习面为 $(225)_{\gamma}$，后形成的马氏体惯习面为 $(259)_{\gamma}$。

惯习面为无畸变无转动平面。图 5-7 示出相变前磨面上的刻痕线段 AB，相变后虽然变成折线 $ACC'B'$，但在相界面上仍保持连续，这说明相界面（惯习面）未发生宏观（10^{-2}

mm 范围）可测的应变。马氏体和奥氏体以相界面为中心发生对称倾动，说明惯习面在相变过程中并不发生转动。很多实验证明，惯习面都不是简单的指数面，而且在相变中既不发生应变，也不发生转动。另外，由于马氏体形成时惯习面的不同，常常造成马氏体组织形态的差异。

5.2.4　马氏体相变是在一个温度范围内进行的

在通常情况下，马氏体相变开始后，必须在不断降低温度的条件下，相变才能继续进行，冷却中断，相变也就停止。马氏体相变虽然有时也出现等温相变的情况，但等温相变普遍都不能使马氏体相变进行到底，所以马氏体相变总是需要在一个温度范围内连续冷却时才能完成。在一般冷却条件下，马氏体相变开始温度 M_s 和冷却速率无关。当冷至某一温度以下时，马氏体相变不再进行，这个温度称为相变结束温度，用 M_f 表示。

一般情况下，冷却到 M_f 温度后不能得到 100% 马氏体，而保留有一定数量的未转变奥氏体，如图 5-12 所示。由此可见，如果某一种钢的 M_s 点低于室温，则淬火到室温得到的全是奥氏体。如果某一种钢的 M_s 点在室温以上，而 M_f 点在室温以下，则淬火到室温将保留相当数量的奥氏体，通常称之为残余奥氏体。如冷至室温后继续冷却，则残余奥氏体将继续转变为马氏体，这种低于室温的冷却，生产上称为冷处理。

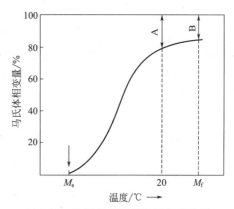

图 5-12　马氏体相变量与温度的关系

由此可知，马氏体相变既可以等温形成，也可以连续降温形成，同时马氏体相变具有不彻底性，总会保留有一定量的残余奥氏体。

5.2.5　马氏体相变的可逆性

在某些非 Fe 合金中，奥氏体冷却转变为马氏体，重新加热，已形成的马氏体又通过逆转变机制转变为奥氏体，这就是马氏体相变的可逆性。一般把马氏体直接向奥氏体的转变称为逆转变，逆转变的开始温度为 A_s，转变结束温度为 A_f。通常，A_s 温度比 M_s 温度高。

在 Fe-C 合金中，目前尚未直接观察到马氏体的逆转变。一般认为，由于含碳马氏体是碳在 α-Fe 中的过饱和固溶体，加热时极易分解，因此在尚未加热到逆转变开始温度 A_s 点时，马氏体就已经分解了，所以得不到马氏体逆转变产物。因此有人认为，如果以极快的速率加热，使马氏体在尚未分解前即已加热到 A_s 点以上，则有可能发生马氏体逆转变。曾有人以 3000℃/s 的速率加热进行研究，只得到一些初步结果，尚不能完全证实 Fe-C 合金中马氏体逆转变的存在。

还可以列举一些其他的马氏体相变的特点，但是，应该指出，马氏体相变区别于其他相变的最基本的特点只有两个：一个是相变以共格切变的方式进行；另一个是相变的无扩散性。所有其他特点均是这两个基本特点派生出来的。有时，在其他类型的相变中，也会看到个别特点与马氏体相变特点类似，比如贝氏体相变中也会观察到试样表面浮凸现象，但这并不能说明它们也是马氏体相变。

5.3　钢中马氏体的主要形态

淬火是获得马氏体组织，使钢件达到强化的重要工艺，由于钢的种类、成分不同，以及热处理条件的差异，会使淬火马氏体的形态和内部精细结构以及形成显微裂纹的倾向性等发生很大变化，这些变化对马氏体的力学性能影响很大。因此，掌握马氏体组织形态特征，了解影响马氏体形态的各种因素是十分重要的。

随着透射电子显微技术的不断发展，对马氏体的形态及其精细结构进行了详细研究，发现钢中马氏体形态虽然多种多样，但就其特征而言，大体上可分为以下几类：

5.3.1　板条状马氏体

板条马氏体常见于低碳钢、中碳钢、马氏体时效钢、不锈钢等铁系合金中。其典型的显微组织如图 5-13 所示。因其显微组织是由许多成群的板条组成，故称板条马氏体。对某些钢因板条不易被浸蚀出来而往往呈现块状，所以也称之为块状马氏体。又因为这种马氏体的亚结构为位错，通常也称为位错型马氏体。板条马氏体的显微结构如图 5-14 所示。一个原奥氏体晶粒内可以有 3～5 个马氏体板条束或称板条群，如图 5-14 中 A、B、C、D 的区域。板条束一般呈不规则形状，尺寸约为 20～35μm。当用某些溶液腐蚀时，此区域有时仅显示板条束的边界而使显微组织呈现为块状，块状马氏体就是因此而得名。当采用着色浸蚀时（如用 100mLHCl＋5gCaCl$_2$＋100mLCH$_3$OH 溶液），可在板条束内出现黑白色调。同一色调区是由相同位相的马氏体板条块组成的（如 B 区域），也就是说，一个板条束内又可以分成几个平行的板条块。板条块间成大角晶界，块界长尺寸方向与板条马氏体边界平行。每个板条块由若干个板条单晶组成，板条单晶的尺寸约为 0.5μm×5.0μm×20μm，具有平直的界面，并且接近奥氏体的 {111}$_\gamma$，为其惯习面。板条马氏体构成可以看成是板条单晶构成板条块，构板条块成板条束，板条束构成马氏体晶粒。

图 5-13　低碳合金钢板条马氏体组织

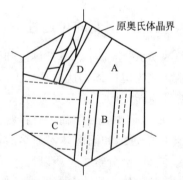

图 5-14　板条马氏体显微结构示意

现已确定，稠密的板条单晶之间夹着高度变形的、非常稳定的、厚度约 200Å 的残余奥氏体。并且板条间残余奥氏体碳含量较高，如图 5-15 所示。在一些合金钢中，即使冷却至 -196℃，残余奥氏体也不相变，它的存在对钢的力学性能特别是韧性产生显著影响。Fe-Ni 合金中尽管不含碳，但也存在这一薄层残余奥氏体。

透射电镜观察证明，板条马氏体内有高密度位错，如图 5-16 所示，经电阻法测定其密度约为 0.3～0.9×10^{12}cm^{-2}，与剧烈冷却硬化的铁相似，有时局部也有少量相变孪晶存在。

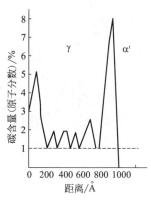

图 5-15　板条马氏体条间残余
奥氏体薄膜的碳分布曲线

图 5-16　板条马氏体高密度
位错的 TEM 照片

在一个板条束内，马氏体惯习面接近 {111}$_\gamma$。马氏体和奥氏体之间的位向关系符合介于 K-S 关系和西山（N）关系之间的 G-T 关系最多；符合 K-S 关系和西山（N）关系的较少。在一个板条束内，存在几种位向关系的原因尚不清楚。

马氏体的显微组织随合金成分的变化而改变。对于碳钢，当碳含量小于 0.3％时，原奥氏体晶粒内板条束和束中的板条块比较清楚；碳含量在 0.3％～0.5％时，板条束清楚而板条块不清楚；碳含量升到 0.6％～0.8％时，无法辨认板条束和板条块，板条混杂生长，板条组织逐渐消失并向片状马氏体组织过渡。可见，随着碳含量的升高，板条马氏体组织的块趋于消失，束逐渐变得难以辨认。在 Fe-Ni 合金中，板条马氏体的组织构成几乎不受镍含量的影响，块始终很清楚。

试验表明，改变奥氏体化温度，可显著改变晶粒大小，但对板条宽度几乎不发生影响，而板条束的大小随奥氏体晶粒的增大而增大，且两者之比基本不变，所以一个原奥氏体晶粒内生成的板条束个数基本不变。

随着淬火冷却速率增大，板条束和块宽同时减小，组织变细，所以，淬火时提高冷却速率有利于细化板条马氏体组织。

5.3.2　片状马氏体

铁系合金中出现的另一种典型的马氏体组织是片状马氏体，常见于淬火高、中碳钢及高 Ni 的 Fe-Ni 合金中。高碳钢中典型的片状马氏体组织见图 5-17，其空间形态呈双凸透镜片形状，因此称之为透镜片状马氏体或片状马氏体，又因为当试样磨面与片状马氏体相截时，在显微镜下片状马氏体呈针状或竹叶状，又称针状马氏体或竹叶状马氏体。片状马氏体的亚结构主要为孪晶，也称孪晶马氏体。

图 5-18 为给出的是透射电镜观察到的 Fe-32Ni 合金片状马氏体的孪晶亚结构，其孪晶间距约为 50Å。这种间距较小且相对均匀的孪晶一般认为是马氏体相变过程中，马氏体按照特定的位向关系切变产生的，通常称为相变孪晶。片状马氏体的相变孪晶一般是 (112)$_{\alpha'}$ 孪晶，但在 Fe-1.82％C 合金中也发现 (110)$_{\alpha'}$ 孪晶与 (112)$_{\alpha'}$ 混生，相变孪晶一般不扩展到马氏体的边界，马氏体片的边界仍为复杂的高密度位错。相变孪晶的存在是片状马氏体组织的重要特征。

200μm

图 5-17　T12 钢片状马氏体 TEM 照片

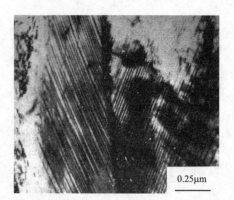

0.25μm

图 5-18　片状马氏体的 TEM 照片

片状马氏体的显微组织特征是片间相互不平行，在一个成分均匀的原奥氏体晶粒内，冷至稍低于 M_s 点时，先形成第一片马氏体贯穿整个原奥氏体晶粒，将奥氏体晶粒分成两部分，使后形成的马氏体片空间尺寸大小受到限制，因此片状马氏体片的大小不同，越是后形成的马氏体片越小，如图 5-19 所示，马氏体片的大小完全取决于原奥氏体晶粒大小。即奥氏体晶粒越大，马氏体片也越大。

有些片状马氏体能看到有明显的"中脊"，如图 5-20 所示。孪晶的结合部分的带状薄筋即是中脊。通过高分辨电镜观察证实，中脊是高密度的相变孪晶区，此处的孪晶密度是整个片状马氏体区域内最高的，因此推断中脊面是片状马氏体切变时最先形成的部分，可以认为是片状马氏体的惯习面。关于中脊的形成规律目前尚不十分清楚'。

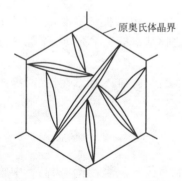

原奥氏体晶界

图 5-19　片状马氏体显微结构示意图

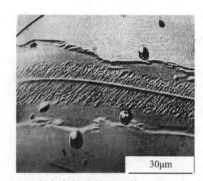

30μm

图 5-20　有中脊的片状马氏体（Fe-32Ni 合金）

根据片状马氏体内部的亚结构的差异，可将其分为有中脊和无中脊的片状马氏体。有中脊的片状马氏体相变孪晶区所占的比例随合金成分的变化而异。例如，Fe-Ni 合金中 Ni 含量越高（M_s 点越低），孪晶区越大；Fe-Ni-C 合金中 M_s 点降低（因奥氏体化温度导致），孪晶区所占的比例越大。但孪晶间距始终为 50Å 左右。

片状马氏体的惯习面为 $\{225\}_\gamma$ 或 $\{259\}_\gamma$，其与母相奥氏体的晶体学位向关系符合 K-S 关系或西山关系。

板条状马氏体和片状马氏体是钢和合金中两种最基本的显微组织形态，它们的形态特征以及晶体学特点对比列于表 5-1。

表 5-1 钢中马氏体类型及特征

特征	板条马氏体	片状马氏体	
惯习面	$(111)_\gamma$	$(225)_\gamma$	$(259)_\gamma$
位向关系	K-S 关系～西山关系	K-S 关系	西山关系
	$(011)_{\alpha'}//(111)_\gamma;(110)_{\alpha'}//(111)_\gamma$ $[111]_{\alpha'}//[110]_\gamma;[110]_{\alpha'}//[211]_\gamma$	$(011)_{\alpha'}//(111)_\gamma$ $[111]_{\alpha'}//[110]_\gamma$	$(110)_{\alpha'}//(111)_\gamma$ $[110]_{\alpha'}//[211]_\gamma$
形成温度	$M_s>350℃$	$M_s=200～100℃$	$M_s<100℃$
合金碳含量 /%	<0.3	1.0～1.4	1.4～2.0
	0.3～1.0 时为混合型		
组织形态	板条体常自奥氏体晶界向晶内平行排列成群。板条宽度多为 $0.1～0.2\mu m$,长度小于 $10\mu m$。一个奥氏体晶粒内包含几个板条群。板条之间为小角晶界,板条群之间为大角晶界	透镜片状(或针状、竹叶状)中间稍厚较长,横贯奥氏体晶粒,次生者尺寸较小。在初生片与奥氏体晶界之间,片间交角较大,互相撞击形成显微裂纹	同左,片的中央有中脊。在两个初生片之间常见到"Z"字形分布的细薄片
亚结构	位错网络(缠结)。位错密度随碳含量而增大,通常为$(0.3～0.9)×10^{12} cm/cm^3$,有时也存在少量细小孪晶	宽度约50Å的细小孪晶,以中脊为中心组成相变孪晶区,随M_s点降低相变孪晶区增大。片的边缘部分为复杂位错组列。孪晶面为$(112)_{\alpha'}$,孪晶方向为$[11\bar{1}]_{\alpha'}$	
形成过程	降温形核,新的马氏体片(板条)只在冷却过程中产生		
	长大速度低,一个板条大约在10^{-4}s内形成	长大速度较高,一个片体大约在10^{-7}s内形成	
	无"爆发式"相变,在小于50%相变量内降温相变率约为1%/℃	$M_s<0℃$时有"爆发式"相变。新马氏体片不随温度下降均匀产生,而由于自触发效应连续成群地(呈"Z"字形)在很小温度范围内大量形成,伴有 20～30℃ 的温升	

5.3.3 其他形态马氏体

(1)蝶状马氏体 在 Fe-Ni 合金或 Fe-Ni-C 合金中已经发现,当马氏体在某一温度范围内形成时,会出现具有特异形态的马氏体,如图 5-21 所示,这种马氏体的立体形态为细长杆状,其断面呈蝴蝶形,故称蝶状马氏体或蝴蝶状马氏体。Fe-31％Ni 或 Fe-29％Ni-0.26％C 合金在 0～-20℃ 范围内主要形成蝶状马氏体,在-20～-60℃ 范围内蝶状马氏体与片状马氏体共存。可见蝶状马氏体的形成温度范围在板条马氏体和片状马氏体的形成温度范围之间。电镜观察证实蝶状马氏体的内部亚结构为高密度位错,与母相的晶体学位向关系大体上符合 K-S 关系。

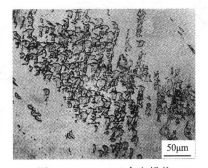

图 5-21 Fe-Ni-C 合金蝶状
马氏体的显微组织

蝶状马氏体的两翅结合部分很像片状马氏体的中脊。因此有人设想是从此处开始向两侧沿不同位向长成的马氏体(大概为孪晶关系),才呈现蝴蝶状。蝶状马氏体的结合部分,类似爆发形成的马氏体的两片结合部分,但其内部看不到孪晶,这与片状马氏体有很大差别。从内部结构和显微组织看,蝶状马氏体与板条马氏体较相近,但它并不是成排地产生。到目前为止,关于蝶状马氏体不清楚的问题还很多。但其形态特征和性能介于板条马氏体和片状马氏体之间，则是令人感兴趣的问题。

（2）薄片状马氏体　这种马氏体是在 M_s 点极低的 Fe-Ni-C 合金中发现的，它呈非常细的带状（立体形貌为薄片状），带相互交叉，呈现曲折、分枝等特异形态，如图 5-22 所示。薄片状马氏体的透射电镜组织如图 5-23 所示，它是由 $(112)_{\alpha'}$ 孪晶组成的全孪晶马氏体，无中脊，这是它与片状马氏体的不同之处。

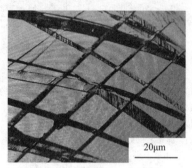

图 5-22　薄片状马氏体

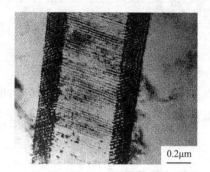

图 5-23　薄片状马氏体的 TEM 照片

Fe-Ni-C 合金中形成的薄片状马氏体形态随形成温度的降低，将从透镜状的片状马氏体转化为薄片状马氏体。图 5-24 示出了 Fe-31%Ni-0.23%C 合金经不同奥氏体化温度后，冷至 M_s 点以下温度形成的相变马氏体形态。当 M_s 为 −120℃ 时，形成片状马氏体 [图 5-24(a)]；当 M_s 降低到 −150℃ 时，开始出现少量薄片状马氏体 [图 5-24(b)]；当 M_s 降低到 −190℃ 时，全部为薄片状马氏体 [图 5-24(c)]。Fe-Ni-C 合金从片状马氏体向薄片状马氏体转化的温度随含碳量的增加而升高，当合金碳含量达到 0.8% 时，−100℃以下即为薄片状马氏体形成区。随着相变温度的降低，薄片状马氏体相变进行时，既有新马氏体的不断形成，同时又有旧马氏体片的增厚。旧马氏体片增厚在片状马氏体中是观察不到的。

(a) M_s=−120℃

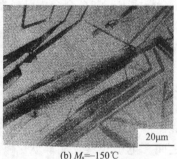

(b) M_s=−150℃

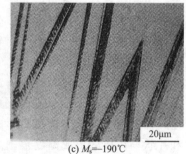

(c) M_s=−190℃

图 5-24　Fe-31%Ni-0.23%C 合金的马氏体形态

（3）ε' 马氏体　前面所述各种形态的马氏体，其晶体结构都是体心立方或体心正方结构（α'）。在奥氏体层错能较低的合金中，还会形成密排六方点阵结构的 ε' 马氏体。这种马氏体容易在高 Mn-Fe-C 合金中形成。而在以 18-8 不锈钢为代表的 Fe-Cr-Ni 合金中，ε' 马氏体经常与 α' 马氏体共存。

ε' 马氏体也呈薄片状，沿 $(111)_{\gamma}$ 面呈魏氏组织状态形成，其亚结构为大量的层错。

5.3.4 马氏体形态及亚结构与成分的关系

一般来说，碳含量和合金元素影响 M_s 点，从而对马氏体的组织形态及亚结构有显著的影响。对于碳钢，碳含量小于 0.3% 时，马氏体的形态为板条状马氏体；碳含量在 0.3%～1.0% 时，显微组织形态为板条马氏体和片状马氏体混合组织；碳含量大于 1.0% 时为片状马氏体。但是，在不同的资料中，关于板条马氏体过渡到片状马氏体的碳浓度界限并不一致。目前认为这与淬火速率的影响有关，淬火速率增加时，形成孪晶马氏体的最小碳浓度降低。图 5-25 给出了碳含量对 Fe-C 合金板条马氏体量和 M_s 点及残余奥氏体量的影响。由图可见，碳含量小于 0.4% 的钢中基本没有残余奥氏体，M_s 点随碳含量的升高而降低，而孪晶马氏体量和残余奥氏体量则随之升高。

在中碳钢和某些合金钢中，常常在 M_s 点以下较高温度首先形成板条马氏体，继续冷却到较低温度下形成片状马氏体。钢中不同的合金元素也会改变马氏体的形态。降低 M_s 点的一些元素如 Cr、Mo、Mn、Ni，和升高 M_s 点的元素如 Co，都有增加形成孪晶马氏体的倾向，只是程度有所不同，Cr、Mo 等影响较大，Ni 的影响较小。

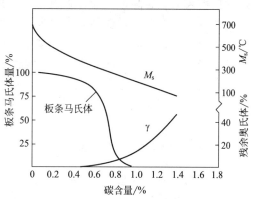

图 5-25 碳含量对 M_s、板条马氏体量和残余奥氏体量的影响（碳钢淬火至室温）

同属于片状马氏体，因合金成分不同而在形态上呈现差异，如高碳马氏体当碳含量超过 1.4% 时，会形成连锁式的 $\{259\}_\gamma$ 马氏体。不同 M_s 温度的合金，片状马氏体内孪晶的分布也不相同。

必须指出，迄今为止，马氏体形态及亚结构（马氏体形态学研究领域）还存在很多值得研究的问题。除了与 M_s 点有关外，还与很多因素有关，比如奥氏体层错能、奥氏体和马氏体的强度、马氏体产生滑移和孪生变形的临界切应力以及马氏体相变的驱动力等因素，都有可能影响马氏体显微组织形态和亚结构，而且很有可能是这些影响因素综合作用的结果。

5.3.5 Fe-C 合金片状马氏体显微裂纹的形成

高碳钢淬火时，容易在马氏体内部形成显微裂纹。过去认为是由于马氏体相变时比体积增大而引起的显微应力造成的。近年来双磨面金相分析表明，显微裂纹是由于马氏体成长时相互碰撞而形成的。按照片状马氏体的形成规律，首先形成的第一片马氏体贯穿整个原奥氏体晶粒，将奥氏体晶粒分成两部分，使后形成的马氏体片大小受到限制，因此导致马氏体片的大小不同。后形成的马氏体片不断撞击先形成的马氏体，由于马氏体形成速度极快，相互撞击，同时还与奥氏体晶界撞击，产生相当大的应力场，另外由于片状马氏体碳含量较高，不能通过滑移或孪生等变形方式消除应力，因此片状马氏体出现显微裂纹。这种先天的缺陷增大了高碳马氏体钢件的脆性，在其他应力（热应力和组织应力）作用下，显微裂纹将发展成为宏观裂纹，甚至导致零件开裂。同时，显微裂纹也使零件的疲劳寿命明显下降。

值得提出的是，板条马氏体板条之间夹角很小，基本相互平行，相互撞击的概率很小，即使偶有撞击，由于残余奥氏体的存在可以缓解应力，因此，板条马氏体没有出现显微裂纹。

马氏体形成显微裂纹的敏感度与以下因素有关。①与淬火冷却温度有关。随着淬火冷却温度的降低，钢的淬火组织中残余奥氏体量减少，马氏体的数量增多，形成显微裂纹的敏感度增大。②与马氏体相变量有关。马氏体相变量越大，相互之间撞击概率越大，形成微裂纹的敏感度越大。③与马氏体片的尺寸有关。奥氏体化温度较高、晶粒明显粗大，粗大的奥氏体晶粒形成粗大的马氏体片，实验已经直接观察到，粗大马氏体片横贯原奥氏体晶粒，受到碰撞的概率较大，容易形成显微裂纹。一般地，早期形成的片状马氏体片尺寸较大，因此，显微裂纹主要是在片状马氏体相变早期形成的。④碳含量对马氏体形成显微裂纹的敏感度有影响。实验表明，片状马氏体形成显微裂纹的敏感度随碳含量的升高而增大。但当奥氏体的碳含量大于 1.4% 时，形成显微裂纹的敏感度反而减小，这和马氏体相变的惯习面有关。由于碳含量大于 1.4% 时马氏体的形态发生改变，马氏体片变得厚而短，且马氏体片之间的交角变小了，撞击概率和应力均有所下降，故显微裂纹敏感度反而降低。

5.4 马氏体相变的热力学

相变热力学研究的目的在于得到相变的驱动力，据此计算出相变的开始温度 M_s 或推测相变的类型与相变的机制。虽然马氏体相变也属于热学转变，遵循相变的一般规律，但其相变有很多有别于其他相变的热力学特点，这些特点是马氏体相变的特殊条件决定的。

5.4.1 相变的驱动力

马氏体相变和一般相变一样，相变驱动力是新相与母相的化学自由能之差。同一成分合金的马氏体与奥氏体的化学自由能和温度的关系如图 5-26 所示。图中 T_0 为两相热力学平衡温度，即温度为 T_0 时：

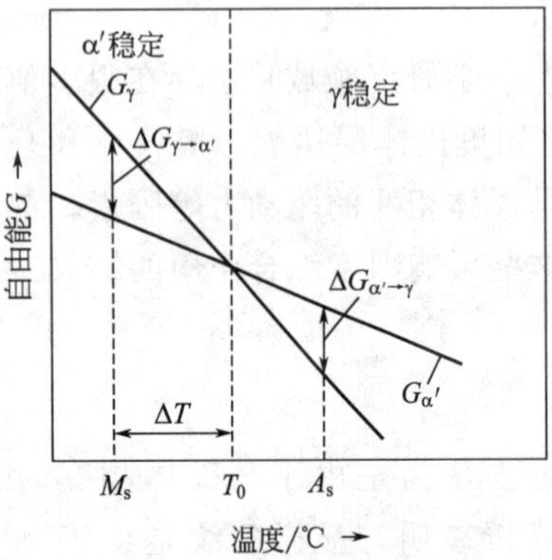

$$G_\gamma = G_{\alpha'} \tag{5-2}$$

图 5-26 马氏体与奥氏体化学自由能与温度的关系

式中，G_γ 为奥氏体的自由能；$G_{\alpha'}$ 为马氏体的自由能。在其他温度下两相自由能不相等，则：

$$\Delta G_{\gamma \to \alpha'} = G_{\alpha'} - G_\gamma \tag{5-3}$$

当 $\Delta G_{\gamma \to \alpha'}$ 为正时，马氏体的自由能高于奥氏体的自由能，奥氏体比马氏体稳定，不会发生 $\gamma \longrightarrow \alpha'$ 相变；反之，当 $\Delta G_{\gamma \to \alpha'}$ 为负时，则马氏体比奥氏体稳定，奥氏体有向马氏体相变的趋势。因此，$\Delta G_{\gamma \to \alpha'}$ 即称为马氏体相变的驱动力。显然，在 T_0 温度下，$\Delta G = 0$。马氏体相变的开始点 M_s 必定在 T_0 以下，以便由过冷提供相变所需的化学驱动力。

5.4.2 M_s 点定义

以普通低碳钢中的马氏体相变为例，相变是由面心立方点阵的奥氏体相变为体心立方点阵的马氏体。图 5-27 中图(a) 示出这两个相的平衡图，在平衡图下面的图 (b)、图 (c)、图 (d) 中相应地示出了这两相分别在 T_1、T_2 和 T_3 温度下的自由能-成分变化曲线。如果

碳浓度为 C_0 的合金从奥氏体急冷至 T_1 温度，因为马氏体相变为无扩散性相变，新相马氏体和母相奥氏体的成分相同，由图 5-27（b）可见，在 T_1 温度下，$\Delta G_{\gamma \to \alpha'} = G_{\alpha'} - G_{\gamma} > 0$，奥氏体比马氏体稳定，所以马氏体相变不能发生。若碳浓度为 C_0 的合金过冷至 T_3 温度时［图 5-27（d）］，则 $\Delta G_{\gamma \to \alpha'} = G_{\alpha'} - G_{\gamma} < 0$，这时马氏体比奥氏体稳定，马氏体相变有可能发生。如果作出碳浓度为 C_0 的合金在不同温度下的成分-自由能变化曲线，则可在 T_1 和 T_3 之间找到 $\Delta G_{\gamma \to \alpha'} = G_{\alpha'} - G_{\gamma} = 0$ 对应的温度 T_2，如图 5-27（c）所示，这个温度即为该合金的 T_0 点，即 $T_2 = T_0$。当然，不同成分合金的 T_0 点是不同的。图 5-27（a）中标定 T_0 的虚线即为不同成分合金的 T_0 点连线。应当注意，这里的 T_0 是 $\gamma \longrightarrow \alpha'$ 无扩散性相变的两相平衡温度，与实际马氏体相变的开始温度是不一致的。无扩散性相变需要较大的过冷度才能发生，因为从热力学角度看，合金必须过冷至 T_0 温度以下才可能发生 $\gamma \longrightarrow \alpha'$ 相变。

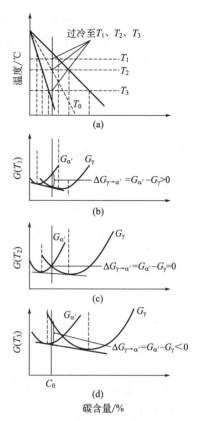

图 5-27　低碳钢奥氏体过冷至不同温度时马氏体相变驱动力示意图

如果 C_0 成分的合金从奥氏体温度过冷至 T_3 温度时，马氏体相变刚好开始，则 T_3 温度即为 M_s 点。因此，M_s 点定义即为奥氏体和马氏体两相自由能之差达到相变所需的最小驱动力值时对应的温度。显然，对于一定的 T_0 点，M_s 点越低，则（$T_0 - M_s$）值越大，相变所需的驱动力也越大。反之，M_s 点较高时，相变所需的化学驱动力越小。所以，马氏体相变的驱动力与（$T_0 - M_s$）成比例：

$$\Delta G_{\gamma \to \alpha'} = \Delta S (T_0 - M_s) \tag{5-4}$$

式中，ΔS 为 $\gamma \longrightarrow \alpha'$ 时的熵变。

M_s 点处马氏体相变驱动力大小对马氏体相变的特点会产生很大影响。相变驱动力很大时，马氏体相变表现出快速长大、降温形成或爆发式相变等特点，钢和 Fe 合金均属于此例。相变驱动力很小时，往往会形成热弹性马氏体。

A_s 点的定义与 M_s 点类似，为马氏体和奥氏体两相自由能之差达到逆相变所需的最小驱动力值对应的温度。逆相变驱动力 $\Delta G_{\alpha' \to \gamma}$ 的大小与（$T_0 - A_s$）成比例。

5.4.3　M_d 点定义

图 5-28 给出了 T_0、M_s、A_s 与合金成分的关系。它们均为浓度的函数。$\gamma \longrightarrow \alpha'$ 相变在 $M_s \sim M_f$ 温度区间进行，$\alpha' \longrightarrow \gamma$ 相变在 $A_s \sim A_f$ 温度区间进行，如图中阴影线区间所示。在 Fe-Ni 合金中 A_s 约比 M_s 高 420℃。实验证明，M_s 和 A_s 之间的温度差可因引入塑性变形而减小。即奥氏体如在 M_s 点以上经过塑性变形，会诱发马氏体相变，引起 M_s 点上升达到 M_d 点。同样，塑性变形也可使 A_s 点下降到 A_d 点。M_d 点和 A_d 点分别称为形变马氏体的温度点和形变奥氏体的温度点。因形变诱发马氏体相变而形成的马氏体，称为形变马氏体。同样也把形变诱发马氏体逆相变而形成的奥氏体称为形变奥氏体。

M_d 点的物理意义为可获得形变马氏体的最高温度，若在高于 M_d 点的温度进行形变，便会失去诱发马氏体相变的作用。同理，A_d 为可获得形变奥氏体的最低温度，如图 5-29 所示。按照马氏体相变的热力学条件，M_d 的上限温度为 T_0，而 A_d 下限温度也是 T_0。实验已经发现，Co-Ni 合金中的 M_d 和 A_d 可以重合，即 $M_d = A_d = T_0$。如果某系合金的 M_d 和 A_d 不重合，则 $T_0 = 1/2(M_d + A_d)$。对于 Fe-Ni 合金，可近似认为 $T_0 \approx 1/2(M_s + A_s)$。

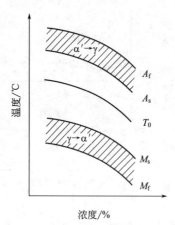

图 5-28　T_0、M_s、A_s 与合金成分的关系

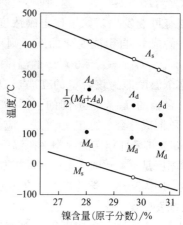

图 5-29　Fe-Ni 合金 M_d、A_d 和 T_0 之间关系

综上所述，在 $M_s \sim M_d$ 温度区间内于过冷奥氏体中引入塑性变形会诱发马氏体相变，从马氏体相变的热力学出发，对形变诱发马氏体相变可用图 5-30 加以说明。图中阴影区域

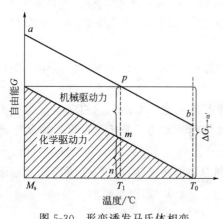

图 5-30　形变诱发马氏体相变
热力学条件示意图

为表示化学驱动力随温度的变化，ab 线代表在化学驱动力上叠加上去一部分机械驱动力。发生马氏体相变所需的驱动力 $\Delta G_{\gamma \to \alpha'}$ 对应相变温度为 M_s，亦即温度降至 M_s 时，对应的相变化学驱动力刚好为 $\Delta G_{\gamma \to \alpha'}$。若在 T_1 温度（$M_s < T_1 < T_0$）下进行形变诱发马氏体相变，此时马氏体相变的化学驱动力为 mn，经形变补充的机械驱动力为 pm，化学驱动力 mn 与机械驱动力 pm 叠加刚好等于 $\Delta G_{\gamma \to \alpha'}$。因此在 T_1 温度下形变，马氏体相变能够进行，即在 T_1 温度下可获得形变诱发马氏体，这时 T_1 温度即为 M_d 点。若机械驱动力可全部代替化学驱动力，这时 M_d 点可以上升到 T_0 点。但这要求有一种适当的变形方式以提供足够的机械驱动力，在大多数材料中，由于塑性变形引起应力松弛，所以，M_d 点通常都低于 T_0 点。

5.4.4　影响 M_s 点的主要因素

M_s 点在生产实践中具有重要的指导意义。例如分级淬火的分级温度，水油双液淬火的转油温度都应在 M_s 点附近。M_s 点还决定着淬火马氏体的亚结构和性能。对于碳钢和低合金钢，如果 M_s 点低，一般工件容易淬裂，得到的马氏体性能硬而脆；如果 M_s 点高，淬火得到的马氏体可能获得高的韧性和强度。对要求在奥氏体状态下使用的钢，则要求 M_s 点低于室温（或工作温度）。此外，M_s 点的高低还决定着淬火后得到的残余奥氏体量多少，而控制一定量残余奥氏体则可以达到减小变形开裂，稳定尺寸及提高产品质量等目的。可见，了解影响 M_s 点的因素十分必要。

5.4.4.1　化学成分

奥氏体化学成分对 M_s 点的影响十分显著。一般来说，M_s 点主要取决于钢的化学成分，其中又以碳含量的影响最为显著，如图 5-31 所示。随着钢中碳含量的升高，马氏体相变温度降低，并且碳含量对 M_s 和 M_f 的影响并不完全一致。对 M_s 点的影响基本上呈连续下降的趋势。而对 M_f 的影响：在碳含量小于 0.6％时比 M_s 下降得更明显，因而扩大了马氏体相变的温度范围；当碳含量大于 0.6％时，M_f 点下降很缓慢，并且因 M_f 点已经降到 0℃以下，导致这类钢在淬火冷至室温的组织中，将存在较多的残余奥氏体。

N 元素对 M_s 点的影响类似于 C。N 和 C 一样，在钢中形成间隙式固溶体，对奥氏体及 α 相均有固溶强化作用，其中对 α 相的固溶强化作用尤为明显，因而增大了马氏体相变的切变阻力，使相变驱动力增大。同时，N 和 C 还是稳定奥氏体的元素，它们降低了 $\gamma \rightarrow \alpha'$ 相变的平衡温度 T_0，故强烈降低 M_s 点。按图 5-31 曲线中近似直线部分估算，每增加 1％的 C，M_s 点约下降 330℃。

钢中常见合金元素均有降低 M_s 点的作用，但效果不如碳显著。只有 Al 和 Co 有使 M_s 点升高的作用，见图 5-32。降低 M_s 点的元素按其影响强烈程度顺序排列为：Mn、Ni、Cr、Mo、Cu、W、V、Ti。其中 W、V、Ti 等强碳化物形成元素在钢中多以碳化物形式存在，淬火加热时一般溶入奥氏体中很少，故对 M_s 点影响不大。若钢中同时加入几种合金元素，则其综合影响比较复杂，例如钢中碳含量增加时，Cr、Mn、Mo 降低 M_s 点的作用增大。碳钢中 Si 含量高时，Si 降低 M_s 点的作用很弱；而 Ni-Cr 钢中 Si 含量高时，Si 会引起 M_s 点明显下降。

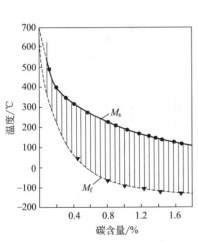

图 5-31　碳含量对 M_s 点影响

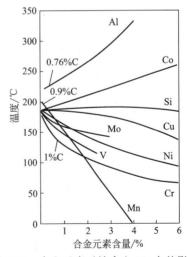

图 5-32　合金元素对铁合金 M_s 点的影响

合金元素对 M_s 点的影响表现在影响平衡温度 T_0 和对奥氏体的强化效应。凡剧烈降低 T_0 温度及强化奥氏体的元素，都将强烈降低 M_s 点，例如 C 元素。合金元素 Mn、Ni、Cr 和 C 类似，既降低 T_0 温度，又稍增高奥氏体的屈服强度，所以也降低 M_s 点。Al、Co、Si、

Mo、W、V、Ti 等均提高 T_0 温度，但也不同程度地显著增加奥氏体的屈服强度。若提高 T_0 温度的作用大时，则使 M_s 点升高，如 Al 和 Co。若强化奥氏体的作用大时，则使 M_s 点降低，如 Mo、W、V、Ti 等。如果提高 T_0 温度和强化奥氏体的作用大致相当时，对 M_s 点的影响不大，例如 Si 元素。实际上钢中经常含有多种合金元素，相互之间的影响非常复杂，所以对于多种合金元素的复合影响，很难用一简单的曲线或公式表达。因此，M_s 点主要还是依靠实验测定。使用化学成分在一定范围内的钢，测定它们的 M_s 点，再用统计的方法求得 M_s 点的经验公式。如果把各种元素对 M_s 点的影响近似地看成直线关系，并且假定几个元素同时存在时对马氏体相变点的影响是叠加的，则可利用下列公式之一计算 M_s 点（℃）的近似值：

$$M_s = 550 - 361 w_C - 39 w_{Mn} - 35 w_V - 20 w_{Cr} -$$

$$17 w_{Ni} - 10 w_{Cu} - 5 \times (w_{Mo} + w_W) + 15 w_{Co} + 30 w_{Al} \tag{5-5}$$

$$M_s = 538 - 317 w_C - 33 w_{Mn} - 28 w_{Cr} - 17 w_{Ni} - 11 \times (w_{Si} + w_{Mo} + w_W) \tag{5-6}$$

式中，w 为各元素质量分数。

上列二式成立的条件是预先奥氏体化，并且它们不适用高碳钢和高合金钢。对于不锈钢，可用下式近似计算出 M_s 点：

$$M_s = 41.7 \times (14.6 - w_{Cr}) + 5.6 \times (8.9 - w_{Ni}) + 33.3 \times (1.33 - w_{Mn}) +$$

$$27.8 \times (0.47 - w_{Si}) + 1666.7 \times (0.068 - w_C - w_N) - 17.8 \tag{5-7}$$

合金元素对 M_f 的影响：一般认为凡降低 M_s 点的元素同样也使 M_f 点下降，但作用比较弱。

5.4.4.2 形变与应力

当奥氏体冷至 M_s 点以上、M_d 点以下的温度范围内进行塑性变形，会诱发马氏体相变。如果奥氏体冷至 $M_s \sim M_f$ 温度范围内进行塑性变形，可促进马氏体相变，使马氏体相变量增加。一般来说形变量越大，相变的马氏体越多，形变温度越低，形成的马氏体量也越多，如图 5-33 所示。

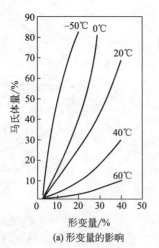

(a) 形变量的影响

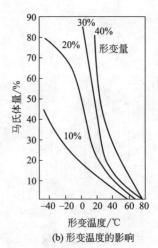

(b) 形变温度的影响

图 5-33　形变对不锈钢（18.5%Cr-8.48%Ni-0.58%C）马氏体相变量的影响

弹性应力对马氏体相变也有与形变类似的影响，由于马氏体相变时必然引起体积膨胀，因此施加多向压缩应力将阻碍马氏体形成，使 M_s 点降低。在 Fe-Ni 合金中，每

1000MPa 压应力约使 M_s 点下降 4℃；而拉应力或单向压应力往往促进马氏体形成，使 M_s 点提高，见表 5-2。

高压对马氏体相变的研究表明，高压不仅降低 M_s 点，而且使 Fe-C 合金可能获得马氏体的碳含量范围移向低碳。例如含碳 0.1％钢在常压下淬火，冷却过程中容易发生过冷奥氏体分解，不易淬成马氏体，但在 4000MPa 的高压下可以淬成板条马氏体。

表 5-2　应力对 M_s 点的影响

项目	单向应力	单向压应力	多向压缩
合金成分	0.5％C-20％Ni 钢	0.5％C-20％Ni 钢	Fe-30％Ni 合金
应力每增加 6.86MPa 时 M_s 点的变化	+1.0℃	+0.65℃	−0.57℃
应力每增加 102.9MPa 时 M_s 点的变化	+15℃	+10℃	−5.8℃

5.4.4.3　奥氏体化条件

加热温度和保温时间对 M_s 点的影响比较复杂。加热温度高保温时间长，有利于碳和合金元素的原子充分溶入奥氏体中，会使 M_s 点下降。但是随着加热温度升高和保温时间延长，又会引起奥氏体晶粒长大，并使其中的缺陷减少，导致马氏体形成时的切变阻力减小，因而使 M_s 点有升高。如果排除了化学成分的变化，即在完全奥氏体化的条件下，加热温度的提高和保温时间的延长，将使 M_s 点有所升高（大约几到几十摄氏度的范围内）。图 5-34 示出了奥氏体化温度对 Cr-Ni 钢（0.33％C-3.26％Ni-0.85％Cr-0.09Mo）晶粒大小及 M_s 点的影响。由图可见，随着奥氏体化温度的升高，M_s 点升高。而奥氏体晶粒长大则要在 1000℃以上才比较显著。显然和 M_s 点上升的趋势并不完全一致，这说明晶粒大小可能不是影响 M_s 点的主要因素。

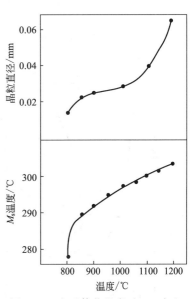

图 5-34　奥氏体化温度对 M_s 点和奥氏体晶粒大小的影响

5.4.4.4　淬火冷却速率

高速淬火时 M_s 点随淬火冷却速率的增大而升高，如图 5-35 所示。淬火速率较低时，M_s 点不随淬火速率变化，形成一个较低的台阶，它相当于钢的名义 M_s 温度。在很高的淬火速率下，出现 M_s 温度保持不变的另一个台阶，大约比名义 M_s 温度高 80~135℃。在上述两种淬火速率之间，M_s 点随淬火速率的增大而升高。

上述现象可作如下解释：假设在马氏体相变之前奥氏体中 C 的分布是不均匀的，在点缺陷处（主要是位错）发生了偏聚，形成"C 原子气团"。这种"C 原子气团"的大小与温度有关。在高温下原子扩散活动能力强，C 原子偏聚的倾向小，因此"C 原子气团"的尺寸也比较小；当温度降低时，原子扩散能力减弱，C 原子偏聚的倾向增大，因而"C 原子气团"的尺寸随温度的下降而逐渐增大。在正常淬火条件下，这些"C 原子气团"可以获得足够的大小，而对奥氏体起强化作用。极快的淬火速率抑制"C 原子气团"的形成，引起奥氏体的弱化，使马氏体相变时的切变阻力降低，因而使 M_s 点升高。当冷却速率足够大时，"C 原子气团"完全被抑制，M_s 点便不再随淬火速率增大而升高。

淬火速率对 M_s 点的影响，目前还有不同意见，有人认为上述现象是由于超高速淬火时的内应力引起的。

5.4.4.5 磁场

钢在磁场中淬火时，磁场对马氏体相变也有明显的影响。例如，高碳低合金（1％C-1.5％Cr）钢在磁感应强度为1.6T的磁场中淬火时，与不加磁场比较，M_s点升高5℃，同时相同相变温度下的马氏体相变量增加了4％～9％，如图5-36所示。实验证明，加磁场只使M_s点升高，而对M_s点以下的相变行为并无影响。图5-37表示淬火时加上磁场，使M_s升高到M_s'，但相变量增加的趋势与不加磁场时基本一致。而当相变尚未结束时撤去外磁场，则相变立即恢复到不加磁场的状态，并且马氏体最终相变量也不发生变化。

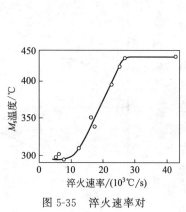

图 5-35 淬火速率对
Fe-0.5％C-2.05％Ni 钢 M_s 点的影响

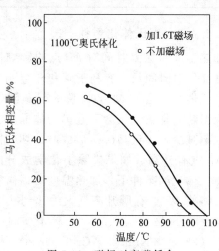

图 5-36 磁场对高碳低合
金钢马氏体相变的影响

磁场影响马氏体相变，主要是因为加磁场时，具有最大磁饱和强度的马氏体相趋于更稳定。因此，马氏体的自由能降低，而磁场对于非铁磁相奥氏体的自由能影响不大。图5-38示出，在磁场中由于马氏体自由能降低，而奥氏体自由能未变化，因此两相平衡温度 T_0 升高，M_s点随之上升。也可以认为，磁场实际上是用磁能补偿了一部分化学驱动力，由于磁力诱发而使马氏体相变在 M_s 点以上即可发生，类似形变诱发马氏体相变。

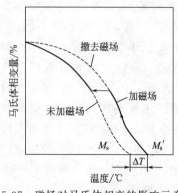

图 5-37 磁场对马氏体相变的影响示意图

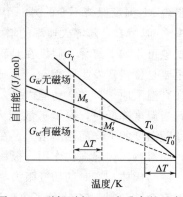

图 5-38 磁场引起 M_s 点升高的示意图

5.5　马氏体相变的动力学

马氏体相变的速率是动力学研究的主要问题。尽管马氏体相变也是一个形核和长大的过程，但由于马氏体相变类型的多样性和相变本身的复杂性，不可能用一种模式来描述马氏体的形核率和长大速率。按照马氏体相变动力学的不同特性，大体可分为四种不同的类型：

① 碳钢和低合金钢中的降温相变；

② Fe-Ni、Fe-Ni-C 合金在室温以下的"爆发式"相变；

③ 某些 Fe-Ni-Mn、Fe-Ni-Cr 合金在室温以下的等温相变；

④ 表面相变，这是许多铁合金在室温以下表现出来的一种等温类型的相变。

本节着重讨论马氏体的降温相变和等温相变，对"爆发式"相变和表面相变只作一些简要的介绍。

5.5.1　马氏体的降温形成

马氏体的降温形成是碳钢和低合金钢中最常见的一种马氏体相变方式，其动力学特点主要表现为降温形成、瞬时形核、瞬时长大。降温形成马氏体，其相变速率极快。按马氏体相变的热力学分析，钢和铁合金中马氏体相变是在很大的过冷度下发生的，相变驱动力很大。同时，马氏体在长大过程中，其共格界面上存在弹性应力，使势垒降低（相对非共格界面），而且原子只需作不超过一个原子间距的近程迁动，因而长大激活能很小。正因为马氏体相变的驱动力很大，长大激活能很小，所以长大速度极快，以至于可以认为相变的相变速率仅取决于形核率，而与长大速度无关。马氏体片形核后一般在 $10^{-4} \sim 10^{-7}$ s 时间内即长大到极限尺寸。Fe-Ni-C 合金马氏体在 $-20 \sim -196$ ℃ 范围内线长大速度为 10^5 cm/s，约为声速的三分之一。一片马氏体形成所需的时间约为 10^{-7} s，在 Ni 含量低于 25% 的 Fe-Ni 合金及 M_s 点高于 200℃ 的钢中，每片马氏体形成约需 10^{-4} s。相变时，马氏体相变量的增加是由于降温过程中新的马氏体片不断形成的结果，而不是由于已形成的马氏体片的长大。

降温形成马氏体的相变量主要受冷却所达到的温度 T_q 控制，也就是取决于 M_s 点以下的深冷程度（$\Delta T = M_s - T_q$）。降温相变过程中一旦等温保持，马氏体相变一般不再进行。这个特点意味着形核似乎是在不需要热激活的情况下发生的，所以也称降温相变为非热学性相变。因为降温形成马氏体的相变速率太快，所以要研究它的形核长大过程是很困难的。

钢的 M_s 点主要取决于钢的化学成分，成分不同的钢 M_s 点常常不同。但是，对于 M_s 点高于 100℃ 的合金，在 M_s 点以下的相变过程却都十分相似。因此，Harris 和 Cohen 提出了一个表示相变体积分数 f 和低于 M_s 点的过冷度 ΔT 之间关系的经验公式：

$$f = 1 - 6.956 \times 10^{-15} [455 - \Delta T]^{5.32} \tag{5-8}$$

式中，$\Delta T = M_s - T_q$。这个公式适用于碳含量近于 1% 的碳钢和低合金钢。但是当相变量超过 50% 时，计算值比实测值略大，并且在接近 M_s 点处的百分之几范围内有偏差。图 5-39 表明实验曲线与由最小二乘法处理的计算曲线符合得很好。但在靠近 M_s 点（$f < 0.075$）处，实验点偏离直线。

奥氏体的化学成分对 M_s 点有很大影响，其对马氏体相变动力学的影响几乎完全是通过 M_s 点起作用，在 M_s 点以下的相变过程不随成分发生显著变化。对低合金钢在 $f = 0.075 \sim 0.5$ 范围内，温度每降低 1℃，马氏体相变量约增加 0.75% $\sim$ 1.4%。M_s 点较高的钢趋于较大值。

除靠近 M_s 点的百分之几的相变之外，马氏体相变过程似乎不受奥氏体化条件的影响。但也有人发现，快速加热时（如在几秒钟之内加热奥氏体化），在奥氏体中保留了较高的结构缺陷密度，这时对 M_s 点和相变过程影响较大一些。

冷却速率对 M_s 点以下的相变过程有明显的影响，只要是在马氏体相变完成之前，无论是缓慢冷却还是中断冷却，都会引起马氏体相变发生迟滞，导致马氏体相变温度下降和马氏体相变量减少。这种现象称为奥氏体稳定化，这个问题将在后面继续讨论。

影响 M_s 点和马氏体相变动力学过程的一切因素，都会影响到相变结束后残余奥氏体含量。例如化学成分对 M_s 点有显著影响，导致室温下残余奥氏体含量的巨大差异，如表 5-3 所示。从表中可以看出：降低 M_s 点和 M_f 点的合金元素使残余奥氏体量增加；提高 M_s 点和 M_f 点的合金元素使残余奥氏体量减少；对 M_s 点和 M_f 点影响不大的合金元素，对残余奥氏体量也无显著影响。碳含量对淬火碳钢残余奥氏体量的影响见图 5-40。由图 5-40 和表 5-3 可见，碳含量对残余奥氏体的影响十分显著。

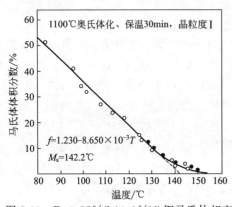

图 5-39　Fe-0.57%C-10.1%Ni 钢马氏体相变
动力学曲线实验值与计算值的比较
○ 实测值；● 计算值

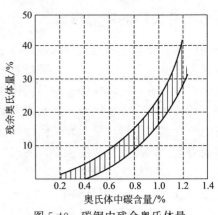

图 5-40　碳钢中残余奥氏体量
与奥氏体碳含量的关系

表 5-3　每添加 1%合金元素时残余奥氏体量变化

合金元素	C	Mn	Cr	Ni	Mo	W	Si	Co	Al
残余奥氏体量变化/%	+50	+20	+11	+10	+9	+8	+6	-3	-4

其次，奥氏体化温度、冷却速率和外加应力等对残余奥氏体量都有影响，可定性归纳于表 5-4。

表 5-4　影响残余奥氏体量的各种因素

因素	残余奥氏体量	
	多	少
碳含量	高碳	低碳
奥氏体化温度	高温	低温
淬火冷却	油冷	水冷
在 $M_s \sim M_f$ 之间的冷却	缓冷	急冷
应力	压应力	拉应力

生产中同种钢件如淬水、淬油都能淬硬，但淬水时硬度略高。这是因为淬水比淬油冷却

速率大，奥氏体稳定化程度较小，因此残余奥氏体量较少；同时，淬水时的内应力较大，也有促进马氏体形成、减少残余奥氏体量的作用。

5.5.2　爆发式相变

对于 M_s 点低于 0℃ 的 Fe-Ni、Fe-Ni-C 合金，它们的相变曲线和降温形成马氏体相变曲线差别很大。这种相变在零下某一温度（M_b）突然发生，并伴有响声，同时急剧放出相变潜热，引起试样温度升高。在一次爆发相变中形成一定数量的马氏体。条件合适时，爆发相变量可超过 70%，试样温度可上升 30℃。典型的相变曲线如图 5-41 所示。可见，M_b 点接近 0℃时，爆发相变量仅为总相变量的百分之几，其显微组织如图 5-42（a）所示。M_b 点达到 －100℃ 时，爆发相变量逐渐增加到 70% 左右；随合金的含 Ni 量增加，出现爆发相变现象越来越明显，但进一步提高含 Ni 量，爆发相变量急剧下降。在 Fe-Ni 合金中，爆发相变量在低温时不下降，始终保持极大值，直至合金的含 Ni量高至足以使过冷奥氏体完全稳定化。

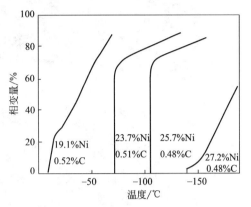

图 5-41　Fe-Ni-C 合金马氏体相变曲线
（所有合金均在 1000℃ 奥氏体化）

图 5-41 中也示出了继爆发相变后的连续冷却过程中，发生了马氏体后继相变。由图可见，后继相变曲线的斜率随爆发量的增大而减小，并且 M_b 较高的后继相变曲线有些不平滑，可能是因为在大量的爆发相变之后，使试样的温度升高，导致奥氏体发生稳定化，因而抑制了随后冷却时的马氏体相变所造成的。当 M_b 在 －140℃ 以下，这种影响变得不明显了。

Fe-Ni-C 合金马氏体在 0℃ 以上形成时，惯习面为 $\{225\}_\gamma$。当大量爆发相变出现时，惯习面接近 $\{259\}_\gamma$，并且马氏体呈现图 5-42(b) 和图 5-42(c) 所示特征的中脊面。马氏体片呈 "Z" 形，表明马氏体形成时呈现 "协同" 特性。可以推想，这种马氏体形成时，一片马氏体尖端的应力促使另一片惯习面为 $\{259\}_\gamma$ 的马氏体形核长大，因而呈现连锁反应式形态。在 Fe-Ni-C 合金中，M_s 点很低的合金的马氏体还有形态变化，惯习面仍接近 $\{259\}_\gamma$，但片变得很薄，边互相平行，没有中脊面，见图 5-42(d)。

在爆发相变的 Fe-Ni 合金中，测定出马氏体边沿长大速度约为 2×10^5 cm/s，并与温度无关。这类相变可以称之为自促发形核、瞬间长大。马氏体片加厚的速度要比中脊边沿长大慢得多（约差一个数量级）。如果设想测定的长大速度与中脊相适应，则中脊将以 10^{-7} s 形成，而相应的一片马氏体长成约需 10^{-6} s。一次完全爆发将需 $10^{-4} \sim 10^{-8}$ s。

晶界因具有位向差不规则的特点，因而成为爆发相变传递的障碍。因此，细晶粒材料中爆发相变量要受到限制，在同样的 M_b 温度下，细晶粒钢的爆发量较小。

马氏体的爆发相变，常因受爆发热的影响而伴有马氏体的等温形成，下面还会看到完全等温相变的合金也会进行爆发式相变。

5.5.3　等温相变

马氏体等温相变最早是在 0.7%C-6.5%Mn-2%Cu 合金中发现的，后来发现少数 M_s 点

(a) 19.1%Ni-0.52%C

(b) 23.7%Ni-0.51%C

(c) 25.7%Ni-0.48%C

(d) 27.2%Ni-0.4%C

图 5-42　Fe-Ni-C 合金马氏体组织

在 0℃以下的 Fe-Ni-Mn、Fe-Ni-Cr 合金和高碳高 Mn 钢也存在完全的等温相变。这些合金中的马氏体相变完全由等温形成,相变的动力学曲线呈 C 曲线。

一般碳钢、合金钢都以降温方式形成马氏体,但对高碳钢和高合金钢,如滚动轴承钢 GCr15 及高速钢 W18Cr4V,虽然它们主要是以降温形成马氏体,但在一定条件下也能等温形成马氏体。实验表明,这类马氏体的等温形成,可以是原有马氏体片经等温继续长大,也可以在奥氏体中重新形核长大。例如,在高碳轴承钢中,当残余奥氏体量较少(＜40％)时,等温马氏体的形成主要是原有马氏体片的继续长大;当残余奥氏体量较大(＞50％)时,则以重新形核长大为主。

马氏体的等温形成有利于改善钢的韧性,并有利于工件的尺寸稳定,但目前研究得不多。

图 5-43 是 Mn-Cu 钢的等温动力学曲线。图中一条曲线标以 $t=-159℃$,表示温度和时间的关系;另一条标以 $α'$,表示马氏体量和时间的关系。把 Mn-Cu 钢自奥氏体状态迅速淬入液氮(−196℃),这样便可完全阻止奥氏体转变而得到 100％的过冷奥氏体。然后再使试样温度回升到−159℃并等温停留,结果发现马氏体转变量随时间延长而逐渐增加,如图中标以 $α'$ 的曲线所示。

图 5-44 为 Fe-Ni-Cr 合金等温马氏体相变的动力学曲线。由图可见,随着等温温度的降低,等温相变速率增大,相变总量随等温温度的降低而增大。当相变速率经过一个极大值(大多数合金约在−135℃)以后,等温相变速率和相变量又随等温温度的降低而逐渐降低。

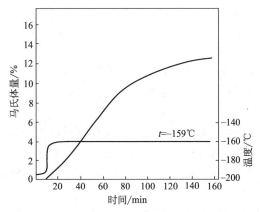

图 5-43　Mn-Cu 钢马氏体等温相变动力学曲线

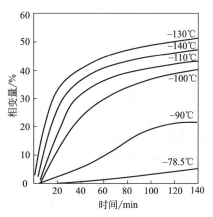

图 5-44　Fe-Ni-Cr 合金马氏体等温相变动力学曲线

　　马氏体等温相变动力学也可以用时间-温度-相变量曲线（TTT）表示，呈"C"字形，如图 5-45 所示。合金元素含量增加，C 曲线右移，合金元素含量减少，C 曲线左移，有时还移向高温。在某些合金中（如 Fe-26％Ni-30％Cr，Fe-25.6％Ni-1.9％Mn），相变的性质在低温下完全变化了，为爆发相变所代替，如图 5-46 所示。当爆发发生时有响声，并且爆发相变的显微组织也呈现 Fe-Ni 合金中爆发相变组织的典型形态特征。已经证明，等温相变前采用预冷的方法诱发少量马氏体，可使等温相变开始阶段完全消失，并使等温相变一开始就具有最大相变速率。这表明预先相变的马氏体对等温相变的马氏体有"催化"作用，因而等温相变的马氏体不需要孕育期即可形成。

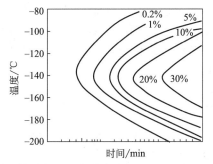

图 5-45　Fe-Ni-Mn 合金马氏体等温相变 C 曲线

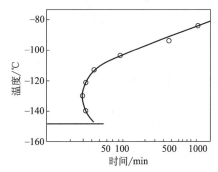

图 5-46　Fe-Ni-Cr 合金的孕育期和温度的关系

　　马氏体等温相变的形核需要孕育期，但长大速度仍然极快。这类相变需要通过热激活才能形核，所以可以称为热学性相变。从形式上看，它与降温形成的马氏体似乎不同，因为降温形成的马氏体不需要通过热激活形核，所以称为非热学性相变。也有人认为，马氏体的降温形成和爆发形成都可看作为等温形成的一种特殊形式。马氏体的爆发形成从形式上看就是一种等温相变，只不过是一种快速的等温相变罢了。而马氏体的降温形成也可以视为是由每个相变温度下的极快的等温相变组成的。因此，虽然已经发现的具有完全等温马氏体相变的合金并不多，但是详细研究这类合金的形核长大过程，有利于揭示马氏体相变的本质。

　　马氏体的等温相变一般都不能进行到底，完成一定的相变后即停止了，这与马氏体相变的热力学特点有关。随着等温相变的进行，马氏体相变的体积变化势必引起未相变的过冷奥氏体的变形，从而使未相变的过冷奥氏体向马氏体相变时的切变阻力增大。因此，必须增加过冷度，使相变驱动力增大，才能使相变继续进行。

5.5.4　表面相变

在稍高于合金 M_s 温度的条件下，试样表面会自发形成马氏体，其组织形态、形成速率、晶体学特征都和 M_s 温度下试样内部形成的马氏体不同，这种只产生于表层的马氏体称为"表面马氏体"。

M_s 点略低于 0℃ 的 Fe-Ni-C 合金放置在 0℃，随时观察它的组织，就会发现经过一段时间后在它的表面出现了马氏体，但磨去表面后，试样内部仍为奥氏体。这是因为自由表面不受压应力作用，而合金内部受三向压应力作用，限制马氏体的形成，使 M_s 点降低。所以，表面相变大约要比大块材料内部的相变高几到几十摄氏度（一般小于 60℃）而首先发生。

表面相变实际上也是等温相变，大块材料内部的等温相变特点是马氏体片层快速长大，但形核过程需要有孕育期。惯习面接近 $\{225\}_\gamma$。表面相变的形核过程也需要有孕育期，但马氏体大都为条状且长大较慢，惯习面 $\{112\}_\gamma$。

表面相变的存在对马氏体等温动力学研究是一个很大的干扰。这不仅因为相变不同一性的存在而引起结果分析的困难，而且表面相变还会促发试样内部的相变，从而改变了整个等温相变过程。因此，排除表面相变的影响，对等温相变动力学定量理论的发展是十分必要的。关于马氏体相变动力学的动量理论，目前研究得还很不成熟。

5.6　马氏体相变机理

马氏体相变是在无扩散的情况下，晶体从一种结构通过切变相变为另一种结构的变化过程。在相变过程中，点阵的重构是由原子集体地、有规律地近程迁动完成的，并无成分变化。由于这种切变特性，马氏体相变可以在很低的温度下（例如 4K）以很高的速率（$10^5 cm/s$）进行。虽然如此，马氏体相变仍然是一个形核和核长大的过程。目前关于马氏体形核长大理论的研究尚未成熟，本节只作简要介绍。

5.6.1　马氏体形核

5.6.1.1　缺陷形核

根据金相观察，发现马氏体核胚在合金中不是均匀分布的，而是在其中一些有利的位置上优先形成。有人做过这样一个有趣的试验，把小颗粒（$100\mu m$ 以下）的 Fe-Ni-C 合金奥氏体化后淬火到马氏体相变温度范围内，这时发现，各个颗粒的开始相变温度有相当大的差别。某些尺寸和成分都相同的小颗粒，甚至在降低到很低的温度以后也不发生相变。图 5-47 示出，在冷至稍低于 M_s 点的温度时，五个颗粒中只有两个颗粒产生马氏体，在 T_1 温度时 1 号及 5 号颗粒开始出现马氏体，而 3 号颗粒要冷到 T_2 温度时才开始出现马氏体。由此可见，合金的形核是很不均匀的，在某些颗粒里有利于形核的位置很少，所以需要更大的过冷度才能产生马氏体。合金中有利于形核的位置是那些结构上的不均匀区域，如晶体缺陷、内表面（由夹杂物造成）以及由于晶体生长或塑性变形所造成的形变区等。这些"畸变胚芽"可以作为马氏体的非均匀核心，通常称之为马氏体核胚。当试样经高温退火后，其中一些缺陷被消除或重新排列，因而使有利于形核的位置有所减少，亦即马氏体的核胚数量减少了。

这种预先存在马氏体核胚的设想后来从电子显微镜分析中获得了一些间接的证明。在奥

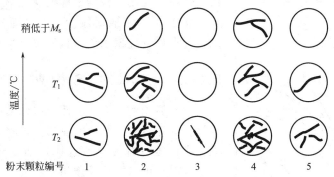

图 5-47　Fe-Ni-C 合金粉末颗粒马氏体相变实验结果示意图

氏体 Fe-Ni 合金薄膜电子显微图中，发现有片状斑点存在。电子衍射分析表明，与斑点相对应的是体心立方的马氏体结构。斑点分布大小不等，正像上述理论对马氏体核胚的考虑一样。定量测出的最大核坯尺寸和计算值的比较列于表 5-5。从表中可以看到，计算值和实验值相差不算太大。随着合金中含 Ni 量增加，核胚变小，相变比较困难，这与实验结果是一致的。

表 5-5　Fe-Ni 合金中的最大核胚尺寸和计算值比较

镍含量(原子分数)/%	M_s/℃	核胚直径/Å		核胚厚度/Å	
		实验值	计算值	实验值	计算值
28	+7	15000	2300	130	65
29.3	−30	4700	2150	55	67
30.7	−72	2500	2080	35	72

注：1Å=0.1nm=10^{-10}m。

　　关于钢中马氏体核胚的位错结构模型，学说较多，见解也不统一，目前发展还不成熟。此处只介绍一些一般知识，以便对这个问题有一个初步的了解。

　　随着透射电镜和电子显微技术的发展，已发现在 Ni-Cr 不锈钢和高锰钢中，层错可能是马氏体的核胚，面心立方的奥氏体要经过一个密排六方结构的中间相（ε）之后，才能相变为体心立方马氏体。从电子显微镜可以直接观察到，马氏体总是在 ε 相的接壤处出现，特别是在两片 ε 相的交界处出现。因此，设想不全位错之间的堆垛层错可以作为二维的马氏体核胚。面心立方点阵奥氏体的密排面 $(111)_\gamma$ 的堆垛层次为 ABCABC……如果在堆积次序中出现层错，则堆积次序变为 ABCABABCABC……显然，层错存在的部分堆积次序为 ABAB，和密排六方点阵的密排面堆积次序相同，故可作为 ε 相的核胚。这种层错核胚经发展，B 层原子作适当的平行移动以及 A 层原子作少量切变位移和点阵调整，即由 ε 相相变为 α′ 相。γ、ε、α′ 的位向关系为 $(111)_\gamma$∥$(00.1)_\varepsilon$∥$(011)_{\alpha'}$；$[10\bar{1}]_\gamma$∥$[11.0]_\varepsilon$∥$[1\bar{1}1]_{\alpha'}$。

5.6.1.2　自促发形核

　　实验表明，已存在的马氏体能促发未相变的母相形核，因此在一个母相晶粒内往往在某一处形成几片马氏体。由此提出了自促发形核的设想。根据对完全等温相变的 Fe-Ni-C 合金的研究，马氏体相变的起始形核率（马氏体相变量为 0.2％时）随奥氏体晶粒增大而升高，见图 5-48。这说明晶界不是占优的形核位置。晶粒大小对马氏体形核的影响说明自促发因素在起作用。奥氏体中除预先存在的马氏体核胚以外，新的核胚主要靠自促发产生，并与马

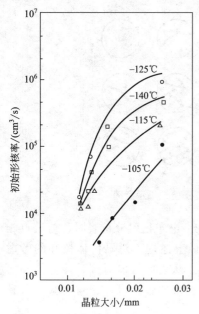

图 5-48 奥氏体晶粒大小对马氏体形核率的影响（曲线上的数字为等温温度）

氏体体积成比例。根据透射电镜观察结果，预先存在的马氏体核胚因为数量稀少，其碰撞概率趋近于零。因此，等温相变形核主要是自促发产生的。

5.6.2 马氏体的切变模型

马氏体相变的无扩散性及在低温下仍以很高的速率进行相变等事实，都说明在相变过程中点阵的重组是由原子集体地、有规律地近程迁动完成的，而无成分变化。因此，可以把马氏体相变看成是晶体由一种结构通过切变相变为另一种结构的变化过程。

马氏体相变的切变理论还在不断发展和完善，早期（1924 年以来）的切变模型是按照简单切变过程提出的，试图与马氏体相变的实验事实相符合，下面对几个切变机制作简单介绍和评述。

5.6.2.1 贝茵（Bain）模型

1924 年贝茵注意到，可以把面心立方点阵看成为体心立方点阵，其轴比 $c/a = \sqrt{2} : 1$，如图 5-49(a) 及 (b) 所示。同样，也可以把稳定的体心立方点阵看成为体心正方点阵，其轴比等于 1，如图 5-49(c)。

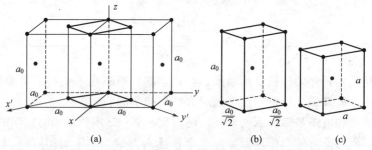

图 5-49 面心立方点阵相变为体心立方点阵的贝茵模型

因此，只要把面心立方点阵的 c 轴（图 5-49 中的 z 轴）压缩，而把垂直于 c 轴的其他两轴（图 5-49 中的 x'、y'）拉长，使轴比为 1，就可以使面心立方点阵变成体心立方点阵。马氏体即为这两个极端状态之间的中间状态。因为马氏体中有间隙式溶解的碳，所以其轴比不能等于 1。随着碳含量的不同，马氏体的轴比在 $1.08 \sim 1.00$ 之间变化。因此，在无碳的情况下，希望轴比从 1.41 变成 1.00。按照贝茵模型，在相变过程中原子的相对位移很小。例如 Fe-30%Ni 合金，当其从面心立方点阵变成体心立方点阵时，c 轴缩短了 20%，a 轴伸长了 14%。按照贝茵模型，面心立方点阵改建为体心立方点阵时，奥氏体和马氏体的晶面重合大体符合 K-S 关系，如图 5-50 所示。

按照贝茵模型仅能产生马氏体晶格，它不

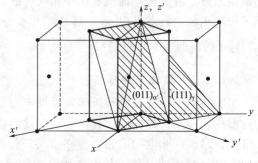

图 5-50 按贝茵模型奥氏体和马氏体的晶面重合（符合 K-S 关系）

能解释宏观切变及惯习面的存在，因此还不能完整地说明马氏体相变的特征。

5.6.2.2　K-S 切变模型

K-S 切变过程由图 5-51(a) 示出，图中点阵以 $(111)_\gamma$ 为底面按 ABCABCABC…… 堆积次序自下而上排列。点阵图下面画出其在 $(111)_\gamma$ 面上的投影图。图 5-51(b) 表示出图 5-51(a) 在奥氏体点阵中的位向。为了叙述方便，首先考虑没有碳存在的情况，并设想奥氏体分以下几个步骤相变成马氏体：

① 在 $(111)_\gamma$ 面上，沿 $[\bar{2}11]_\gamma$ 方向产生第一次切变，切变角为 $19°28'$，如图中 I 所示。B 层原子移动 $1/12 r_{[\bar{2}11]}$（0.57Å），C 层原子移动 $1/6 r_{[\bar{2}11]}$（1.14Å），而更高各层原子的移动距离则按比例增加。但是，相邻两层原子的移动距离均为 $1/12 r_{[\bar{2}11]}$（0.57Å）。第一次切变后，原子排列如图 II 所示。

② 第二次切变是在 $(11\bar{2})_\gamma$ 面上 [垂直于 $(111)_\gamma$ 面]，沿 $[1\bar{1}0]_\gamma$ 方向产生 $10°32'$ 的切变（见图 II 的投影图），结果如图 III 所示。第二次切变后使顶角由 $120°$ 变为 $109°28'$ 或 α 角由 $60°$ 增大至 $70°32'$。由于没有碳存在，便得到体心立方马氏体。在有碳原子存在的情况下，由面心立方点阵改建为体心立方点阵时，切变角略小一些，第一次切变角约为 $15°15'$，二次切变时 α 角由 $60°$ 增大至 $69°$。

③ 最后还要做一些小的调整，使晶面间距和测得的数值相符合。

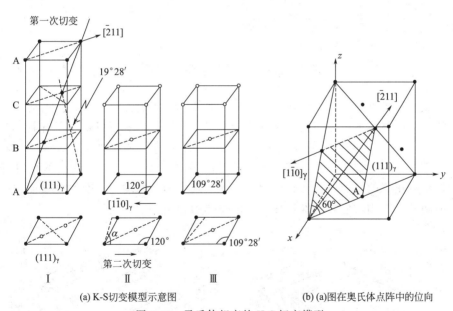

(a) K-S切变模型示意图　　　　　　　(b) (a)图在奥氏体点阵中的位向

图 5-51　马氏体相变的 K-S 切变模型

K-S 模型的成功之处在于它导出了所测量到的点阵结构和位向关系，给出了面心立方奥氏体点阵改建为体心立方马氏体点阵的清晰模型。但是，这个早期的理论完全没有考虑宏观切变和惯习面问题。按 K-S 模型引起的表面浮凸与实测结果相差很大。另外，既然认为碳钢中主切变面在 $(111)_\gamma$ 面上发生，那么这个面似乎应该是惯习面，而测得的结果表明，0.92%C 钢和 1.4%C 钢的惯习面是 $(225)_\gamma$，1.78%C 钢的惯习面是 $(259)_\gamma$。

5.6.2.3　G-T 模型

G-T 模型也常称为两次切变模型，如图 5-52 所示。为了便于分析，也将切变过程分为

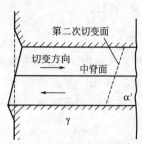

图 5-52　G-T 模型示意图

以下步骤：

① 首先在接近于（259）$_\gamma$ 面上发生均匀切变，产生整体的宏观变形，造成磨光的样品表面出现浮凸，并且确定了马氏体的惯习面。这个阶段的相变产物是复杂的三棱结构，还不是马氏体，不过它有一组晶面间距及原子排列和马氏体的（112）$_{\alpha'}$ 面相同，如图 5-53（a）和（b）所示。

② 在（112）$_{\alpha'}$ 面的 [111]$_{\alpha'}$ 方向发生 12°～13°的第二次切变，这次切变限制在三棱点阵范围内，并且是宏观的不均匀切变（均匀范围只有 18 个原子层），如图 5-53 中（c）和（d）所示。对于第一次切变所形成的浮凸也没有可见的影响。经第二次切变后，点阵相变成体心立方点阵，取向和马氏体一样，晶面间距也差不多。

③ 最后作一些微小的调整，使晶面间距和实验测得的符合。

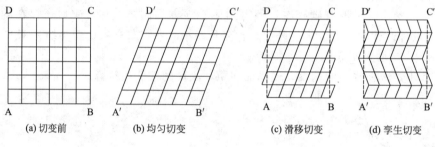

图 5-53　G-T 模型切变过程示意图

均匀切变也称可见切变，可以比较容易地从晶体的宏观表面浮凸确定。不均匀切变涉及微观结构的变化，亦称不可见切变，不易直接测定。不均匀切变可以是在平行晶面上的滑移 [见图 5-53（c）]，也可以是往复的孪晶变形 [如图 5-53（d）]。图 5-53（b）所示的均匀切变不仅使单胞由正方变为斜方形，并且使晶体的外形由 ABCD 变为 A′B′C′D′。不均匀切变可以产生和均匀切变相似的微观结构变化，但晶体无宏观变形。非均匀切变的这两种方式分别和马氏体的前两种亚结构对应。两次切变模型的立体图如图 5-54 所示。

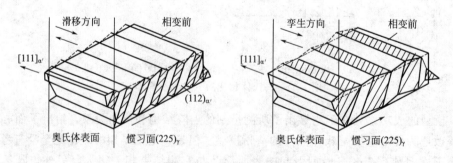

图 5-54　G-T 模型立体图

G-T 模型比较圆满地解释了马氏体相变的宏观变形、惯习面、位向关系和显微结构变化等现象，但是没有解决惯习面的不应变不转动，而且也不能解释碳钢（碳含量＜1.4％）的位向关系等问题。

5.7　马氏体的力学性能

钢件通过热处理强化后的性能与淬火马氏体的性能有密切的关系，其中最突出的问题是强度和韧性的配合。因此，需要从决定马氏体强度和韧性的一般规律出发，找出设计或选用新的钢种以及制定合适的热处理工艺的一些基本原则。

5.7.1　马氏体的硬度和强度

钢中马氏体最主要的特性就是高硬度、高强度，其硬度随碳含量的增加而升高。但是当碳含量达到 0.6% 时，淬火钢的硬度接近最大值，见图 5-55。碳含量进一步增加时，虽然马氏体的硬度会有所升高，但由于残余奥氏体量增加，钢的硬度反而会下降。合金元素对马氏体的硬度影响不大。

对马氏体高强度的本质进行大量研究认为，引起马氏体高强度的原因是多方面的，其中主要包括相变强化、碳原子的固溶强化和时效强化等。

5.7.1.1　相变强化

马氏体相变的切变特性造成在晶体内产生大量的微观缺陷（位错、孪晶及层错等），使马氏体强化，称之为相变强化。实验证明，无碳马氏体的屈服强度为 284MPa。这个值与形变强化铁素体的屈服强度很接近。而退火铁素体的屈服强度仅为 98~137MPa。也就是说，相变强化使强度提高了 147~186MPa。

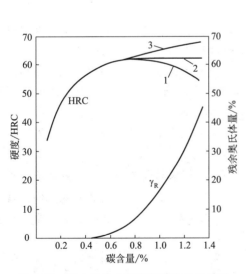

图 5-55　淬火钢最大硬度与碳含量的关系
1—高于 $A_{c,3}$ 淬火；2—高于 $A_{c,1}$ 淬火；
3—马氏体硬度

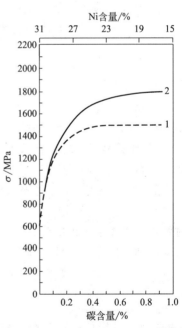

图 5-56　Fe-Ni-C 合金马氏体在 0℃
时的屈服强度 $\sigma_{0.6}$ 与碳含量的关系
1—淬火后不停留；2—淬火后在 0℃停留 3h

5.7.1.2　固溶强化

为了严格区别碳原子的固溶强化效应与时效强化效应，曾专门设计了一系列 M_s 点极低且碳含量不同的 Fe-Ni-C 合金，以保证马氏体相变能在碳原子不可能发生失效析出的低温下进行。淬火后即在低温下测量马氏体的强度以了解碳原子的固溶强化效应，图 5-56 中曲线 1 为 Fe-Ni-C 合金淬火后在 0℃ 测得的结果。由此曲线可见，马氏体屈服极限随碳含量的升高而升高，但当碳含量达到 0.4% 时，强度不再升高。根据这个曲线可得出马氏体的屈服强度（σ_s，MPa）与碳含量的关系，在碳含量小于 0.4% 时近似为：

$$\sigma_s = 284 + 1784 \times w_C^{1/3} \tag{5-9}$$

式中，w_C 为碳含量（质量分数）。

为什么马氏体中的间隙碳原子有如此强烈的固溶强化效应，而碳原子溶解在奥氏体中的固溶强化效应则不大？目前认为，奥氏体和马氏体中的碳原子均处于铁原子组成的八面体中心，但奥氏体的八面体为正八面体，间隙碳原子溶入只能使奥氏体点阵产生对称膨胀，并不发生畸变。而马氏体中的八面体为扁八面体，碳原子溶入后形成以碳原子为中心的畸变偶极应力场，这个应力场与位错产生强烈的交互作用，而使马氏体强度升高。按这个模型计算所得的碳原子固溶强化效应与试验数据基本符合。但碳含量超过 0.4% 以后，使马氏体进一步强化的效果显著减小，可能是因为碳原子靠得太近，以至于畸变偶极应力场之间因相互抵消而降低了应力。

应当指出，上述用 M_s 点极低的 Fe-Ni-C 合金所得的为孪晶马氏体，其中也包括孪晶对马氏体的强化作用。对于位错型马氏体，就没有这部分强化，故强度略低。

形成置换式固溶体的合金元素对马氏体的固溶强化效应相对于碳原子来说要小得多，据估计，仅与合金元素对铁素体的固溶强化作用大致相当。

5.7.1.3 时效强化

时效强化也是一个重要的强化因素，理论计算得出，马氏体在室温下只需要几分钟甚至几秒钟就可以通过原子扩散而产生时效强化。电阻分析表明，碳原子的扩散实际上比理论计算的结果快。在 -60℃ 以上，时效就能进行，发生碳原子偏聚现象（回火时碳原子析出前的阶段）。碳原子偏聚是马氏体自回火的一种表现，因此。对于在 -60℃ 以上形成的含碳马氏体都有一个自回火的问题，在强化的总效果中都包括了时效强化在内。图 5-56 中曲线 2 表明，淬火后在 0℃ 时效 3h，屈服强度就有了进一步提高，碳含量越高，时效强化效果越明显。

时效强化由碳原子扩散偏聚钉扎位错引起。因此，如果马氏体在室温以上形成，淬火冷却时又未能抑制碳原子扩散，则在淬火至室温途中碳原子扩散偏聚已自然形成，而呈现时效强化。所以，对于 M_s 点高于室温的钢，在通常的淬火冷却条件下，淬火过程中即伴随着自回火。

5.7.1.4 马氏体的形变强化特性

在不同残余变形量的条件下，马氏体的屈服强度与碳含量的关系如图 5-57。由图可见，当残余变形量很小时（$\varepsilon = 0.02\%$），屈服强度 $\sigma_{0.02}$ 几乎与碳含量无关并且很低，约 196MPa。可是，当残余变形量为 2% 时，σ_2 却随碳含量的增加而急剧增大。这个现象说明，马氏体本身比较软，但在外力作用下因塑性变形而急剧硬化。所以马氏体的形变强化指数很大，加工硬化率高。这与畸变偶极应力场的强化作用有关。

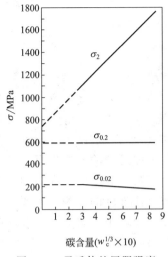

图 5-57　马氏体的屈服强度
与碳含量的关系

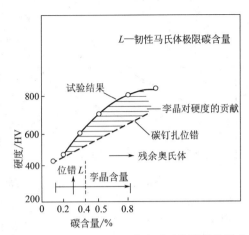

图 5-58　碳原子对 Fe-C 合金马氏体硬度的影响

5.7.1.5　孪晶对马氏体强度的贡献

对于碳含量低于 0.3% 的 Fe-C 合金马氏体，其亚结构为位错，主要依靠碳原子固溶强化（碳原子钉扎位错）。碳含量大于 0.3% 的马氏体，其亚结构中孪晶量增多，还附加孪晶对强度的贡献。图 5-58 示出了碳原子对 Fe-C 合金马氏体硬度的影响，同时示意地表示出亚结构对马氏体硬度（强度）的贡献与碳含量的关系。由图可见，随着马氏体中碳含量的增高，碳原子钉扎位错的固溶强化作用增大，如图中直线所示，含碳量小于 0.3% 为实测值，以上为引申值（虚线）。横线表示随着马氏体中碳含量增高，孪晶相对量增大，附加孪晶对马氏体强化的贡献（影线区）。当碳含量大于 0.8% 时，硬度不再上升，是由于残余奥氏体的影响。

图 5-59 表示出未经时效的 Fe-Ni-C 合金的位错型马氏体和孪晶马氏体的抗压强度与碳含量的关系。由图可见，在低碳范围内两者的抗压强度相差很小，随着碳含量的增加，孪晶马氏体的抗压强度增加较

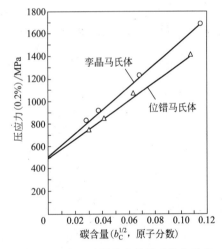

图 5-59　未经时效的孪晶马氏体与位错
马氏体的抗压强度（Fe-Ni-C 合金）

快（直线的斜率较大），两者的抗压强度差增大。这说明碳含量增高时，孪晶亚结构对马氏体的强度贡献增大。

上述实验结果均说明马氏体中存在孪晶时，对强度有贡献。有人解释：当有孪晶存在时马氏体的有效滑移系仅为体心立方金属的四分之一，故孪晶阻碍滑移的进行而引起强化。但这个问题目前尚存在争论。

5.7.1.6　原始奥氏体晶粒度和板条束大小对马氏体强度的影响

原始奥氏体晶粒尺寸和板条束大小对马氏体强度也有一定影响，由图 5-60 可见，马氏

体的屈服强度（$\sigma_{0.2}$，MPa）与奥氏体晶粒大小（d_γ）及板条马氏体束大小（$d_{\alpha'}$）的平方根呈线性关系，可列式如下：

$$\sigma_{0.2} = 608 + 69 d_\gamma^{-1/2} \tag{5-10}$$

$$\sigma_{0.2} = 449 + 60 d_{\alpha'}^{-1/2} \tag{5-11}$$

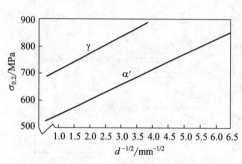

图 5-60　0.2% 碳钢马氏体屈服
强度与晶粒大小的关系

因此，原始奥氏体晶粒越细小，板条马氏体束越小，则马氏体的强度越高。对中碳低合金结构钢，奥氏体从单晶细化至 10 级晶粒度时，强度增加不大于 245MPa。所以，在一般钢中以细化奥氏体晶粒的方法来提高马氏体强度的作用不大。尤其对硬度很高的钢，奥氏体晶粒大小对马氏体强度的影响更不明显。只有在一些特殊的热处理中，如形变热处理或超细化处理，将奥氏体晶粒细化至 15 级或更细时，才能期望使强度提高 490MPa。

由上述可知，Fe-C 合金马氏体的强化主要靠其中碳原子的固溶强化，淬火过程中马氏体时效（自回火）也有显著的强化效果。随着马氏体中碳和合金元素含量增加，孪晶亚结构将有附加的强化作用。细化奥氏体晶粒和马氏体板条束尺寸，也能提高一些马氏体的强度。位错型马氏体的亚晶界间距对马氏体强度也有一定的影响，但目前尚缺乏研究。

5.7.2　马氏体的韧性

大量的试验证明，在屈服强度相同的条件下，位错型马氏体比孪晶型的韧性好得多，见图 5-61。即使经过回火，也仍然具有这种规律，如图 5-62 所示。

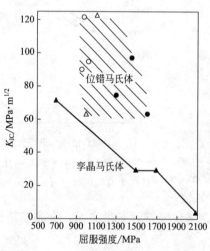

图 5-61　含 0.17%C 和 0.35%C 的
Fe-Ni-Cr-C 钢淬火回火后的性能

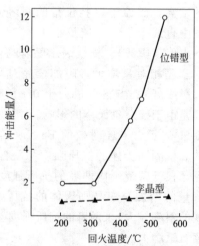

图 5-62　位错马氏体和孪晶马氏体
冲击韧性与回火温度的关系
○ 0.25%C-3%Mn 钢（M_s=306℃）；
▲ 0.24%C-6.85%Mn 钢（M_s=186℃）

一般来说，低碳钢淬火后通常得到位错马氏体，但若认为低碳马氏体就一定具有良好的韧性是不够确切的。因为在低碳钢中若加入大量的能使 M_s 点降低的合金元素,淬火后也会得到大量的孪晶马氏体,这时钢的韧性将显著降低。所以确切地说,应该是位错马氏体具有良好的韧性。

Fe-Cr-C 合金中的研究工作清楚地展示了马氏体的强度、韧性和亚结构之间的关系,如图 5-63 所示。由图中可见,当提高铬含量使孪晶亚结构相对量增加时,在碳含量为 0.17% 的钢中屈服强度并不增加,可见单纯合金元素的固溶强化作用是比较小的。而在碳含量为 0.35% 的钢中,其孪晶相对量较高,当提高钢中铬含量而使孪晶相对量增加时,屈服强度显著上升。

对于碳含量为 0.17% 的马氏体,当其中孪晶马氏体量增加 2 倍以上时,断裂韧性才显著下降;而对碳含量为 0.35% 的马氏体,随着孪晶马氏体量增加,强度直线上升,断裂韧性直线下降。由此可见,马氏体的韧性主要取决于它的亚结构。

孪晶马氏体之所以韧性差,可能与孪晶亚结构的存在及在回火时碳化物沿着孪晶界面析出呈不均匀分布有关。也有人认为可能与碳原子在孪晶界偏聚有关,但尚无试验证据,高碳马氏体形成显微裂纹的敏感度高也是其韧性差的原因之一。

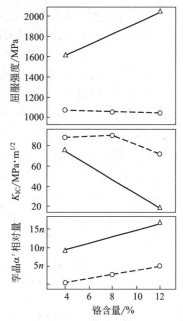

图 5-63　铬含量和碳含量对 Fe-Cr-C 钢淬火马氏体性能的影响
—○— 0.17%C;—△— 0.35%C

综上所述,马氏体的强度主要取决于碳含量,而马氏体的韧性主要取决于亚结构。低碳的位错型马氏体具有相当高的强度和良好的韧性。高碳的孪晶马氏体具有高的强度,但韧性很差。因此,以各种途径强化马氏体,使其亚结构仍然保持位错型,可以兼具强度和韧性,这是一条很重要的强韧化途径。

位错型马氏体不仅韧性优良,而且还具有脆性转折温度低、缺口敏感性低等优点。所以目前对结构钢都力图处理成位错型马氏体。马氏体形态与 M_s 点直接有关,钢的 M_s 点越高,马氏体的塑性韧性越好。因此,目前结构钢成分设计均限制碳含量在 0.4% 以下,使 M_s 点不低于 350℃。对轴承钢,马氏体中碳含量宜保持在 0.5% 水平,以降低脆性和提高抗疲劳性。

5.7.3　马氏体的相变塑性

金属及合金在相变过程中塑性增大,往往在低于母相屈服极限时即可发生塑性变形,这种现象称为相变塑性。钢在马氏体相变时也会产生相变塑性现象,称为马氏体的相变塑性。马氏体相变诱发塑性的现象早就应用于生产,如高速钢拉刀淬火时进行热校直就是利用马氏体的相变塑性。

图 5-64 示出了 0.3%C-4%Ni-1.3%Cr 钢的马氏体相变塑性。该钢经 850℃ 奥氏体化后,其 M_s 点为 307℃,奥氏体的屈服强度为 137MPa。由图中可以看出,当钢奥氏体化后在 307℃ 及 323℃ 下施加应力,在所加应力低于钢的屈服强度时,即产生塑性变形,且塑性随着应力的增大而增大。在 307℃ 施加应力时,温度已达到钢的 M_s 点,故有马氏体相变产生。而马氏体相变一旦发生,即贡献出塑性。所以随着应力增加,马氏体相变在应力诱发下不断进行,因而相变塑性也就不断增长。在 323℃ 下施加应力时,虽然在 M_s 点以上,但因应力诱发形成马氏体,所以呈现的高塑性也是由于马氏体相变引起的。

马氏体相变所诱发的塑性还可以显著提高钢的韧性。例如，在图 5-65 中存在两个明显的温度区间，在 100~200℃ 高温区，由于在断裂过程中没有发生马氏体相变，K_{IC} 很低；在 20~-196℃ 的低温区，断裂过程中伴有马氏体相变，结果使 K_{IC} 显著升高。如将高温区曲线外推至室温，可以看到，在室温下伴有马氏体相变的 K_{IC} 较不发生马氏体相变的 K_{IC}（即奥氏体的 K_{IC}）提高了 63.8MPa·m$^{1/2}$。

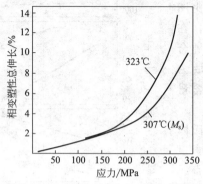

图 5-64 0.3%C-4%Ni-1.3%Cr 钢不同温度下应力和总伸长率的关系

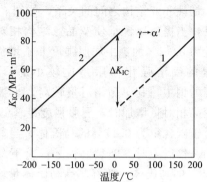

图 5-65 0.6%C-8%Ni-9%Cr-2%Mn 钢经 1200℃ 水淬 420℃ 变形 75% 后在不同温度下的断裂韧性
1—高温区；2—低温区

关于马氏体相变诱发塑性，可以从如下两方面加以解释：

① 由于塑性变形而引起的局部区域的应力集中，将由于马氏体的形成而得到松弛，因而能够防止微裂纹的形成。即使微裂纹已经产生，裂纹尖端的应力集中也会因马氏体的形成而得到松弛，故能抑制微裂纹的扩展，从而使塑性和断裂韧性得到提高。

② 在发生塑性变形区域，有形变马氏体形成。随着形变马氏体量的增多，形变强化指数不断提高，这比纯奥氏体经大量变形后接近断裂时的形变强化指数还要大，从而使已发生塑性变形的区域继续发生变形困难，故能抑制颈缩的形成。

马氏体相变塑性的研究引起了材料和工艺的一系列变革。应用马氏体相变塑性已设计出相变诱发塑性钢，这种钢的 M_s 点和 M_d 点符合 $M_d > 20℃ > M_s$，即钢的马氏体相变开始点低于室温，而形变马氏体点高于室温。这样，当钢在室温变形时便会诱发形成马氏体，而马氏体相变又诱发了塑性。因而这类钢具有很高的强度和塑性。相变塑性的研究还推动了热处理工艺的变革，使人们努力探索如何通过相变诱发塑性，而拟定出各种各样的现代强韧化热处理工艺，为挖掘现有材料的潜力以及研制新钢种服务。

5.8 奥氏体的稳定化

钢在淬火时一般不能获得百分之百的马氏体组织，还保留一部分未相变的奥氏体，即残余奥氏体。对于高碳钢，不仅因为残余奥氏体量较大而硬度降低，而且在使用过程中因为这部分残余奥氏体相变为马氏体，使工件体积膨胀而引起尺寸变化或时效开裂。因此，对于某些零件如量具、轴承等，必须进行冷处理，使残余奥氏体在低温下继续相变为马氏体。实践表明，许多钢的冷处理必须在淬火后立即进行，因为在室温停留将使马氏体相变发生困难，即发生了奥氏体稳定化现象。

所谓奥氏体稳定化，系指奥氏体由于内部结构在外界条件的影响下发生了某种变化，而使其向马氏体相变呈现迟滞的现象。

奥氏体向马氏体相变的稳定化程度因各种条件变化而异，通常把奥氏体的稳定化分为热稳定化和机械稳定化。

5.8.1 奥氏体的热稳定化

淬火时因缓慢冷却或在冷却过程中停留引起过冷奥氏体稳定性提高，而使马氏体相变迟滞现象称为奥氏体的热稳定化。

前已述及降温形成马氏体的相变量只取决于最终的冷却温度，而与时间无关。但这是指连续冷却过程中的一般情况而言，没有考虑冷却速率对奥氏体稳定化的影响。实际上，若将钢件在淬火过程中于某一温度下停留一定时间后再继续冷却，其马氏体相变量与温度的关系便会发生变化。常见的情况如图 5-66 所示，在 M_s 以下的 T_A 温度停留 τ 时间后再继续冷却，马氏体相变并不立即恢复，而要冷至 M_s' 温度才重新形成马氏体。即要滞后 θ（$\theta = T_q - M_s$，℃），相变才能继续进行。和正常情况下的连续冷却相变相比，同样温度（T_R）下的相变量少了 δ（$\delta = M_1 - M_2$）。δ 量的大小与测定温度有关。

奥氏体稳定化程度通常是用滞后温度间隔 θ 度量，也可以用少形成的马氏体量 δ 度量。

研究表明，热稳定化现象有个上限温度，通常以 M_c 表示。在 M_c 点以上，等温停留并不产生热稳定化，只有在 M_c 点以下等温停留或缓慢冷却才会引起热稳定化。对于不同钢种，M_c 可以低于 M_s，也可以高于 M_s。对于 M_c 高于 M_s 的钢种，则不仅在 M_s 以下等温停留或缓慢冷却会产生热稳定化，而且在 M_s 点以上等温也会产生热稳定化现象。

例如，9CrSi 钢在 M_s 点以上等温即出现热稳定化现象。图 5-67 表示 9CrSi 钢自 870℃淬火至不同温度（均在 M_s 温度以上），等温 10min 后，冷至室温所测得的马氏体相变量（以磁偏转表示，偏转值越大，表示马氏体相变量越多，即残余奥氏体量越少）。由图可见，等温温度越高，淬火后获得的马氏体量越少，即 δ 越大，这说明奥氏体热稳定化程度越高。如果将 9CrSi 钢先淬火至 160℃，形成一定量的马氏体（约为 50%），然后在以上不同温度下等温保持 10min，然后水冷至室温，当等温温度低于 260℃时，所获得的马氏体量随等温温度升高而减小，即等温温度升高，稳定化程度增大。如图 5-68 中实线所示（图中虚线即为图 5-67 的曲线，为了对比而列入）。当等温温度超过 260℃时，随等温温度升高，稳定化程度反而下降，这种现象称为反稳定化。

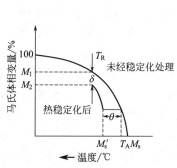

图 5-66 奥氏体热稳定化现象
（在 M_s 点以下等温停留）示意图

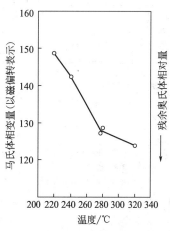

图 5-67 等温温度和稳定化
奥氏体量的关系

实验证明，已经相变的马氏体量多少，对热稳定化程度也有很大影响。已相变的马氏体量越多，等温停留时所产生的热稳定化程度越大，这说明马氏体形成时对周围奥氏体的机械作用促进了热稳定化程度的发展，热稳定化程度随已相变马氏体量的增加而增大。而且，马氏体量越多，θ值增大越多。反之已相变马氏体量越少，热稳定化程度越小，对有些钢甚至小到不易发现的程度。

例如，将0.96％C-2.97％Mn-0.48％Cr0.40％Si-0.21％Ni钢于1100℃加热淬火至不同温度，获得不同的马氏体量，然后分别在60℃等温停留1h，分别测定θ值，其结果如图5-69所示。由图中可见，已相变的马氏体量越多，稳定化程度增大越多。例如，马氏体相变量由22％增大到54％时，θ值增大39℃；而马氏体量由54％增大到70％时，θ值增大达140℃。正是由于马氏体相变量对奥氏体热稳定化程度有如此强烈地影响，所以在研究热稳定化的影响因素时，均固定马氏体量，以免马氏体量的影响干扰实验结果。

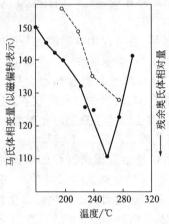

图5-68　等温温度和热稳定化奥氏体量的关系（9CrSi钢）

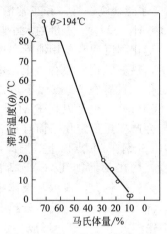

图5-69　马氏体量对热稳定化程度的影响（60℃等温停留1h）

等温停留时间对热稳定化程度也有明显的影响。在一定的等温温度下，停留的时间越长，则达到的奥氏体稳定化程度越高，如图5-70。比较图中不同等温温度下的曲线，可以看出等温温度越高，达到最大稳定化程度所需时间越短。可见，热稳定化动力学过程是同时与温度和时间有关的。

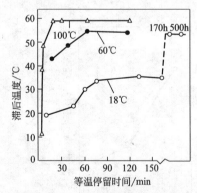

图5-70　不同等温温度下的停留时间对稳定化程度的影响

化学成分对热稳定化也有明显的影响，尤其以C、N最为重要。在Fe-Ni合金中发现，只有当C和N的总量大于0.01％以上时，才能发生稳定化现象。无碳Fe-Ni合金没有稳定化现象。在钢中碳含量增高可使热稳定化程度增大。钢中常见碳化物形成元素如Cr、Mo、V等，有促进热稳定化的作用，非碳化物形成元素Ni、Si对热稳定化影响不大。

很久以来，人们从大量的热稳定化现象推测，热稳定化很可能与原子的热运动有关。设想是由C、N原子在适当温度下向点阵缺陷处偏聚（C、N原子钉扎位错），因而强化奥氏体，使马氏体相变的切变阻力增大所致。

根据马氏体的位错形核理论，在等温停留时，C、N原子向位错界面偏聚，包围马氏体核胚，直至足以钉扎它，阻碍其长大。所以 θ 值的意义可以这样理解，由于 C、N 原子钉扎位错，而要求提供附加的化学驱动力以克服溶质原子的钉扎力，为获得这个附加的化学驱动力所需的过冷度，即为 θ 值。按照这个模型，热稳定化程度应与界面钉扎强度（或直接与界面上溶质原子浓度）成正比。这种理论上预见的热稳定化动力学与实验结果基本符合。在 Fe-Ni 合金中测得奥氏体稳定化时，屈服强度升高 13%，因而使马氏体相变切变阻力增大，引起 M_s 点下降，而需相变驱动力相应地提高。

按上述模型，若将稳定化奥氏体加热至一定温度以上时，由于原子热运动增强，溶质原子又会扩散离去，而使稳定化作用下降甚至逐渐消失，这就是所谓的反稳定化。出现反稳定化的温度随钢和热处理工艺不同而异。高速钢中出现反稳定化的温度，对于 W18Cr4V 为 550℃，对于 W9Cr4V2 为 500℃。实际上，高速钢多次回火工艺即为反稳定化理论的实际应用。

稳定化奥氏体经反稳定化处理后，如重新冷却，随温度降低，原子热运动减弱，溶质原子向界面偏聚倾向又逐渐增大。因此，热稳定化现象会再次出现。实验证明，高碳钢如 W18Cr4V、Cr12Mo 等的热稳定化现象确是可逆的。

5.8.2　奥氏体的机械稳定化

在 M_d 点以上的温度对奥氏体进行塑性变形，会使随后的马氏体相变发生困难，M_s 点降低，引起奥氏体稳定化，这种现象称为机械稳定化。

由图 5-71 可见，少量塑性变形对马氏体相变有促进作用，大量塑性变形会使马氏体相变量减少，即产生了机械稳定化现象。试验中所用的 Fe-18Cr12Ni 合金的层错能较低，塑性变形对其奥氏体稳定性的影响较大。塑性变形的温度越高，对奥氏体稳定性的影响越小；变形温度越低，形变量越大，奥氏体的层错能越低，则机械稳定化效应越大。特别指出，在 M_d 点以下变形时，未相变的形变奥氏体的机械稳定化效应与在 M_d 点以上变形的情况相似。

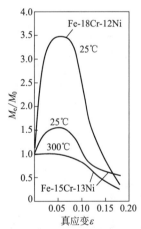

图 5-71　塑性变形对合金 Fe-Ni-Cr
马氏体相变量的影响
M_e—形变且在液氮中冷处理后的马氏体量；
M_0—未形变相同处理后的马氏体量

分析塑性变形对马氏体相变的影响，应当考虑到弹性应力的影响也是同时存在的，少量塑性变形之所以会出现和机械稳定化相反的效应，可以认为是由于内应力集中所造成的，内应力集中有助于马氏体核胚的形成，或者促进已经存在的核胚长大。Ni-Cr 不锈钢中，由于密排六方的 ε 相是面心立方奥氏体向体心立方马氏体相变的中间相，因此，可以设想少量塑性变形使层错有所增加，而层错可以促进 ε 相形成，从而促进马氏体相变。

另一方面，既然马氏体相变是由于原子的相互有联系的运动来完成的，在畸变了的点阵中，由于塑性变形引入的晶体缺陷会破坏母相和新相（或其核胚）之间的共格关系，会使马氏体相变时的原子运动发生困难，这就增大了奥氏体的稳定性。

在马氏体的爆发相变中，也有与外加应力相同的效应。由于形成马氏体而产生的内应力，常常使某些合金出现"自促发"效应。这也是应力促进相变的例子。与此相反，如同在

M_d点以上塑性变形一样，由于相变而引起的奥氏体塑性变形也能够使相变受到抑制。残余奥氏体难以相变成马氏体除因为热稳定化作用外，由相变而引起的机械稳定化作用也是一个很重要的原因。

前面曾经述及马氏体形成时对周围奥氏体的机械作用会促进热稳定化程度的发展，实质上这是一种由于相变而造成未相变奥氏体塑性变形所引起的机械稳定化作用。

实际上，只要等温停留是在M_s点以下进行，则奥氏体的热稳定化作用必然和由相变引起的机械稳定化作用同时存在。所以，在M_s点以下等温停留时，所测得的稳定化程度是热稳定化和机械稳定化综合作用的结果。

第 6 章

贝氏体相变

钢经过奥氏体化后，过冷到珠光体相变和马氏体相变之间的中温区域将发生贝氏体相变。由钢的 TTT 曲线或 CCT 曲线得知，贝氏体是过冷奥氏体在中温区相变的产物，贝氏体相变也称中温相变。而冷却方式既可以采用等温冷却方式，也可以采用连续冷却方式。

贝氏体一般是由具有一定过饱和度的 α 相和碳化物组成的非层片状组织。在许多钢中至少有两种或多种贝氏体组织形态。由于贝氏体相变的动力学特征和产物的组织形态兼有扩散型相变和非扩散型相变的特征，因此贝氏体相变也有半扩散型相变之称。所以，对贝氏体的深入研究，将有助于珠光体相变和马氏体相变理论的发展和完善。贝氏体具有优良的综合力学性能，其强度和韧性都比较高，同时也具有较高的耐磨性、耐热性和抗回火性，此外，等温淬火获得贝氏体是一种防止和减小工件变形开裂的可靠方法之一。

贝氏体相变在许多非铁合金如铜合金、钛合金等中也被发现，这对研究贝氏体相变机制和动力学规律，了解贝氏体组织形态与性能之间关系，对固态相变理论研究及热处理实践等也具有实际意义。但由于贝氏体形态的多样性，其相变温度区间往往与珠光体和马氏体相变温度区间重叠等原因，直到现在，贝氏体相变还有许多基本理论问题没有搞清楚。

特别要强调的是，许多书中都将贝氏体中具有一定过饱和度的 α 相称为铁素体，其实，贝氏体中具有一定过饱和度的 α 相与铁素体的差别很大，表 6-1 给出了珠光体、贝氏体以及马氏体 α 相的主要区别。但为了方便描述，本书仍将贝氏体中过饱和的 α 相称为铁素体。

表 6-1　珠光体、贝氏体以及马氏体 α 相的主要区别

项目	珠光体的 α 相	贝氏体的 α 相	马氏体的 α 相
形成温度	$A_{r,1}$ 以下的高温区	$A_{r,1}$ 以下的中温区	$A_{r,1}$ 以下的低温区
热力学稳定程度	接近平衡相	亚稳相	亚稳相
产生机理	扩散型相变	半扩散型相变	非扩散型相变
晶体结构	体心立方	体心立方 体心正方	体心立方 体心正方 体心正交
正方度(c/a)	$c/a=1$	$c/a \geqslant 1$	$c/a > 1$
畸变程度	几乎不畸变	产生一定畸变	产生严重畸变
室温碳含量/%	约 0.02	>0.02	$\gg 0.02$
应力状态	几乎无应力	受应力作用	应力较大
缺陷含量	缺陷含量低	缺陷含量居中	缺陷含量高
力学性能	强度硬度较低塑性韧性高	强度硬度和塑性韧性适中	强度硬度高塑性韧性较低

本章重点掌握典型贝氏体的显微组织形态及形成过程、贝氏体相变动力学及影响因素、贝氏体的力学性能。

6.1 贝氏体相变的基本特征

根据大量的实验研究结果，综合归纳贝氏体相变特征如下：

① 贝氏体相变需要有一定的孕育期，虽然在某些钢中孕育期极短，甚至达到难以测定的程度。钢中贝氏体可以在一定温度范围内等温形成，也可以在某一冷却速率范围内连续冷却相变。

② 贝氏体相变是一种形核、长大过程。贝氏体长大时与马氏体相似，在平滑试样表面有浮凸现象发生，这说明 α-Fe 可能是按切变共格方式长大的。但与马氏体相变不同，相变时碳原子扩散重新分配，α 相长大速度受钢中碳的扩散控制因而很慢，可以用高温金相直接观察。

③ 贝氏体相变有个上限温度（B_s），也有一个下限温度（B_f）。奥氏体必须过冷至 B_s 点以下才开始形成贝氏体，低于 B_f 等温奥氏体可全部相变为贝氏体，故 B_f 为形成 100% 贝氏体的最高温度。对于不同的钢种，B_f 可能高于 M_s，也可能低于 M_s，当 B_f 低于 M_s 时，在 B_f 以下等温由于同时也形成马氏体，而不可能获得 100% 贝氏体。

④ 钢中贝氏体的碳化物分布状态随形成温度不同而异，较高温度形成的上贝氏体，碳化物一般分布在条之间；较低温度形成的下贝氏体，碳化物主要分布在铁素体条内部。在低、中碳钢中，当形成温度较高（接近 B_s）时，也可能产生不含碳化物的无碳化物贝氏体。随着贝氏体形成温度的降低，贝氏体中铁素体的碳含量升高。

⑤ 贝氏体相变时，铁和合金元素的原子不发生扩散，碳原子发生扩散，对贝氏体相变起控制作用。上贝氏体相变速率取决于碳在 γ-Fe 中的扩散；下贝氏体的相变速率取决于碳在 α-Fe 中的扩散。所以，影响碳原子扩散的因素都会影响贝氏体形成速度。

⑥ 贝氏体中的铁素体有一定的惯习面，并与母相奥氏体之间保持一定的晶体学位向关系。上贝氏体铁素体的惯习面为 $(111)_\gamma$，下贝氏体铁素体的惯习面为 $(225)_\gamma$。贝氏体铁素体与奥氏体之间存在 K-S 位向关系。

一般认为，上贝氏体中的渗碳体与奥氏体有下列晶体学位向关系：

$$(001)_{Fe_3C} // (252)_\gamma ; [100]_{Fe_3C} // [54\bar{5}]_\gamma ; [010]_{Fe_3C} // [\bar{1}01]_\gamma$$

下贝氏体中的渗碳体与铁素体有下列晶体学位向关系：

$$(001)_{Fe_3C} // (11\bar{2})_\alpha ; [100]_{Fe_3C} // [1\bar{1}0]_\alpha ; [010]_{Fe_3C} // [111]_\alpha$$

上贝氏体中的碳化物是渗碳体；下贝氏体中的碳化物既可能是渗碳体，也可能是 ε-碳化物。

6.2 钢中贝氏体的组织形态

钢中贝氏体的组织形态是多种多样的，除上贝氏体和下贝氏体两种经典形态之外，还可以见到粒状贝氏体、无碳化物贝氏体、柱状贝氏体及反常贝氏体等。

6.2.1 上贝氏体

钢中典型的上贝氏体为成簇分布的平行的条状铁素体和夹在铁素体条间的断续条状渗碳

体（有时可能是残余奥氏体）的混合物，如图 6-1 所示。一般上贝氏体在奥氏体的晶界形核，自晶界的一侧或两侧向晶内长大，形如羽毛，又称羽毛状贝氏体。图中暗黑色组织是上贝氏体，白色组织是淬火马氏体加残余奥氏体。

在光学显微镜下，上贝氏体中的铁素体多数呈条状或针状，少数呈椭圆状或矩形。这些看来形态多样的上贝氏体，不过是形状简单的铁素体板条的不同截面而已，其立体形貌可以从双磨面金相组织获得，如图 6-2 所示。每组大致平行排列的铁素体板条构成"束"，板条束的大小对上贝氏体的强度有一定影响，因而可把板条束的平均尺寸看作是上贝氏体的"有效晶粒尺寸"，而各板条束之间的角度可能为 51°、97°或 120°。

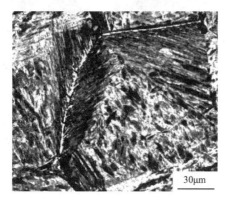

图 6-1　40Cr 钢 400℃等温 35s 水淬后的金相组织

图 6-2　上贝氏体铁素体双磨面金相示意图

光学显微镜下上贝氏体中铁素体和渗碳体的形态及其分布状况一般不易辨认，尤其是渗碳体更难分辨。图 6-3 是电镜下的上贝氏体组织，可以清楚看到在平行的条状铁素体之间夹有断续的条状碳化物，图中碳化物为黑色条状，在铁素体中有位错缠结存在。

在一般情况下，随着钢中碳含量增加，上贝氏体中的铁素体条增多、变薄，渗碳体的数量增多，其形态由粒状变为链珠状、短杆状直至断续条状。当碳含量达到共析浓度时，渗碳体不仅分布在铁素体条间，而且也沉淀在铁素体条内，这种组织称为共析钢上贝氏体。

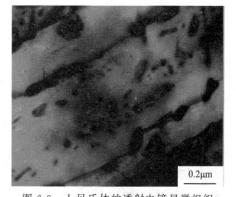

图 6-3　上贝氏体的透射电镜显微组织

上贝氏体组织形态与相变温度有关，随着相变温度的降低，铁素体条变薄，渗碳体细化而且弥散度大。值得指出的是，在含有硅或铝的钢中，由于这些元素具有延缓渗碳体沉淀的作用，使铁素体条之间的奥氏体为碳所富集而且趋于稳定，因此很少沉淀或基本不沉淀出渗碳体，而形成了在条状铁素体之间夹有残余奥氏体的上贝氏体。

6.2.2　下贝氏体

在光学显微镜下的下贝氏体呈暗黑色针状或片状，而且各个针状物之间都有一定的交角，如图 6-4 所示。下贝氏体形核部位既可以在奥氏体晶界上，也可以在奥氏体晶粒内部。下贝氏体的双磨面金相组织立体形态呈透镜状，与磨面相交呈片状或针状。

从下贝氏体的电子显微组织中可以看出，在下贝氏体铁素体片中，分布着排列成行的细片状或粒状碳化物，并以 55°～65° 的角度与铁素体针的长轴相交，如图 6-5 所示。通常，下贝氏体的碳化物仅分布在铁素体针（片）的内部。下贝氏体形成时也会产生表面浮凸，但与上贝氏体形成时产生的表面浮凸形态不同。主要区别是上贝氏体的表面浮凸大致平行，从奥氏体晶界的一侧或两侧向晶粒内伸展；而下贝氏体的表面浮凸往往相交呈"V"形或"Λ"形，而且还有一些较小的浮凸在先形成的较大浮凸两侧形成。

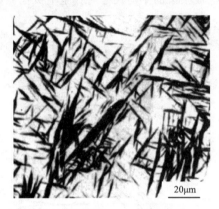

图 6-4　1.1%C 钢等温形成的下贝氏体组织

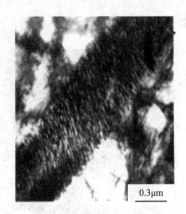

图 6-5　65Mn 钢的等温下贝氏体组织

下贝氏体铁素体的亚结构与板条马氏体和上贝氏体铁素体相似，也是缠结位错，但位错密度往往比上贝氏体铁素体中的高，而且未发现孪晶亚结构存在。

6.2.3　其他贝氏体

贝氏体的组织形态与相变温度和化学成分密切相关，科研和工程实际中除了经常涉及上贝氏体和下贝氏体外，也涉及其他的贝氏体组织。这些贝氏体组织对钢的力学性能也有较大影响，因此，认识和了解这些贝氏体组织也是非常有必要的。

6.2.3.1　粒状贝氏体

粒状贝氏体是在典型的上贝氏体和下贝氏体之后确定的。低、中碳合金钢以一定的速率冷却或在一定温度范围内等温后可获得这种组织。如在正火、热轧空冷或焊接热影响区中都可以发现粒状贝氏体，其形成温度范围比上贝氏体形成温度稍高。

粒状贝氏体在刚刚形成时，是由块状的铁素体和粒状（岛状）或短杆状富碳奥氏体组成。富碳奥氏体可以分布在铁素体晶粒内，也可以分布在铁素体晶界上。在光学显微镜下较难识别粒状贝氏体的组织形貌。在电子显微镜下则可以看到粒状（岛状）物分布在铁素体之中，常具有一定的方向性。这种组织的基体是由条状铁素体合并而成的，如图 6-6 所示。富碳奥氏体区中的合金元素含量与钢中的平均含量相近。

富碳奥氏体区在随后的冷却过程中，由于冷却条件和过冷奥氏体稳定性的不同，可能发生以下三种情况：部分或全部分解为铁素体和碳化物的混合物；部分相变为马氏体，这种马氏体的碳含量甚高，常常是孪晶马氏体，故岛状物是由"γ-α'"组成；或者全部保留下来成为残余奥氏体。

综上所述，粒状贝氏体是指在铁素体基体上分布着有奥氏体或其相变产物的岛状组织。

岛状组织的形状可以是条状、颗粒状或其他形状。这种岛状组织原为富碳奥氏体，在室温下可能因条件不同而不同程度地转变为马氏体、贝氏体或其他分解产物。

6.2.3.2　无碳化物贝氏体

无碳化物贝氏体是指由条状铁素体单相组成的组织，所以也称为铁素体贝氏体或无碳贝氏体，如图 6-7 所示。它是由大致平行的条状铁素体组成，条状铁素体之间有一定的距离，有时距离较大。条间一般为富碳奥氏体转变而成的马氏体。在某些情况下，有可能是富碳奥氏体的分解产物或者全部是未转变的残余奥氏体。由此可见，钢中通常不能形成单一的无碳化物贝氏体，而是形成与其他组织共存的混合组织。无碳化物贝氏体一般产生于低碳钢中，在硅、铝含量较高的钢中，由于抑制了碳化物的形成，容易形成类似于无碳化物贝氏体组织，条状铁素体之间有未相变的富碳残余奥氏体，其数量可高达 30％～40％。无碳化物贝氏体形成时，也会出现表面浮凸。其铁素体中也有一定数量的位错。

图 6-6　粒状贝氏体的光学显微组织照片

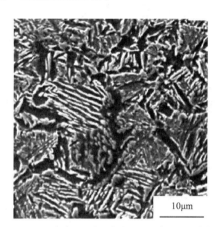

图 6-7　0.30％C-1.76％Si-1.57％Mn 无碳化物贝氏体的 SEM 照片

6.2.3.3　柱状贝氏体

在高碳钢或高碳中合金钢中，当等温温度处于下贝氏体形成温度范围时，一般也能形成柱状贝氏体。在高压下柱状贝氏体也可以在中碳钢中形成，如含碳 0.44％ 的钢在 24000Pa 压力下经等温处理即可形成柱状贝氏体。柱状贝氏体的铁素体呈放射状，碳化物分布在铁素体内部，与下贝氏体相似，如图 6-8 所示。

6.2.3.4　反常贝氏体

反常贝氏体也称反向贝氏体或倒易贝氏体，产生在过共析钢中，形成温度略高于350℃。图 6-9 是 1.17％C-4.9％Ni 钢中反常贝氏体的电子显微组织。图中较大的针状物是魏氏组织碳化物，在这种碳化物两侧形成的是铁素体片层，这种混合物即为反常贝氏体。图中的细杆状碳化物和铁素体组成的混合物即为普通上贝氏体。

关于贝氏体的分类目前标准尚未统一，通常按光学显微组织以铁素体的形貌为依据，铁素体成簇分布呈条状的为上贝氏体，呈针状的为下贝氏体；按电子显微组织以碳化物形状和分布为依据，碳化物呈断续条状或杆状分布在铁素体之间的为上贝氏体，呈粒状或细片状分布在铁素体之中的为下贝氏体。而其他贝氏体组织形态与典型上、下贝氏体组织形态差别较大，很难按上、下贝氏体进行归类。

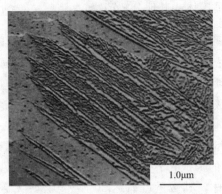

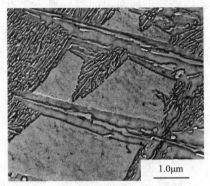

图 6-8　含碳 0.44% 的钢中柱状贝氏体的 SEM 照片　　　图 6-9　1.17%C-4.9%Ni 钢中反常贝氏体

6.3　贝氏体相变的热力学条件及相变过程

6.3.1　贝氏体相变的热力学条件

钢中贝氏体相变遵循固态相变的一般规律，也服从一定热力学条件。

钢的成分一定时，根据热力学可知，奥氏体与贝氏体的化学自由能都随温度而变化，但两者的变化率不同。因此，在它们的自由能与温度的关系曲线中，可以找到一个交点，该交点对应的温度为两者自由能相等的温度（B_0 点），如图 6-10 所示。这种情况与珠光体和马氏体相变相似，为了便于比较，将奥氏体、珠光体和马氏体的自由能与温度的关系曲线也表示在图 6-10 中。

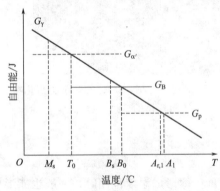

图 6-10　钢中奥氏体与贝氏体自由能
与温度的关系示意图

因为贝氏体相变兼有共格切变和扩散型相变，所以，贝氏体形成时所消耗的能量，除了新相表面能 $S\sigma$ 外，还有母相与新相之间比体积不同产生的应变能和维持两相共格关系的弹性应变能 εV。因此，贝氏体形成时系统自由能的变化可以用式(6-1)表示：

$$\Delta G = V \cdot \Delta g_v + S\sigma + \varepsilon V \tag{6-1}$$

与马氏体相变比较，贝氏体相变时碳的扩散降低了贝氏体中铁素体的过饱和碳含量，因而使铁素体的自由能降低，所以相变驱动力增大。由于碳的脱溶使贝氏体与奥氏体的比体积差降低，相变时由于体积变化引起的应变能减小，所以 εV 相对也较小，因此，从相变热力学条件看，贝氏体相变开始温度 B_s 在 M_s 之上。

另外贝氏体形成时，贝氏体中铁素体的过饱和程度比珠光体的过饱和程度大、比马氏体的过饱和程度小，从 εV 相中包含的弹性应变能看，贝氏体相变时比珠光体相变时的弹性应变能大，比马氏体相变时的弹性应变能小，贝氏体相变开始温度 B_s 在 P_s 下。因此，贝氏体相变的开始温度介于 M_s 和 P_s 之间。

关于影响 B_s 点的因素目前研究得不多，一般认为，钢中碳含量对 B_s 点有明显的影响，随着钢中碳含量的增加 B_s 点降低。合金元素对 B_s 点也有影响，B_s 点（℃）与钢的化学成分的关系可用下式估算：

$$B_s = 830 - 270w_C - 90w_{Mn} - 37w_{Ni} - 30w_{Cr} - 83w_{Mo} \tag{6-2}$$

式中，w 为各元素的质量分数。

上式适用于下列成分范围：C = 0.1%～0.55%，Cr ≤ 3.5%，Mn = 0.2%～1.7%，Mo ≤ 1.0%，Ni ≤ 5%，计算值与实际值之差小于 ±25℃。

6.3.2　贝氏体的形成过程

在贝氏体相变开始前，过冷奥氏体冷却到贝氏体相变温度区，过冷奥氏体中的碳原子发生不均匀分布，出现了许多局部富碳区和局部贫碳区。在贫碳区可能产生铁素体晶核，当其尺寸大于该温度下的临界晶核尺寸时，这种铁素体晶核将不断长大。由于过冷奥氏体所处的温度较低，铁原子的自扩散已经相当困难，形成的铁素体晶核只能按共格切变的方式长大（也有人认为是按台阶机制长大），而形成条状或片状铁素体。与此同时，碳原子从铁素体长大的前沿向两侧奥氏体中扩散，而且铁素体中过饱和碳原子不断脱溶。温度较高时，碳原子穿过铁素体相界面扩散到奥氏体中或在相界面沉淀成碳化物。温度较低时，碳原子在铁素体内部一定晶面上聚集并沉淀成碳化物。当然，也可能同时在铁素体相界面和铁素体内部沉淀成碳化物。这种按共格切变方式(或台阶机制) 长大的铁素体与富碳奥氏体（或随后冷却时的相变产物）或碳化物构成的混合物，即为贝氏体。

钢中常见的几种贝氏体组织，都可以用上述相变过程来描述，下面只介绍三种形态贝氏体的形成过程。

（1）上贝氏体的形成过程　首先在过冷奥氏体晶界处或晶界附近贫碳区生成贝氏体的铁素体晶核，如图 6-11(a) 所示，并且成排地向晶粒内长大。同时条状铁素体长大前沿的碳原子不断向两侧扩散，而且铁素体中多余的碳也将通过扩散向两侧的相界面移动。由于碳在铁素体中的扩散速度大于在奥氏体中的扩散速度，因而在温度较低情况下，碳在晶界处将发生富集，如图 6-11(b) 所示。当富集的碳浓度相当高时，将在条状铁素体之间形成渗碳体，而相变为典型的上贝氏体，如图 6-11(c) 和 (d) 所示。

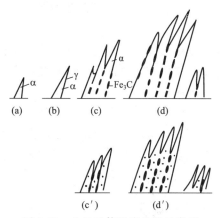

图 6-11　上贝氏体形成过程示意图

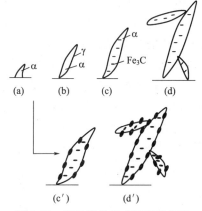

图 6-12　下贝氏体形成过程示意图

如果上贝氏体的形成温度较低或钢的碳含量较高，上贝氏体形成时，与铁素体条间沉淀碳化物的同时，在铁素体条内也沉淀出少量的多向分布的渗碳体细小颗粒，如图 6-11(c′)

和（d'）所示。

（2）下贝氏体的形成过程　在中、高碳钢中，如果贝氏体相变温度比较低，首先在奥氏体晶界或晶粒内部某些贫碳区形成铁素体晶核，如图 6-12(a) 所示，并按切变共格方式长大成片状或透镜状，如图 6-12(b) 所示。由于相变温度较低，碳原子扩散困难，较难迁移至相界面，因此，与铁素体共格长大的同时，碳原子只能在铁素体的某些亚晶界或晶面上沉淀为细片状碳化物，如图 6-12(c) 所示。和马氏体相变相似，当一片铁素体长大时，会促发其他方向形成片状铁素体，如图 6-12(d) 所示，从而形成典型的下贝氏体。

如果钢的碳含量相当高，而且下贝氏体的相变温度又不过低时，形成的下贝氏体不仅在片状铁素体中沉淀渗碳体，而且在铁素体的边界上也有少量渗碳体形成，如图 6-12(c') 和 (d') 所示。

（3）无碳化物贝氏体　在亚共析钢中，当贝氏体的相变温度较高时，首先在奥氏体晶界上形成铁素体晶核，如图 6-13(a) 所示，随着碳的扩散，铁素体长大形成条状，如图 6-13 (b) 所示。伴随这一相变过程，铁素体中的碳原子将逐步脱溶，并扩散穿过共格界面进入奥氏体中，因而形成几乎不含碳的条状铁素体，如图 6-13(b) 和 (c) 所示。在一个奥氏体晶粒中，当一个条状铁素体长大时，由于自促发作用在其两侧也随之有条状铁素体形核长大，如图 6-13 (c) 和 (d) 所示。结果形成条状铁素体加富碳奥氏体。当然，这种富碳奥氏体在随后冷却时，有可能部分或全部发生分解转变为马氏体，也有可能全部保留到室温成为残余奥氏体。

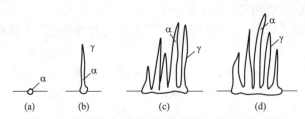

图 6-13　低碳钢中无碳化物贝氏体形成过程示意图

6.3.3　贝氏体铁素体长大机制

贝氏体相变包括贝氏体铁素体形成和碳化物的析出。长期以来，研究者围绕这两个问题进行争论，争论的焦点其实是切变机制和台阶机制之争。

贝氏体相变时不仅出现表面浮凸，而且还有成分变化，并且相变速率远较马氏体相变速率慢。切变机制认为贝氏体相变时铁原子点阵改组以共格切变方式进行，但相变速率受碳的扩散控制，所以相变速率很慢。电镜观察发现，上贝氏体铁素体有条状亚结构，认为是切变长大的基元，据此推测，贝氏体铁素体的纵向长大和横向长大都是通过基元的形核和长大完成的，如图 6-14 所示。基元长大到一定大小（长 $10\mu m$，厚 $0.5\sim0.7\mu m$）后，由于体积应

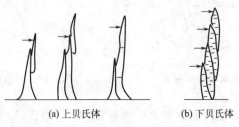

(a) 上贝氏体　　　(b) 下贝氏体

图 6-14　上贝氏体下贝氏体的基元长大模型

变能积累太大而停止长大，待另一个基元形成后再继续长大，以此来解释贝氏体相变虽属于切变，但长大速度很慢。

对 0.66%C-3.32%Cr 钢在 400℃ 形成的上贝氏体进行直接观察，发现基元长大速度与贝氏体铁素体的整体长大速度基本相同，未观察到比整体长大速度快得多的现象，平均生长速度约为 1.4×10^{-3} cm/s，与受碳扩散控制的非共格界面的移动速度相当。据此台阶机制认为，贝氏体铁素体是以台阶机制长大的（如 1.3.3 所述），长大速度受碳在奥氏体中的扩散速度控制，下贝氏体中的碳化物可能不是从铁素体中沉淀的，而是相间沉淀，但迄今未能用电镜观察到台阶的存在。

综上所述，人们对贝氏体铁素体的长大机制还缺乏足够的认识，传统的观点认为贝氏体铁素体的长大机制为切变机制，而台阶长大机制尚未得到充分证实。

6.4　贝氏体相变动力学及影响因素

贝氏体相变动力学可以用经典的形核、长大公式表达，研究贝氏体相变动力学，可以帮助了解贝氏体相变机制，为制定等温淬火等热处理工艺提供依据，但是有关这方面的研究工作还不够充分。

6.4.1　贝氏体相变的动力学特点

贝氏体相变动力学兼有珠光体相变和马氏体相变的某些特点。

① 贝氏体等温形成动力学具有扩散型相变的特征，其开始阶段形成速度较小，继而迅速增大，相变量达到某一范围时，形成速度趋于定值，随后又逐渐减小。

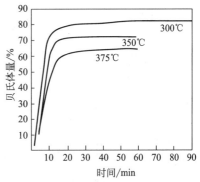

图 6-15　37CrMnSi 钢不同温度下的贝氏体相变动力学曲线

② 贝氏体相变在一些钢（如碳钢及低、中碳锰钢等）中是可以全部相变的，而在许多合金钢中是不能完全相变的，常有残余奥氏体存在。贝氏体相变的不完全程度与化学成分、奥氏体化时间和等温相变温度有关。提高奥氏体化温度和钢的合金化程度，会使贝氏体相变的不完全性增大。等温相变温度越高，贝氏体相变的不完全性越明显，如图 6-15 所示。可以看出，37CrMnSi 钢在 300℃ 等温，获得的贝氏体量为 86%，在 350℃ 等温为 73%，而在 375℃ 等温时仅为 65%。贝氏体相变的不完全性，也称为贝氏体相变的自制。其原因目前尚不清楚。

由于贝氏体相变不完全性而残留的奥氏体在继续等温保持过程中，可能发生下列两种情况：

a. 一直保持不变。例如 40CrNiMo 钢，在 510℃ 等温保持时间从 1h 延长到两个多月，贝氏体相变量并没有增加。

b. 当等温温度较高时，未相变的奥氏体接着相变为珠光体，甚至使奥氏体全部相变完毕，结果获得贝氏体加珠光体的混合组织。

在等温保持过程中未相变的奥氏体，在等温之后冷却到室温的过程中，有可能部分地相变为马氏体，而获得贝氏体加马氏体和残余奥氏体的混合组织。

③ 上贝氏体铁素体的长大速度，主要取决于其前沿奥氏体内碳原子的扩散速度；而下贝氏体的相变速度，则主要取决于铁素体内碳化物沉淀速度。含碳 0.97% 的钢中测定贝氏体相变 50% 和等温温度之间的关系，计算出贝氏体长大的激活能：上贝氏体约为 143kJ/mol，与碳在奥氏体中的扩散激活能 134kJ/mol 相近；下贝氏体约为 59kJ/mol，与碳在铁素体中的扩散激活能 84kJ/min 相近。因此以前有人推测：上、下贝氏体长大速度分别受碳在奥氏体中和铁素体中的扩散速度控制。

6.4.2 贝氏体等温转变图

贝氏体相变动力学图与珠光体相变动力学图很相似，典型的贝氏体等温转变图具有 C 曲线形状，如图 6-16 所示。由图可见，在贝氏体相变区域内存在一个孕育期和转变时间最小值。图中曲线的尖端称为贝氏体相变的"鼻子"。

有些碳钢或镍钢等贝氏体等温转变图与珠光体等温转变图部分重叠，过冷奥氏体等温转变图只呈现一个"鼻子"，如图 6-17 所示。

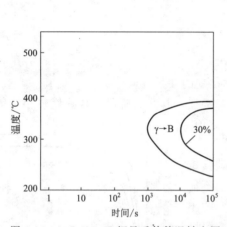

图 6-16　19Cr2Ni4W 钢贝氏体等温转变图

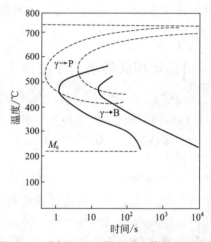

图 6-17　共析钢贝氏体和珠光体等温转变图

在许多合金钢中，贝氏体等温转变图常常和珠光体等温转变图局部重叠或完全分离，如图 6-18 所示。

对于贝氏体等温转变图与珠光体等温转变图部分重叠的钢种，在一定温度区域内，过冷奥氏体等温转变动力学曲线具有混合相变的特征。当在较低的温度停留时，首先形成一部分贝氏体，随后未转变的奥氏体转变为珠光体；而在较高的温度停留时，可能首先发生一部分珠光体相变，接着再发生贝氏体相变。

对于碳含量较低、M_s 点较高的钢种，贝氏体等温转变图的低温部分可能在 M_s 点以下，在 M_s 点稍下的温度等温保持，也具有混合相变的特征。首先部分发生马氏体相变（形成的马氏体立即回火为回火马氏体），而后再发生贝氏体相变，最终获得回火马氏体加贝氏体混合组织。

还有的研究发现，在贝氏体等温转变中可能有两个"鼻子"，如图 6-19 所示。转变温度较高的是上贝氏体的"鼻子"，转变温度较低的是下贝氏体的"鼻子"。这种现象说明上贝氏体和下贝氏体有各自独立的转变动力学图，从而推测它们的相变机理可能是不同的。

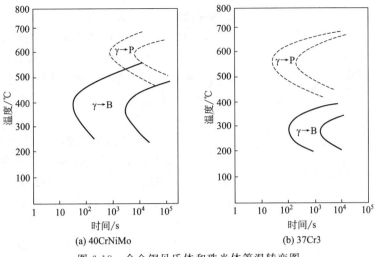

(a) 40CrNiMo　　　　　　　(b) 37Cr3

图 6-18　合金钢贝氏体和珠光体等温转变图

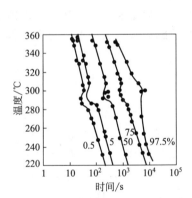

图 6-19　0.8%C-1.0%Mn 钢过冷奥氏
体等温转变图（贝氏体转变区域）

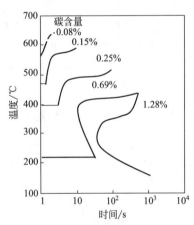

图 6-20　3%Cr 钢不同碳含量对贝氏体
转变开始线的影响

6.4.3　影响贝氏体相变动力学的因素

6.4.3.1　化学成分的影响

当钢中碳含量及合金元素含量和类型变化时，B_s 点和贝氏体的转变速率也随之改变。钢中的碳强烈推迟贝氏体转变。随着钢中碳含量的增加，贝氏体转变速率减小，等温转变曲线向右移，而且"鼻子"向下移，如图 6-20 所示。

除钴和铝加速贝氏体相变之外，其他合金元素如锰、镍、铬、钼、钨、硅、钒以及少量的硼都延缓贝氏体相变，其中以锰、镍、铬的影响最为显著。例如在含碳 0.5%～0.6% 的钢中加入锰，可显著地减慢贝氏体相变，并降低贝氏体的相变温度区间，如图 6-21 所示。当锰含量从 1.3% 增至 5.1% 时，相变速率减少至 1/1000，最大相变速率对应的温度由 500℃ 降至 300℃。再如，含碳 1.0% 的钢中加入 Cr3.0%～5.0%，将强烈降低贝氏体相变温度区间，延长相变的孕育期。当铬含量增加至 10% 以上时，经高温奥氏体化后，几乎不

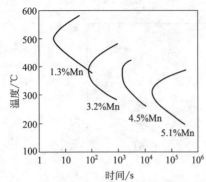

图 6-21　锰对贝氏体相变开始线的影响

发生贝氏体相变。但在碳含量较低的钢中，铬对贝氏体相变的影响并不显著。

钼降低贝氏体相变速率的作用远远小于其降低珠光体相变速率的作用，因此在碳含量较低的钼钢中，贝氏体转变曲线常常凸出在珠光体转变曲线的左下方。钨、钒等元素加入钢中也像钼一样有延缓贝氏体相变的作用。

合金元素对贝氏体相变影响的原因可作如下解释：
① 加入碳、锰、镍等稳定奥氏体的元素，使一定相变温度下的相变在 B_s 点自由能差减小，因而降低了 B_s 点和在 B_s 以下给定温度的相变驱动力，从而降低了贝氏体的形核率和长大速度，使相变速率减慢。

② 加入铬、钼、钨、钒等形成碳化物的元素，使碳在奥氏体中的扩散速度降低，因而使贝氏体中碳的脱溶困难，又因为这类元素与碳的亲和力较强，它们在奥氏体中可能与碳形成"原子集团"，使共格性的相界面移动发生困难，结果使贝氏体相变减慢。

③ 不形成碳化物而又降低奥氏体稳定性的元素如铝，或者不形成碳化物而又对奥氏体稳定性影响不大但可提高碳的扩散的元素如钴，这两类元素的加入都将加速贝氏体的形成。

钢中同时加入多种合金元素，它们对贝氏体相变的影响常常不是单一合金元素简单的叠加，其复合影响比较复杂。

6.4.3.2　奥氏体晶粒尺寸的影响

一般来说，奥氏体晶粒越大，贝氏体相变的孕育期和形成一定数量的贝氏体所需的时间越长，相变速率越慢。图 6-22 示出了高碳锰钢的奥氏体晶粒大小对形成一定数量贝氏体所需时间的影响。结果表明，奥氏体晶粒大小无论是对上贝氏体（370℃等温相变）还是对下贝氏体（280℃等温相变）的形成时间都是有影响的。因为奥氏体晶界是贝氏体晶核优先形成的区域，所以随着奥氏体晶粒增大，形成一定数量贝氏体的时间延长。

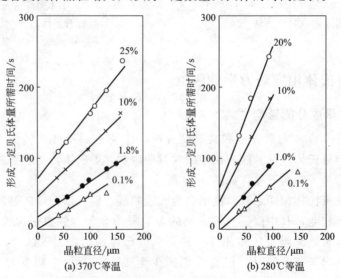

(a) 370℃等温　　　(b) 280℃等温

图 6-22　锰钢奥氏体晶粒直径对形成一定
贝氏体量所需时间的影响

6.4.3.3 奥氏体化温度的影响

提高奥氏体化温度，一方面使碳化物溶解趋于完全，使奥氏体内成分均匀性增大，同时又会使奥氏体晶粒长大，因而贝氏体相变的速率减慢。

图 6-23 示出了高碳锰钢首先加热到 1200℃保温 5min，得到相同尺寸的奥氏体晶粒，然后分别再在各个不同奥氏体化温度保持 5min，然后在 370℃等温测定形成一定数量贝氏体所需的时间。可以看出，随着奥氏体化温度的升高，形成一定数量贝氏体所需的时间先延长，达到峰值后又逐渐缩短。同样，奥氏体化时间对贝氏体形成时间的影响，也有与之相似的规律。随着奥氏体化时间的延长（相当于提高温度），溶于奥氏体中的碳化物数量增加，奥氏体成分的均匀性提高，形成一定数量贝氏体的时间延长；但是，奥氏体化时间太长后，又有加速贝氏体相变的作用，因而，出现了极大值的特性曲线。

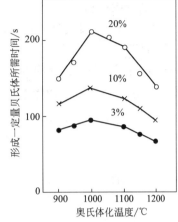

图 6-23 Mn 钢奥氏体化温度对形成一定量贝氏体所需时间的影响

6.4.3.4 过冷奥氏体在不同温度停留的影响

（1）在珠光体与贝氏体相变区域之间稳定区停留的影响 过冷奥氏体在 B_s 点以上停留，因不消耗贝氏体相变的孕育期，所以对贝氏体相变将不发生影响。但是，在高速钢中发现在 500℃以上温度停留，可加速随后在较低温度下贝氏体的形成。根据金相观察发现，在稳定区停留一定时间后有碳化物析出，因此认为由于碳化物的析出而降低了奥氏体中的碳和合金元素的浓度，使贝氏体相变加速。

（2）在贝氏体相变区域上部停留对较低温度下贝氏体相变的影响 在较高温度停留或部分发生贝氏体相变，将会降低以后在较低温度进行的贝氏体相变速率。例如，对 37CrMnSi 钢的研究指出，在 350℃进行等温处理，最终有 73% 的奥氏体转变为贝氏体；而先在 400℃下保持 17min，约有 36% 的贝氏体形成，接着再转移到 350℃，则最终只有 65% 的奥氏体转变为贝氏体，如图 6-24 所示。这说明高温停留和发生部分贝氏体相变，增大了未转变奥氏体的稳定性。

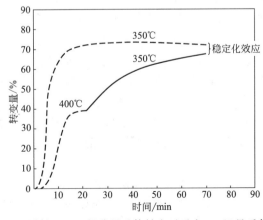

图 6-24 37CrMnSi 先在 400℃部分贝氏体转变对后在 350℃贝氏体相变量的影响

根据这一现象，在进行等温淬火时，应严格控制等温盐浴的温度，勿使等温温度升高，否则将使残余奥氏体含量增多。

（3）在贝氏体相变区域下部或 M_s 点稍下部分发生相变对随后在较高温度下的贝氏体相变的影响　先在较低温度部分发生下贝氏体相变或形成少量马氏体，都将加速随后在较高温度进行的贝氏体相变。其原因是由于较低温度的预先部分相变使奥氏体点阵发生畸变（或应变），从而加速了贝氏体的形核，即所谓应变促发形核加速了贝氏体的形成。例如，GCr15 钢中有部分马氏体存在时，使以后在 450℃ 进行贝氏体相变的速率几乎增加了 15 倍；而先在 300℃ 实行部分贝氏体相变，可使以后在 450℃ 进行贝氏体相变的速率增加 6～7 倍。

6.4.3.5　应力和塑性变形的影响

研究表明，随着拉应力增大，贝氏体相变速率增大，当拉应力超过钢的屈服极限时，相变速率增大得尤为显著。如果在施加应力一段时间后去除应力，则相变开始阶段较快，而后变慢。

在较高的温度（800～1000℃）范围内对奥氏体进行塑性变形，将使贝氏体相变的孕育期延长，相变速率减慢，相变的不完全程度增加。如果在较低温度（300～350℃）范围内对奥氏体进行变形，孕育期缩短，相变速率加快。

在中温区域变形，不仅促进碳化物析出，而且可以细化贝氏体铁素体；在高温区域变形只能细化贝氏体铁素体。这两种变形均能显著细化贝氏体，因而都可提高钢在等温淬火后的强度和硬度，而较少改变塑性和韧性，但中温形变比高温形变热处理的效果更明显。

6.5　钢中贝氏体的力学性能

钢中贝氏体的形态有上贝氏体、下贝氏体和粒状贝氏体等，其组织形貌、相组成和内部亚结构有明显的区别，因此它们的力学性能各不相同。贝氏体的力学性能主要取决于其显微组织形态，即取决于 α-Fe 和 Fe_3C 的显微组织形态。

6.5.1　影响贝氏体力学性能的基本因素

6.5.1.1　α-Fe 的影响

贝氏体中相对细晶的 α-Fe 呈条状或呈针状，比相对粗晶呈块状的 α-Fe 具有较高的强度和硬度，硬度可高出 100～150HB。随着相变温度降低，贝氏体中的 α-Fe 由块状向条状、针状或片状转化。

贝氏体中 α-Fe 晶粒（或亚晶粒）越小，强度越高，而韧性不仅不降低，甚至还有所提高。贝氏体中铁素体条尺寸与屈服强度的关系如图 6-25 所示，符合 Hall-Petch 公式。

贝氏体中 α-Fe 晶粒尺寸受奥氏体晶粒大小和相变温度的影响，前者主要影响铁素体条的长度，后者主要影响条的厚度。α-Fe 晶粒整个尺寸也随相变温度降低而减小。在低碳钢中，若奥氏体晶粒大小相同，则贝氏体铁素体的平均直径由 $37\mu m$ 减小到 $28\mu m$ 时，硬度由 191HV 增高到 228HV。

贝氏体中的 α-Fe 往往较平衡状态的铁素体碳含量稍高，但一般都在 0.25% 以下。贝氏体中 α-Fe 的过饱和度主要受形成温度的影响，相变温度越低，碳的过饱和度越大，其强度、硬度增高，但韧性、塑性降低较少。

贝氏体中 α-Fe 的亚结构主要为缠结位错，这些位错主要是由相变应变产生的。随着相变温度降低，位错密度增大，强度、韧性增高。随着贝氏体中铁素体基元的尺寸减小，强度和韧性也增高。

6.5.1.2　碳化物的影响

在碳化物尺寸相同时，贝氏体中碳化物含量越多，强度和硬度越高，塑性和韧性越低。碳化物的数量主要取决于钢中的碳含量。当钢的成分一定时，随着相变温度的降低，碳化物的尺寸减小，数量增多，硬度和强度增高，但韧性和塑性降低较少。贝氏体组织中，单位截面上碳化物颗粒数与屈服强度的关系如图 6-26 所示。

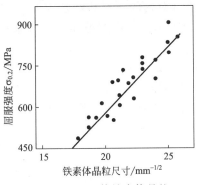

图 6-25　贝氏体铁素体晶粒
尺寸与屈服强度的关系

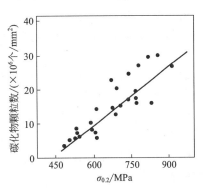

图 6-26　贝氏体中单位截面上碳化物
颗粒数与屈服强度的关系

贝氏体中的碳化物可以是片状、粒状、断续杆状或层状。一般碳化物是粒状的韧性较高，细小片状的强度较高，断续杆状或层状的脆性较大。

随着相变温度的降低，贝氏体中碳化物的形态由断续杆状或层状向细片状变化；随着等温时间的延长或进行较高温度回火，碳化物将向粒状转化。贝氏体中碳化物，在某些组织中等向均匀分布，而在另一些组织中定向分布。通常，碳化物等向均匀弥散分布时，强度较高，韧性较大。如果碳化物定向不均匀分布，则强度较低，且脆性较大。在上贝氏体中碳化物易定向不均匀分布，而在下贝氏体中碳化物则分布较为均匀。

综上所述，随着贝氏体形成温度的降低，贝氏体中铁素体晶粒变细，铁素体中碳含量增加，碳化物的弥散度也增大，导致贝氏体的强度和硬度增大。碳素钢贝氏体抗拉强度与形成温度的关系如图 6-27 所示。

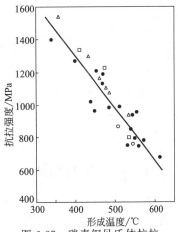

图 6-27　碳素钢贝氏体抗拉
强度与形成温度的关系

含碳量：● 0.1%～0.15%；○ 0.2%；
□ 0.3%；△ 0.4%

6.5.2　非贝氏体组织对力学性能的影响

（1）残余奥氏体的影响　与贝氏体相比，残余奥氏体是软相。如果贝氏体中含有少量奥氏体并且均匀分布时，强度降低较少，而且可以提高塑性和韧性。当奥氏体含量较多时，虽然会提高钢的塑性和韧性，但会降低钢的屈服强度和疲劳强度。通常，当贝氏体形成温度高时，由于未相变奥氏体碳含量增高，残余奥氏体数量增多。当形成温度低时，由于贝氏体相变不完全性减小，残余奥氏体数量减小。但是，当等温转变温度过低时，由于等温保持时产生的奥氏体稳定化作用，又会使残余奥氏体数量增多。

（2）马氏体（回火马氏体）的影响　贝氏体相变时，未相变的奥氏体在随后冷却过程中，有可能部分地转变为马氏体。在 M_s 点较高的钢中，形成的马氏体还可能发生自回火而成为回火马氏体。如果贝氏体等温处理温度在 M_s 点以下，则在贝氏体形成之前，将有部分马氏体形成，并随后被回火成回火马氏体。

当贝氏体处理后有片状马氏体存在时，会使钢的硬度增高，韧性明显降低。而当有板条马氏体存在时，会使钢的硬度、强度增高，而韧性稍有降低或不降低。有回火板条马氏体存在时，由于力学性能与下贝氏体相似甚至稍高，所以对钢的强度和韧性均无不良影响。但是，当马氏体为片状时，回火析出的碳化物沿孪晶界或马氏体晶界分布，则会降低钢的冲击韧性。

（3）珠光体相变产物的影响　由于获得贝氏体的冷却速率较小，在贝氏体形成之前，有可能发生珠光体相变。相变产物通常是铁素体或铁素体加珠光体。与下贝氏体相比，会明显降低钢的硬度和强度；如果是索氏体或屈氏体，则对钢的硬度、强度降低较少。如果贝氏体处理的等温温度较高（在450℃以上），对于 B_s 点较高的钢，在等温保持过程中，也可能部分相变为索氏体或屈氏体。在这种情况下，与形成的上贝氏体相比，钢的力学性能不降低甚至还可能稍有提高。

（4）针状铁素体及上贝氏体的影响　如果钢的热处理要求获得下贝氏体，而实际处理可能有部分针状铁素体或普通上贝氏体形成，将明显降低钢的硬度和强度，而且也会降低钢的韧性。针状铁素体或上贝氏体的出现，主要是由于过冷奥氏体稳定性较小和热处理冷却速率较慢引起的。

应当指出，贝氏体中的残余奥氏体在中温区域回火后，会相变为上贝氏体、二次淬火马氏体等，这将明显降低钢的韧性。

综上所述，由于钢的过冷奥氏体稳定性不同，贝氏体处理工艺参数和钢件实际冷却速率不同，处理后获得的贝氏体形态和非贝氏体组织类型、数量、分布可能是不同的，因而使钢件经贝氏体处理后的力学性能常常差异较大。为了提高贝氏体处理后钢的高强韧性，应该避免奥氏体在等温前发生分解和尽可能使贝氏体在较低温度下形成。

6.5.3　贝氏体的韧性

图6-28为Cr-Mn-Si钢贝氏体的冲击值与形成温度的关系。从图中可以看出，约在350℃以上，当组织中大部甚至全部为上贝氏体时，冲击值开始明显降低。其原因是在上贝氏体中存在粗大的碳化物颗粒或断续的条状碳化物，这些碳化物分布于尺寸同样粗大的铁素体条之间，并且上贝氏体铁素体和碳化物分布都具有明显的方向性，所以这种组织对裂纹扩展的抗力很小，铁素体条甚至可能成为裂纹扩展的通路。另外整个显微组织中也可能存在高碳马氏体区（由未相变的奥氏体冷却时形成），所以容易形成大于临界尺寸的裂纹，导致钢的脆性增大。

当贝氏体形成温度低于350℃时，获得的是下贝氏体组织。在下贝氏体中较小的碳化物不易形成裂纹，即使形成裂纹也难以达到临界尺寸，因而缺乏脆断的基础。即使形成解理裂纹，其扩展也将受到大量弥散碳化物和位错的阻止。因此和上贝氏体相比，下贝氏体不但强度高，更主要是韧性高。所以，工程实际淬火一般不希望获得上贝氏体组织而是希望获得下贝氏体组织。

对于具有回火脆性的钢种，等温淬火获得的贝氏体与淬火、回火处理获得的马氏体相

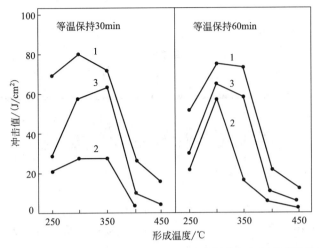

图 6-28　870℃30min 奥氏体化的 Cr-Mn-Si 贝氏体冲击值与形成温度的关系
1—0.27%C；2—0.40%C；3—0.42%C

比，如果在回火脆性温度范围内回火，当硬度、强度相同时，贝氏体的冲击韧性高于回火马氏体。当等温处理温度较低（<400℃）时，获得下贝氏体，可保持较高的冲击韧性，且优于淬火回火马氏体；当等温处理温度较高（>400℃）时，获得上贝氏体，不仅强度低，而且冲击韧性明显下降，甚至低于淬火回火马氏体。因此，只有等温处理获得下贝氏体加残余奥氏体，钢件才具有较高的冲击韧性和低的脆性转折温度。

当钢的碳含量或合金元素含量较高时，其 M_s 点较低，淬火后获得孪晶马氏体，在这种情况下，等温淬火获得下贝氏体与淬火加低温回火获得的回火马氏体相比，常常具有较高的冲击韧性。

第 7 章

淬火钢的回火转变

钢件淬火后获得的组织，主要是马氏体或马氏体加残余奥氏体。室温下这两种组织都是亚稳相，并有向稳定相铁素体加渗碳体（碳化物）相变的趋势。对淬火钢回火的目的，就是使淬火态的亚稳相转变为回火态的相对稳定相，不仅获得所需要的力学性能，同时也能够消除或减少淬火产生的热应力和相变造成的组织应力。

本章重点讨论回火钢的组织形态和性能之间的关系，研究回火温度和时间对淬火钢回火后的组织转变和性能的影响规律，这也是本章重点学习的内容。

7.1 淬火钢回火的组织转变概述

淬火碳钢于不同温度回火时的体积和比热容变化情况如图 7-1 和图 7-2 所示。由图可知，回火时钢的物理性能有几处突然变化。这些变化表明，在相应的温度下，比较集中地发生了某种组织变化。可以从淬火钢回火加热时各相物理性能的不同变化来揭示不同阶段回火时的组织变化特征。从比体积来看，完全处于过饱和状态的马氏体最大，其次为回火马氏体，再次为回火索氏体，残余奥氏体的比体积最小。从储存相变潜热来看，残余奥氏体全部保存了钢在加热时由珠光体转变为奥氏体时吸收的潜热，而淬火成马氏体将放出部分潜热，因此淬火马氏体中仍保留部分相变潜热，这部分潜热将在淬火马氏体回火过程中不断释放。因此，回火时淬火马氏体发生的相变，将使体积缩小并放出热能；残余奥氏体发生的相变，将使体积膨胀并大量放出热能。根据图 7-1 和图 7-2，并配合金相、硬度测定结果，可将淬火高碳钢的回火转变按回火温度区分为下述几个阶段。

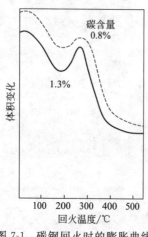

图 7-1 碳钢回火时的膨胀曲线

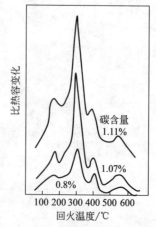

图 7-2 碳钢回火时的热分析曲线

前期阶段（预备阶段或时效阶段）：回火温度在 80℃ 以下，从尺寸、比热容、金相和硬度上都观察到或测到有明显变化，研究结果表明，在这一温度范围内回火时，将发生碳原子的偏聚（集团化）。

第一阶段：回火温度在 80～170℃ 之间。试样尺寸减小并放热。发生的反应是过饱和碳从马氏体中以微小 ε-碳化物形式析出，使基体碳浓度降低。这一阶段获得的回火转变产物为具有一定过饱和度的 α 相和 ε-碳化物的混合组织，称为回火马氏体。

第二阶段：回火温度在 250～300℃ 之间。试样尺寸增大，大量放热并稍有硬化，是残余奥氏体分解的转变阶段，其转变产物是回火马氏体或贝氏体组织。

第三阶段：回火温度在 270～400℃ 之间。试样尺寸收缩，放热并显著软化。在这个阶段，一方面从过饱和的 α 相中继续析出碳化物；另一方面，亚稳的 ε-碳化物向稳定的 θ-碳化物（渗碳体）转变，转变是通过 ε-碳化物的溶解和 θ-碳化物重新从马氏体基体中析出的方式完成的。最初 ε-碳化物转变为相对稳定的 ε-Fe_xC 碳化物，随着温度继续升高，α 相开始回复与再结晶，ε-Fe_xC 碳化物进一步转变为稳定的片状 θ-碳化物，并且 θ-碳化物聚集长大和逐渐球化。将具有一定过饱和度的 α 相和 ε-Fe_xC 碳化物的混合物称为回火屈氏体，而将回复再结晶的 α 相和聚集长大的碳化物的混合组织称为回火索氏体。

淬火高碳钢连续加热回火过程中的组织转变概况列于表 7-1。需要指出的是，淬火钢在等温回火或连续加热回火过程中发生的各种转变，不是单独发生的，而是相互重叠的。

表 7-1　淬火高碳钢回火时的组织转变和物理性能的变化

项目	温度/℃	长度	比热容	硬度	最终组织
前期阶段	<80	变化不大	—	—	
第一阶段	80～170	收缩	放热	—	回火马氏体
第二阶段	250～300	膨胀	显著放热	稍许硬化	回火马氏体
第三阶段	270～400 >400	收缩	放热	软化	回火屈氏体 回火索氏体

7.2　淬火钢的回火转变

7.2.1　马氏体中碳的偏聚（回火前期阶段）

马氏体是碳在 α-Fe 中的过饱和间隙固溶体，碳原子分布在体心立方点阵的扁八面体间隙中心，使晶体产生了较大的弹性变形。这部分弹性变形能储存在马氏体内，加之晶体点阵的微观缺陷较多，因此也使马氏体的能量增高，处于不稳定状态。

在室温附近，铁和合金元素原子难以扩散迁移，但碳、氮等间隙原子尚能作短距离的扩散。当碳、氮原子扩散到微观缺陷或附近位置后，可以降低马氏体的能量。从碳、氮原子在 α 相中的扩散计算可知，在 0℃ 附近碳、氮原子迁移 2Å 的距离，约需要 1min 左右的时间。因此处于不稳定状态的淬火马氏体在室温附近，甚至在更低的温度停留时，碳、氮原子可以作一定距离的迁移，出现碳、氮原子向微观缺陷处偏聚现象。

对于板条马氏体，由于晶体内部存在大量位错，碳原子倾向于在位错线附近偏聚，形成碳的偏聚区，导致马氏体的弹性畸变能降低。碳在板条马氏体中形成的偏聚区，可以用碳原子（C）与位错符号（⊥）表示。即：

$$C + \perp \rightleftharpoons \perp C \tag{7-1}$$

碳原子的偏聚与位错密度和碳原子的扩散能力有关。位错密度越高，碳原子发生偏聚的可能性越大；碳原子扩散能力加大，有利于其向位错线偏聚。因此，回火时碳原子的偏聚现象，主要发生在亚结构为位错型的板条马氏体钢中，并且偏聚的碳原子含量达到 0.2% 时就已接近饱和。当然，只有当淬火马氏体中不具备形成碳化物的条件或形成的碳化物的稳定性低于⊥C 偏聚区时，碳的偏聚才能发生。但如果碳原子扩散能力过大，会使处于偏聚区的碳原子"蒸发"，而使偏聚区消失。

钢中碳原子的偏聚现象，无法用普通金相方法观察到，可以用电阻、内耗等实验方法来推测。由于马氏体中的碳原子分布在正常间隙位置比分布在位错线附近的电阻率高，因此从淬火钢的电阻率变化，可以间接推断碳原子是否发生偏聚。图 7-3 为淬火钢在 −196℃ 下电阻率与碳含量的关系曲线。从图中可以看出，马氏体的碳含量低于 0.2% 时，碳对电阻率的贡献为每个含碳量百分点 $10\mu\Omega \cdot cm$，碳含量高于 0.2% 时，碳对电阻率的贡献为每个含碳量百分点 $30\mu\Omega \cdot cm$，后者是前者的三倍。说明了马氏体碳含量低于 0.2% 时，其饱和碳原子接近完全偏聚状态，而碳含量高于 0.2% 时，则接近无偏聚状态。这是因为马氏体碳含量较高，一方面若位错线附近的间隙位置已被碳原子占据，则其余碳原子只能处于正常间隙位置；另一方面由于随着碳含量升高，位错型马氏体数量减少，孪晶型马氏体数量增多，马氏体中总的位错数量减少，致使大部分碳原子都处于八面体正常间隙位置。所以马氏体碳含量高于

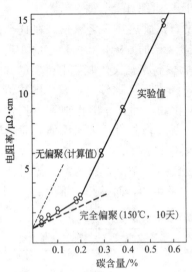

图 7-3 淬火钢电阻率与碳含量的关系

0.2% 时，碳对电阻率的贡献增大。用碳原子在晶体缺陷处偏聚的观点能够圆满解释当碳含量小于 0.2% 时，马氏体不呈现正方度，为立方点阵结构，只有当碳含量大于 0.2% 时，才可能测出正方度的现象。采用内耗法测得的马氏体中碳的偏聚情况，与上述实验获得的结果相同。

对于片状马氏体，由于结构主要是孪晶，没有足够的位错线储存碳原子，因而一般不形成偏聚区。实验表明，在室温下孪晶马氏体的碳原子，可能在某一晶面上（可能是 {100} 或孪晶面 {112}）富集，形成比平均碳浓度高的小片状富碳区，富碳区厚度只有几个埃，直径小于 10Å。由于富碳区尚未形成一定类型的碳化物，只是碳原子富集在马氏体的一定晶面上，因此它的存在造成点阵更大的畸变，从而使电阻率升高。另外富碳区的形成，也将会使钢的硬度有所提高。碳原子在片状马氏体这些晶面上富集的稳定性，低于其在板条马氏体位错线附近富集的稳定性。

7.2.2 马氏体分解（回火第一阶段）

当回火温度超过 80℃ 时，淬火马氏体将发生分解，碳从过饱和 α 相中脱溶，其结果使马氏体的碳浓度降低，点阵常数 c 减小，a 增大，正方度 c/a 减小；同时析出 ε-碳化物。

高碳（含碳 1.4%）马氏体的正方度与回火温度的关系如表 7-2 所示。由表可见，当回火温度在 100℃ 以下时，α 相呈现两种正方度，一种与未经回火的淬火高碳马氏体接近（$c/a = 1.062 \sim 1.054$），另一种为低碳马氏体（$c/a = 1.012 \sim 1.013$）。计算得知 $c/a = 1.062 \sim 1.054$ 与碳含量为 1.4%～1.2% 的马氏体正方度相对应，$c/a = 1.012 \sim 1.013$ 与碳含量为

0.28%～0.25%的马氏体正方度相对应。当回火温度高于125℃时，α相的正方度只有一种，而且随着回火温度的增高，c/a 逐渐减小，即 α 相的碳含量逐渐降低。

表 7-2 高碳马氏体的正方度和碳含量与回火温度的关系

回火温度/℃	回火时间	a/Å	c/Å	c/a	碳含量/%
室温	10 年	2.846	2.880,3.02	1.012,1.062	0.27,1.4
100	1h	2.846	2.882,3.02	1.013,1.054	0.29,1.2
125	1h	2.846	2.886	1.013	0.29
150	1h	2.852	2.886	1.012	0.27
175	1h	2.857	2.884	1.009	0.21
200	1h	2.859	2.878	1.006	0.14
225	1h	2.861	2.872	1.004	0.08
250	1h	2.863	2.870	1.003	0.06

与表 7-1 对照可知，表 7-2 中 100℃以下回火与表 7-1 中的回火前期阶段对应，即两种正方度的马氏体可能与碳偏聚后形成的贫碳区和富碳区分别对应。而当回火温度超过 100℃以后才真正发生马氏体的分解过程。

高碳马氏体回火第一阶段中形成的碳化物属于 Fe_3N 型，称为 ε-碳化物，一般用 ε-Fe_xC 表示，ε-碳化物具有密排六方点阵，$x=2～3$。回火时，马氏体相变为回火马氏体，可用下式表示：

$$\alpha' \longrightarrow M_{回}(\alpha 相 + \varepsilon\text{-}Fe_xC)$$

碳含量   共格   (7-2)

约0.25%   2～3

在回火马氏体中，ε-Fe_xC 与基体保持着共格关系。从马氏体中析出的 ε-Fe_xC 有一定的惯习面，常为 $\{100\}_{\alpha'}$，并与母相保持一定位向关系，例如，高碳钢和高镍钢中有如下关系：

$$(0001)_\varepsilon /\!/ (011)_{\alpha'};[10\bar{1}0]_\varepsilon /\!/ [2\bar{1}1]_{\alpha'}$$

使用普通金相显微镜，观察不出回火马氏体的 ε-Fe_xC，但由于 ε-Fe_xC 的析出却使马氏体极易被腐蚀成黑色。在电子显微镜下可观察到 ε-Fe_xC。图 7-4 给出了高碳回火马氏体 ε-Fe_xC 透射电镜的暗场像。可以看出，ε-Fe_xC 是长度约为1000Å 的条状薄片。这些薄片都产生于 $\{100\}_{\alpha'}$ 面族中三组互相垂直的 (100) 面上，所以，ε-Fe_xC 互相垂直分布在回火马氏体的基体中，在同一个 (100) 面上 ε-Fe_xC 以一定角度交叉分布。

用透射电镜暗场像进一步观察发现，薄片状 ε-Fe_xC 是由许多50Å 左右的微细颗粒组成，推测 ε-Fe_xC 可能是由孪晶马氏体中碳富集区转变而来的，刚形成的 ε-Fe_xC颗粒在 20Å 左右，随着时间的延长，逐渐长大到60Å，最终可能长大到160Å 左右。由于这些颗粒都分布在 $\{100\}_{\alpha'}$ 上，所以用普通电镜观察时，呈短小的薄片状。

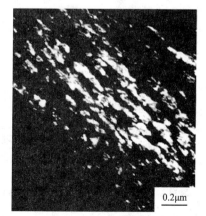

图 7-4 高碳回火马氏体 ε-Fe_xC 的 TEM 照片

应该指出，ε-Fe$_x$C 是一种过渡型的亚稳碳化物，只要条件适合，它就会自动地向稳定碳化物转变。

对于低碳（含碳＜0.2％）板条马氏体，在 100～200℃ 之间回火，不析出 ε-Fe$_x$C，碳原子仍然偏聚在位错线附近，这是由于碳原子偏聚的能量状态低于析出碳化物的能量状态。

在普通淬火条件下，中碳钢得到的是板条状（位错型）马氏体和片状（孪晶型）马氏体的混合组织。回火时，马氏体的分解兼有孪晶型高碳马氏体和位错型低碳马氏体的转变特征。在低温回火条件下，既有碳原子的沉淀和 ε-Fe$_x$C 的析出，又有碳原子在位错线附近的偏聚。

将具有一定过饱和度的 α 相和与之共格的 ε-Fe$_x$C 的混合组织称为回火马氏体。

7.2.3　残余奥氏体转变（回火第二阶段）

钢在淬火后含有一定量的残余奥氏体，与过冷奥氏体相比，两者都是碳在 α-Fe 中的固

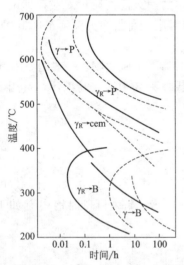

图 7-5　残余奥氏体等温相变图

溶体，但物理状态却不同。例如，残余奥氏体在淬火过程中发生了高度塑性变形，存在很大的畸变；残余奥氏体中可能已经发生了机械稳定化和热稳定化现象等。上述原因都会影响残余奥氏体转变的动力学。

残余奥氏体回火时的转变随回火温度不同而异。1.11％C-4.11％Cr 钢中残余奥氏体等温转变动力学曲线如图 7-5 所示。由图可见，残余奥氏体与过冷奥氏体两者转变动力学曲线极其相似。在珠光体形成的温度范围内，残余奥氏体先析出先共析碳化物，随后转变为珠光体。在贝氏体形成温度范围内，残余奥氏体也可转变为贝氏体。在珠光体和贝氏体转变之间，也有一个残余奥氏体稳定区域。

淬火高碳钢，在连续缓慢加热条件下，当温度升高到 200℃ 左右时，可以明显观察到残余奥氏体的转变。其转变产物是 α 相和 ε-Fe$_x$C 的混合物，称回火马氏体或下贝氏体。其相变可以用下式表示：

$$\gamma_R \longrightarrow M_{回} 或 B(\alpha 相 + \varepsilon\text{-}Fe_x C) \tag{7-3}$$

此时，α 相的碳含量不仅与该温度下回火马氏体碳含量相近，而且与该温度下过冷奥氏体相变的下贝氏体的碳含量相近。

实际上，如果提高测量精度，则发现残余奥氏体的转变温度可能更低。因此认为表 7-1 所示的第二阶段温度范围，应该指的是剧烈转变的温度范围，并不是残余奥氏体的开始转变温度和终了转变温度，开始转变温度应更低些。

在碳素钢中，只有当钢的碳含量高于 0.4％ 时，淬火后才有一定数量的残余奥氏体存在，所以这种转变只对中高碳钢才具有实际意义。

7.2.4　碳化物转变（回火第三阶段）

回火温度升高到 250～400℃，碳钢马氏体过饱和的碳几乎全部脱溶，并形成比 ε-Fe$_x$C 更加稳定的碳化物，这属于回火第三阶段相变。

在碳钢中比 $\varepsilon\text{-}Fe_x C$ 更稳定的碳化物，常见的有两种：一种是 $\chi\text{-}Fe_5 C_2$，单斜晶系；另一种是 $\theta\text{-}Fe_3 C$，正交晶系。它们的磁性转变温度分别是 270℃和 208℃。碳钢回火过程中碳化物随温度升高的转变顺序可能为：

$\alpha' \longrightarrow \alpha$ 相 $+\varepsilon\text{-}Fe_x C$

$\qquad \longrightarrow \alpha$ 相 $+\chi\text{-}Fe_5 C_2 +\varepsilon\text{-}Fe_x C$

$\qquad \longrightarrow \alpha$ 相 $+\theta\text{-}Fe_3 C+\chi\text{-}Fe_5 C_2 +\varepsilon\text{-}Fe_x C$

$\qquad \longrightarrow \alpha$ 相 $+\theta\text{-}Fe_3 C+\chi\text{-}Fe_5 C_2$

$\qquad \longrightarrow \alpha$ 相 $+\theta\text{-}Fe_3 C$

回火时钢中的碳化物转变，也是通过形核和长大方式进行的。

在低碳钢中，由于碳原子几乎全部偏聚在板条马氏体的位错线附近，而且较为稳定，低温回火时可以不形成 $\varepsilon\text{-}Fe_x C$。当回火温度高于 200℃时，从碳的偏聚区能够直接析出 $\theta\text{-}Fe_3 C$，这种碳化物可以在位错线附近析出，也可以在马氏体板条的晶界上析出。低碳马氏体由于 M_s 点较高，淬火冷却时往往析出 $\theta\text{-}Fe_3 C$ 的现象称为自回火。

高碳钢片状马氏体在低温回火分解为 α 相 $+\varepsilon\text{-}Fe_x C$ 之后，两相之间保持着共格关系。当 $\varepsilon\text{-}Fe_x C$ 长大时，共格畸变增大，由于 α 相的屈服强度随着温度升高而降低，因此当 $\varepsilon\text{-}Fe_x C$ 长大到一定尺寸之后，其与 α 相的共格关系将不能维持。$\varepsilon\text{-}Fe_x C$ 与 α 相的共格关系被破坏，常常是由于 $\varepsilon\text{-}Fe_x C$ 相变为其他新的碳化物引起的。通常在 $250\sim350$℃温度范围内，$\varepsilon\text{-}Fe_x C$ 相变为较稳定的其他类型碳化物，因此在这个温度范围内回火将引起共格关系的破坏。

碳化物转变的形核长大方式可分为两类：一类是在原来碳化物的基础上发生成分变化和点阵重构，即所谓"原位"转变；另一类是原来碳化物溶解，新碳化物在其他部位重新形核长大，即所谓"独立"形核长大转变。

碳化物转变的形核长大方式，主要取决于新旧碳化物与母相的惯习面和位向关系。新旧碳化物与母相的惯习面和位向关系相同则原位形核长大转变，不相同则独立形核长大转变。由于 $\varepsilon\text{-}Fe_x C$ 的惯习面和位向关系与 $\chi\text{-}Fe_5 C_2$ 和 $\theta\text{-}Fe_3 C$ 不同，因此，$\varepsilon\text{-}Fe_x C$ 相变为 $\chi\text{-}Fe_5 C_2$ 和 $\theta\text{-}Fe_3 C$ 时，不可能是原位直接转变，而是通过 $\varepsilon\text{-}Fe_x C$ 溶解、新碳化物独立形核长大的方式进行。而 $\chi\text{-}Fe_5 C_2$ 相变为 $\theta\text{-}Fe_3 C$ 时，它们的惯习面和位向关系可能相同，也可能不同。所以 $\chi\text{-}Fe_5 C_2$ 相变为 $\theta\text{-}Fe_3 C$ 时，既可能原位转变，也可能 $\chi\text{-}Fe_5 C_2$ 溶解、$\theta\text{-}Fe_3 C$ 独立形核长大。

回火时碳化物析出的惯习面和位向关系与碳化物类型有关。中、低碳钢中，$\chi\text{-}Fe_5 C_2$ 的惯习面为 $\{112\}_{\alpha'}$，位向关系为：

$$(100)_\chi /\!/ (1\bar{2}\bar{1})_{\alpha'}, (010)_\chi /\!/ (101)_{\alpha'}, [001]_\chi /\!/ [\bar{1}11]_{\alpha'}$$

$\theta\text{-}Fe_3 C$ 的惯习面为 $\{110\}_{\alpha'}$ 或 $\{112\}_{\alpha'}$；位向关系为：

$$(001)_\theta /\!/ (112)_{\alpha'}, (010)_\theta /\!/ (\bar{1}11)_{\alpha'}, [100]_\theta /\!/ [1\bar{1}0]_{\alpha'}$$

碳钢回火过程中是否出现 $\chi\text{-}Fe_5 C_2$，可能与钢的碳含量有关，一般地，碳含量高的片状马氏体回火时有利于产生 $\chi\text{-}Fe_5 C_2$（板条马氏体相对不易产生 $\chi\text{-}Fe_5 C_2$）。

上述分析可以用实验结果来证明，如含碳 0.86％钢经 250℃回火 5h 后，产生了两种不同类型的碳化物，其透射电镜照片如图 7-6 所示。电子衍射分析证明，在 $\{100\}_{\alpha'}$ 上分布的是 $\varepsilon\text{-}Fe_x C$，而在 $\{112\}_{\alpha'}$ 上分布的是 $\chi\text{-}Fe_5 C_2$。$\chi\text{-}Fe_5 C_2$ 的片间距约为 $50\sim900$Å，这与片状马氏体的孪晶面间距大致相等，说明 $\chi\text{-}Fe_5 C_2$ 主要是从马氏体的孪晶面上析出的。这种钢在高于 250℃温度回火时，除了析出 $\chi\text{-}Fe_5 C_2$ 外，还形成了 $\theta\text{-}Fe_3 C$。这种 $\theta\text{-}Fe_3 C$ 的惯习面有两组，一组产生在 $\{110\}_{\alpha'}$ 上，说明这是通过独立形核长大的；另一组产生在 $\{121\}_{\alpha'}$ 上，这与 $\chi\text{-}Fe_5C_2$ 的惯习面相同，因此它可能是 $\chi\text{-}Fe_5C_2$ 直接原位转变而成的。

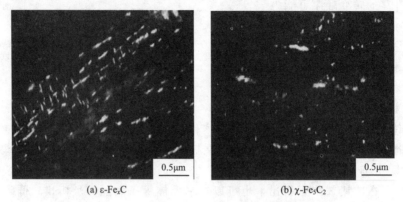

| (a) $\varepsilon\text{-}Fe_xC$ | (b) $\chi\text{-}Fe_5C_2$ |

图 7-6　含碳 0.86% 钢经 250℃ 5h 回火碳化物的 TEM 暗场像

在更高的回火温度时，形成的碳化物全部相变成 $\theta\text{-}Fe_3C$。形成的 $\theta\text{-}Fe_3C$ 的形状初期常呈板状，如图 7-7 所示。图中可以看到从孪晶界上析出的板状 $\theta\text{-}Fe_3C$。

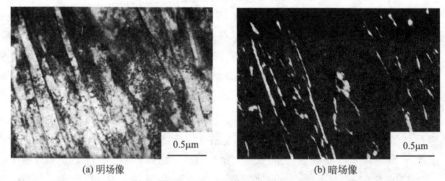

| (a) 明场像 | (b) 暗场像 |

图 7-7　0.57%C-23.8%Ni 钢经 400℃30min 回火 $\theta\text{-}Fe_3C$ 的 TEM 像

碳素钢回火时发生的 $\varepsilon\text{-}Fe_xC \longrightarrow \chi\text{-}Fe_5C_2 \longrightarrow \theta\text{-}Fe_3C$ 相变，是由于 $\varepsilon\text{-}Fe_xC$ 和 $\chi\text{-}Fe_5C_2$ 都是亚稳的过渡相，随着回火温度的升高，这些碳化物将会发生溶解或直接转变为渗碳体。回火时碳化物转变取决于回火温度，但也和时间有关，随着回火时间的延长，发生碳化物转变温度降低，如图 7-8 所示。

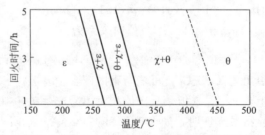

图 7-8　淬火高碳（含碳 1.34%）钢回火时碳化物相变温度和时间关系

值得指出的是，无论是高碳钢还是低碳钢，回火时在马氏体界或亚晶界（孪晶界或板条边界）上析出不连续的薄片状碳化物，都将引起钢的韧性显著下降。

回火第三阶段的转变产物，就是具有一定过饱和度的 α 相和与其共格的 ε-Fe$_x$C 的混合物相变为 α 相和与其无共格关系的 θ-Fe$_3$C 碳化物混合组织，这种组织就是所谓的回火屈氏体。可以用下式表示：

$$M'(\alpha \text{ 相}+\varepsilon\text{-Fe}_x\text{C}) \longrightarrow T'(\alpha \text{ 相}+\theta\text{-Fe}_3\text{C}) \tag{7-4}$$

7.2.5　α 相状态的变化及碳化物聚集长大

淬火冷却过程中，钢件内部残留较大的第一类内应力（区域性）、第二类内应力（晶粒内，晶胞间）和第三类内应力（晶胞内，原子间）。钢中各相处于各种内应力作用之下，回火是消除淬火内应力的主要方法之一。

回火温度对第一类内应力的影响，如图 7-9 所示。当回火温度高达 550℃时，碳素钢的第一类内应力接近于全部消除。

淬火钢的第二类内应力，可以用点阵常数的变化 $\Delta a/a$ 来表示。在含量 1% 的碳素钢中，在 500℃左右回火时钢的第二类内应力基本消除，如图 7-10 所示。可以认为，钢中的第二类、第三类内应力的降低，是受钢中碳原子的扩散控制的，这是由于钢中马氏体的碳原子是以间隙原子状态存在的，从而产生了很大的点阵畸变。在回火过程中，这种畸变将随着 α 相中碳的析出而减小。当碳原子从 α 相中基本上完全析出时，固溶畸变也就基本上完全消除。但是，在回火过程中，由于马氏体分解时，析出的 ε-Fe$_x$C 与母相保持共格关系，当 ε-Fe$_x$C 长大时，又有增大 α 相畸变和内应力的作用，所以，只有当 ε-Fe$_x$C 相变为渗碳体，与 α 相的共格关系破坏时，α 相的畸变和内应力才能基本消除。

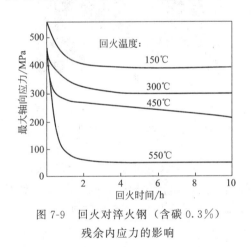

图 7-9　回火对淬火钢（含碳 0.3%）
残余内应力的影响

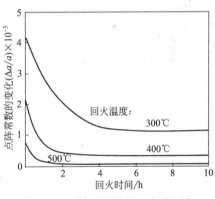

图 7-10　回火对淬火钢（含碳 1%）
中畸变 $\Delta a/a$ 的影响

由于淬火马氏体晶粒的形状不是稳定的等轴状，而且晶体内的位错密度很高，所以与冷塑性变形金属相似，在回火过程中也会发生回复和再结晶。

原来为板条状的马氏体，在回复过程中，α 相的位错胞和位错胞内的位错线将逐渐消失，晶体中的位错密度降低，剩下的位错将重新排列成二维位错网络。这时 α 相的亚结构将由二维位错网络分割而成的亚晶粒组成（见图 7-11）。回火时确切的回复温度不易测定，但当回火温度高于 400℃时，回复已经明显表现出来。回复后的 α 相形态仍呈细板条状，如图 7-12 所示。当回火温度高于 600℃时，由于铁原子的明显自扩散，回复的 α 相开始发生再结晶。再结晶过程是由位错密度较低的等轴 α 相新晶粒逐步代替原来细板条状的 α 相的过程，从图 7-13 可以看出，α 相发生了部分再结晶。

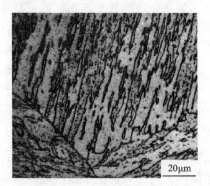

图 7-11　含碳 0.2％钢板条马氏体在 600℃20min
回火后 α 相回复亚结构的 TEM 像

图 7-12　含碳 0.2％钢板条马氏体在 600℃20min
回火后 α 相回复亚结构的 SEM 像

　　钢在回火时析出的碳化物颗粒将钉扎住晶界，如图 7-14 所示。这种碳化物有阻碍 α 相
再结晶的作用，所以钢中碳含量增高，α 相的再结晶趋于困难。

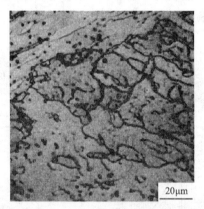

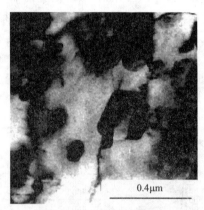

图 7-13　含碳 0.2％钢板条马氏体在 600℃96h
回火后 α 相回复亚结构的 SEM 像

图 7-14　含碳 0.2％钢板条马氏体在 600℃96h
回火后渗碳体钉扎晶界的 TEM 像

　　对于片状马氏体，当回火温度高于 250℃时，马氏体片中的孪晶亚结构逐渐消失，出现
了位错胞和位错线。这些位错线可能是由于渗碳体析出时的体积变化引起的。回火温度达到
400℃时，孪晶全部消失。回火温度高于 400℃时，α 相也将发生回复和再结晶（＞600℃），
其情况同板条马氏体相同。

　　因此，淬火钢经高于 500℃的回火温度回火后，α 相已经发生了回复和再结晶，碳化物
也已经变成粒状渗碳体，显微组织已经接近平衡状态。将回复和再结晶的 α 相和与 α 相无共
格关系的聚集长大的粒状碳化物的混合组织称为回火索氏体。

　　淬火碳素钢在高温回火时，碳化物会发生聚集长大。当回火温度高于 400℃时，碳化物
已经开始聚集和球化；而当温度高于 600℃时，细粒状碳化物将迅速聚集和粗化。碳化物的
球化、长大过程，一般是按照小颗粒溶解、大颗粒长大的机理进行的。实际上，回火碳化物
的聚集长大是比较复杂的。因为马氏体回火时析出的碳化物，既可以分布在晶粒内部，也可
能分布在晶界上或原奥氏体的晶界上。回火时碳化物的聚集长大，往往是按晶粒内的碳化物
溶解而在晶界上碳化物析出这样的过程完成的，所以回火常常观察到马氏体晶界或原奥氏体
晶界有较多断续条状碳化物存在。只有经很高温度回火后，这些碳化物才转变为球状。在高

于 500℃ 回火时，随着回火温度的升高和保温时间的延长，碳化物尺寸增大，如图 7-15 所示。

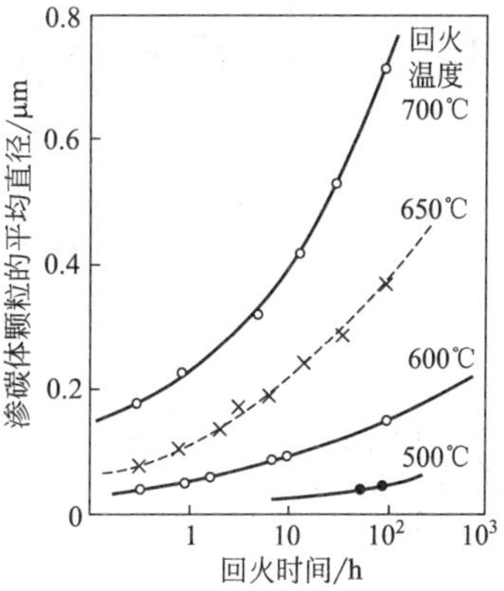

在等温回火条件下，渗碳体颗粒的平均直径 d 可以近似地用下式表达。

$$d^3 = 3DS \frac{2M\sigma}{R\rho T^2}\tau \qquad (7\text{-}5)$$

式中，D 为原子的扩散系数；S 为原子的溶解度；M 为碳化物的分子量；σ 为碳化物与 α 相的表面张力；T 为回火温度；τ 为回火时间；R 为摩尔气体常数；ρ 为碳化物密度。

图 7-15　含碳 0.34% 钢回火温度和时间对渗碳体颗粒直径的影响

在一定温度下，式(7-5) 除了 τ 外都是恒量，因此式(7-5) 可以写成：

$$d^3 = k\tau \quad \text{或} \quad d = k\tau^{1/3} \qquad (7\text{-}6)$$

式中，k 为系数。即碳化物颗粒的平均直径 d 与回火时间 $\tau^{1/3}$ 成正比，这一关系式与实验结果颇为符合。

7.3　合金元素对回火转变的影响

7.3.1　马氏体分解的影响

在马氏体分解阶段中，发生马氏体中过饱和碳的脱溶和碳化物微粒的析出与聚集，同时 α 相中碳含量降低。合金元素的作用在于通过影响碳的扩散而影响马氏体分解过程以及碳化物微粒的聚集速度，从而影响了 α 相中碳浓度的降低速度。这种作用的大小因合金元素与碳的结合力不同而异。

非碳化物形成元素镍、弱碳化物形成元素锰与碳的结合力和铁比较相差无几，所以对马氏体的分解无明显影响。强碳化物形成元素如 Cr、Mo、W、V 和 Ti 等与碳的结合力强，增大碳原子在马氏体中的扩散激活能，阻碍了碳原子在马氏体中的扩散，从而减慢了马氏体的分解速度。非碳化物形成元素 Si 和 Co 能够溶解到 $\varepsilon\text{-Fe}_x\text{C}$ 中，使 $\varepsilon\text{-Fe}_x\text{C}$ 稳定，减慢碳化物的聚集速度，从而推迟马氏体的分解。合金元素除了阻碍碳化物的聚集过程外，还以另一种方式阻碍马氏体的分解，即 α 相中如溶有强碳化物形成元素时，由于它们和碳的强大结合力，将阻碍碳从 α 相中脱溶。合金元素这种阻碍 α 相中碳含量降低和碳化物颗粒长大而使钢件保持高强度、高硬度的性质称为合金元素提高了钢的回火抗力或"抗回火性"。碳钢回火时，马氏体中过饱和碳的完全脱溶温度约为 300℃，加入合金元素可使完全脱溶温度向高温推移 100~150℃，见表 7-3。

表 7-3　合金元素对钢回火抗力的影响（均回火至碳含量 0.25%，$c/a = 1.003$）

序号	钢的成分	温度/℃
1	1.4%C	250
2	1.1%C, 2.0%Si	300
3	GCr15	350
4	1.97%C, 3.92%Co	400
5	1.2%C, 2.0%Mo	400
6	1.0%C, 7.96%Cr, 3.85%W, 1.24%V	450

7.3.2 残余奥氏体转变的影响

合金元素可以改变残余奥氏体分解温度、速度，从而可能对残余奥氏体转变性质、类型发生影响。对典型的 GCr15 钢残余奥氏体转变研究表明，回火温度在 M_s 点以上或以下，残余奥氏体转变的孕育期是不同的，如图 7-16 所示。结果表明，回火温度在 M_s 点以上或以下，残余奥氏体转变的孕育期是不连续的，因此其转变也可能具有不同的机理。M_s 点以上是残余奥氏体直接转变为贝氏体，M_s 点以下是残余奥氏体先转变为马氏体，而后马氏体再分解为回火马氏体。

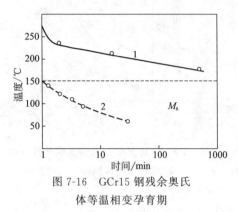

图 7-16   GCr15 钢残余奥氏体等温相变孕育期

残余奥氏体在 M_s 点以上温度回火时的转变，对于残余奥氏体比较稳定的钢，主要可以发生如下三种转变：

① 残余奥氏体在贝氏体形成区内等温转变为贝氏体；
② 残余奥氏体在珠光体形成区内等温转变为珠光体；
③ 残余奥氏体在回火加热、保温过程中不发生分解，而在随后的冷却过程中转变为马氏体。

当然，残余奥氏体在回火加热时部分在中温转变为贝氏体、部分在高温转变为珠光体，以及在冷却时部分转变为贝氏体、部分转变为马氏体的情况也是存在的。这种在回火冷却时残余奥氏体转变为马氏体的现象称为二次淬火。

回火过程中发生二次淬火获得的马氏体组织形态，与过冷奥氏体等温淬火得到的马氏体相似。对于残余奥氏体很不稳定的碳钢，由于在加热过程中残余奥氏体很快分解，因此很难观察到等温转变。

7.3.3 碳化物转变的影响

合金元素不影响碳化物转变的性质，但可以改变碳化物转变的温度范围。在讨论合金元素对碳化物转变的影响时，应将合金元素分为非碳化物形成元素和强碳化物形成元素两种情况。钢中含有非碳化物形成元素（如 Cu、Ni、Co、Al、Si 等）时，由于它们与碳并不形成特殊类型碳化物，因此，它们只能影响 $\varepsilon\text{-Fe}_x\text{C} \longrightarrow \theta\text{-Fe}_3\text{C}$ 转变温度。而当钢中含有强碳化物形成元素（如 Mo、V、W、Ti 等）时，不但会强烈推迟 $\varepsilon\text{-Fe}_x\text{C} \longrightarrow \theta\text{-Fe}_3\text{C}$ 转变温度，而且还会发生渗碳体转变为其他特殊类型碳化物。我们把渗碳体转变为特殊类型碳化物称为回火第四阶段转变。

随着回火温度升高，将发生合金元素在碳化物和 α 相之间的重新分配，碳化物形成元素不断向碳化物中扩散，而非碳化物形成元素逐渐向 α 相中富集。从而发生由更稳定的碳化物代替原来不稳定的碳化物，使碳化物的成分和结构都发生变化。合金钢回火时碳化物的转变顺序如图 7-17 所示。

图 7-17   合金钢回火时碳化物的转变顺序

　　钢中能否形成特殊碳化物，首先要看合金元素性质、合金元素的含量，其次是形成温度和时间条件。合金钢中常见的特殊碳化物及主要参数列于表 7-4。几种合金钢回火时的碳化物相变列于表 7-5。

表 7-4　合金钢中特殊碳化物的类型及主要参数

类型	晶格类型	点阵常数/Å	每个晶胞中的化学式数目	每个晶胞中的原子数目
TiC	面心立方	$a=4.31$	4	8(4M+4C)
Mo_2C	密排六方	$a=3.00$ $c=4.72$	1	3(2M+1C)
WC	简单六方	$a=2.90$ $c=2.83$	1	2(1M+1C)
$Cr_{23}C_6$	面心立方	$a=10.6$	4	116(92M+24C)
Cr_7C_3	三角	$a=13.9$ $c=4.45$	8	80(56M+24C)
Fe_3C	复杂斜方	$a=4.51$ $b=5.08$ $c=6.71$	4	16(12M+4C)
Fe_4W_2C	面心立方	$a=11.1$	16	112(96M+16C)

注：$1Å=0.1nm=10^{-10}m$。

表 7-5　合金钢回火时碳化物转变情况

钢的化学成分					回火时间/h	回火温度/℃					
C	Cr	V	W	Mo		427	482	538	593	649	704
0.3	1.67				5	$Fe_3C(4*)$	$Fe_3C(4*)$	$Fe_3C(4*,3)$	$Fe_3C(4*,3)$	$Fe_3C(4*,3)$	$Fe_3C(4*,4)$
0.34	3.40				5	$Fe_3C(4*)$	$Fe_3C(4*)$	$Fe_3C(3)$ $Cr_7C_3(5)*$	$Fe_3C(2)$ $Cr_7C_3(3)*$	$Fe_3C(5)$ $Cr_7C_3(4)$	$Cr_7C_3(4)$
0.33	6.47				5	$Fe_3C(4)$	$Fe_3C(3)$	$Fe_3C(3)$ $Cr_7C_3(1)*$	$Fe_3C(2)$ $Cr_7C_3(3*,3)$	$Fe_3C(2)$ $Cr_7C_3(4)*$	$Cr_7C_3(4)$
0.17		5.83			5	$Fe_3C(4)$	$Fe_3C(4*,4)$	$Fe_3C(1*,2)$	$Fe_3C(5,5*)$ $W_2C(1)$	$W_2C(3)$ $M_6C(3)$	$W_2C(2)$ $M_6C(4)$
0.15			1.84		2	$Fe_3C(3)$	$Fe_3C(4)$ $Mo_2C(1*)$	$Fe_3C(4)$ $Mo_2C(1*)$	$Fe_3C(2)$ $Mo_2C(2)*$	$Mo_2C(2)*$	$Fe_3C(1)*$ $Mo_2C(4)*$
0.14			3.07		5	$Fe_3C(3)$	$Fe_3C(3)$ $Mo_2C(1*)$	$Mo_2C(1)*$	$Mo_2C(2,2*)$	$Mo_2C(4)*$	$Mo_2C(4,4*)$ $M_6C(4)$
0.29			3.07		2	$Fe_3C(4*)$	$Fe_3C(3*)$	$Fe_3C(2*)$ $Mo_2C(2)*$	$Fe_3C(1)*$ $Mo_2C(3)*$	$Mo_2C(4)*$	$Mo_2C(4)*$
0.30		0.68			5	$Fe_3C(3*)$	$Fe_3C(3*)$	$Fe_3C(3)*$ $V_3C_3(1)*$	$Fe_3C(3)$ $V_4C_3(3)*$	$V_4C_3(4)*$	$Fe_3C(2)$ $V_4C_3(4)*$
0.34	2.29			1.64	2	$Fe_3C(2)$	$Fe_3C(3)$	$Fe_3C(4)$	$Fe_3C(4)$ $Mo_2C(5)*$ $M_6C(5)*$	$Fe_3C(4)$ $Mo_2C(5)*$ $M_6C(5)*$	$Fe_3C(4)*$ $Mo_2C(5)*$ $M_6C(5)*$ $Cr_7C_3(2)$

钢的化学成分					回火时间/h	回火温度/℃					
C	Cr	V	W	Mo		427	482	538	593	649	704
0.2	10										$Cr_{23}C_6$

注：括号内数字代表衍射强度：1极弱，2弱，3中，4强，5痕迹。有 * 的为电子衍射数据，其余为 XRD 数据。

合金钢回火过程中，由渗碳体转变为特殊碳化物时，通常都是通过亚稳定碳化物转变为稳定碳化物。例如，高铬高碳钢经淬火后，在回火过程中碳化物转变过程为：

$$(Fe,Cr)C \longrightarrow (Fe,Cr)_3C+(Fe,Cr)_7C_3 \longrightarrow (Fe,Cr)_7C_3 \longrightarrow$$
$$(Fe,Cr)_7C_3+(Fe,Cr)_{23}C_6 \longrightarrow (Fe,Cr)_{23}C_6$$

钼钢碳化物转变过程为：

$$Fe_3C \longrightarrow Fe_3C+Mo_2C \longrightarrow Mo_2C+(Mo,Fe)_6C \longrightarrow (Mo,Fe)_6C$$

合金钢中稳定碳化物相的类型，因碳与合金元素含量的多少而定。例如钨钢 700℃ 长期回火稳定碳化物见表 7-6。

表 7-6 钨钢 700℃ 回火稳定碳化物类型与 W/C 原子百分比

W/C 原子百分比/%	稳定碳化物
≪1	Fe_3C
<1	Fe_3C+WC
=1	WC
1<W/C<2	$WC+(W,Fe)_6C$
>2	$(W,Fe)_6C$

回火时特殊碳化物也是按照两种机制形成的。一种是原位相变，即碳化物形成元素首先在渗碳体中富集，当其浓度超过合金渗碳体的溶解度极限时，渗碳体的点阵就改组成特殊碳化物点阵。低铬（铬含量＜4％）钢的碳化物相变就属于此类型（见图 7-18）。由图 7-18 可见：回火初期碳化物是渗碳体型的 $(Fe,Cr)_3C$；随着回火时间的延长，铬逐渐向合金渗碳体中富集；回火保持 6h 后，碳化物中的铬含量已达 22.5％，但仍然保持着渗碳体的结构；继续延长回火时间，铬进一步向渗碳体富集，当铬含量超过渗碳体所能溶解的数量（约 25％）时，合金渗碳体就相变成特殊碳化物 $(Cr,Fe)_7C_3$；回火保持时间延长至 50h，钢中的 $(Fe,Cr)_3C$ 已全部转变为 $(Cr,Fe)_7C_3$。提高回火温度会加速碳化物转变的进程。

另一种形成特殊碳化物的机制是独立形核长大，即直接从 α 相中析出特殊碳化物，并同时伴有合金渗碳体的溶解。含有强碳化物形成元素 V、Ti、Nb、Ta 等钢以及高铬（＞7％）钢，均属于这种类型（图 7-19）。1250℃ 淬火的 0.3％C-2.1％V 钢，低于 500℃ 回火时，析出合金渗碳体，其钒含量很低。由于固溶钒强烈阻止 α 相继续分解，因此，这时只有 40％ 左右的碳以渗碳体的形式析出，其余的 60％ 仍保留在 α 相中。当回火温度高于 500℃ 时，从 α 相中直接析出 VC。随着回火温度的进一步升高，VC 大量析出，渗碳体大量溶解。回火温度达到 700℃ 时，渗碳体全部溶解，碳化物全部转化为 VC。

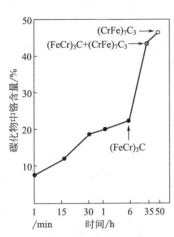

图 7-18　0.4％C-3.6％Cr 钢 550℃
回火时碳化物成分和结构的变化

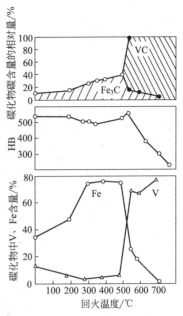

图 7-19　0.3％C-2.1％V 钢回火温度
对碳化物成分和结构的影响

7.3.4　回火时的二次硬化与二次淬火

在回火第三阶段，随着碳化物颗粒的长大，碳钢将不断软化（图 7-20）。但是，当钢中

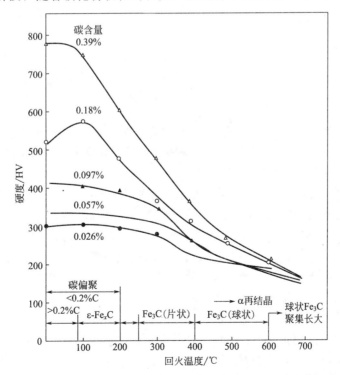

图 7-20　碳钢马氏体在 100～700℃回火 1h 后的硬度变化

含有 Mo、V、W、Ta、Nb 和 Ti 等强碳化物形成元素时，将减弱软化倾向，即增大了软化抗力。继续提高回火温度，将进入回火第四阶段，析出 Mo_2C、V_4C_3、W_2C、TaC、NbC 和 TiC 等特殊碳化物，导致钢的再度硬化，称为"二次硬化"。有时二次硬化的硬度可能比淬火硬度还高。钼含量对低碳钼钢二次硬化作用的影响示于图 7-21。可见，随着钼含量的增加，二次硬化作用加剧。其他强碳化物形成元素对二次硬化效应的影响示于图 7-22。可见，碳钢中不发生二次硬化现象。铬有减缓硬度降低的作用，只有铬含量很高时（如 12％），才出现不太明显的二次硬化峰。而当钢中加入 Mo、Ti 或 V 时，由于在回火时能够形成细小而弥散的特殊碳化物，故出现明显的二次硬化峰。

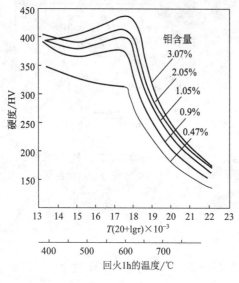

图 7-21　低碳（含碳 0.1％）钼
钢回火硬度变化曲线

T—回火温度，K；τ—回火时间，h

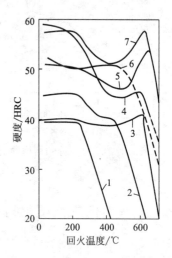

图 7-22　几种钢回火 1h 硬度变化曲线

1—0.1％C；2—0.19％C-2.91％Cr；3—0.11％C-2.14％Mo；4—0.50％C-0.52％Ti；5—0.32％C-1.36％V；6—0.35％C-12％Cr

7—0.43％C-5.6％Mo

电子显微镜观察证实，二次硬化是由于细小、弥散的特殊碳化物（如 Mo_2C、W_2C、VC、TiC、NbC 等）析出造成的。这些特殊碳化物是在渗碳体溶解的同时，于位错区沉淀析出的。具有二次硬化作用的特殊碳化物，常呈针状（长 100Å、直径 15Å）或薄片状（厚 10Å、直径 100Å），而且与 α 相保持共格联系。当温度越过回火曲线的低谷时，这种碳化物就开始析出。随着温度的升高，碳化物的数量增多，尺寸逐步增大，与 α 相的共格畸变也逐渐加剧，直至硬度达到峰值。再继续升高温度，由于碳化物长大，弥散度减小，共格被破坏，共格畸变消失以及位错密度降低，从而使硬度迅速下降。

综合上述可以认为，对二次硬化有贡献的因素是特殊碳化物的弥散度、α 相的位错密度和碳化物与 α 相之间的共格畸变等。

可以通过下述途径，提高钢的二次硬化效应：

第一，提高钢中的位错密度，以增加特殊碳化物的形核部位，从而进一步增大碳化物弥散度。例如采用低温形变淬火的方法等。

第二，钢中加入某些合金元素，减慢特殊碳化物中合金元素的扩散，抑制细小碳化物的长大和延缓这类碳化物的时效现象发生。例如钢中加入 Co、Al、Si 等元素，可以减缓 W、Mo、V 等具有二次硬化作用的元素在 α 相中的扩散；加入 Nb、Ta 等元素，可以抑制碳化物的长大。这些元素的加入，都将使特殊碳化物细小弥散并与 α 相保持共格畸变状态，从而获得高的回火稳定性。

当残余奥氏体比较稳定时，可能在较高的温度回火加热保温时未发生分解，而在随后的冷却时转变为马氏体。这种在回火冷却时残余奥氏体转变为马氏体的现象称为"二次淬火"。

高速钢等工具钢利用二次淬火可以提高硬度、耐磨性及尺寸稳定性。例如，利用分级淬火等工艺可以使淬火高速钢存在大量残余奥氏体，然后将回火温度控制在 560℃ 保温一段时间，在冷却过程中将发生残余奥氏体向马氏体转变，避免了直接淬火带来的大变形甚至开裂，同时又能够有效地控制尺寸稳定性。

560℃ 回火冷却过程中发生了某种催化作用，提高了残余奥氏体的马氏体转变开始点 (M_s')，提高了残余奥氏体向马氏体的转变能力。如果回火加热 560℃ 保温 1h 后冷至 250℃ 停留 5min，残余奥氏体又将变得稳定，冷却至室温过程中不再发生马氏体相变。可能是在 250℃ 停留 5min 时，发生了反催化作用，降低了残余奥氏体的马氏体转变开始点 M_s'，降低了残余奥氏体向马氏体的转变能力。实验证明，这样的催化与稳定化可反复多次。

上述现象可以用位错气氛理论予以解释。C、N 原子在 250℃ 保温过程中进入位错应力区形成柯氏气团，从而增大了相变阻力，起到稳定化的作用。如果将处于稳定化的残余奥氏体，再加热至 560℃ 保温一段时间，使柯氏气团"蒸发"，可减小相变阻力，起到催化（反稳定化）作用。

关于催化机制目前尚不是很清楚，除位错气氛理论外还有碳化物析出和相硬化消除等假说，并且都有一定的实验依据，这些假说不能圆满解释全部实验结果，很可能是不同钢种具有不同的催化机理。

7.3.5 合金元素对 α 相回复和再结晶的影响

合金元素 Mo、W、Ti、V、Cr、Si 等，有阻碍钢在回火时各类畸变消除的作用，一般均能延缓 α 相的回复和再结晶过程。合金元素含量增高，延缓作用增强；几种合金元素同时加入，延缓作用加剧。合金钢在高温回火时，如果能形成细小弥散、与 α 相保持共格的特殊碳化物，使 α 相保持较高的碳过饱和度，可以显著延缓 α 相的回复和再结晶。尽管在较高温度回火，合金钢的硬度、强度可以保持较高的数值，同时也使钢具有较高红硬性（高温时能够保持高硬度的特性）、热强性（高温时能够保持高强度的特性），即具有很高的回火稳定性。这对切削刀具、热作模具等工模具钢是非常重要的。

一般 Ni 含量比较低时，对 α 相的再结晶没有影响，Si 和 Mn 提高 α 相的再结晶温度。Si 对中碳钢回火时回复（位错密度降低）和再结晶（α 相晶粒长大）过程的延缓作用，如图 7-23 所示。

Co、Mo、W、Cr、V 等元素都能显著提高 α 相的再结晶温度。例如，0.2%C-0.87%Cr 钢的马氏体在 700℃

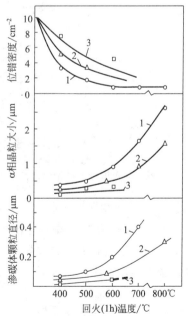

图 7-23　Si 对回复再结晶及
渗碳体颗粒长大的影响

1—0.44%C；2—0.43%C-0.79%Si；
3—0.44%C-1.85%Si

回火 100h 后开始再结晶，经 1500h 回火后才完全再结晶；而 0.2%C-11.7%Cr 钢马氏体在 700℃回火 1500h 后，还未发生再结晶。同时加入几种合金元素，更可显著提高 α 相的再结晶温度。

　　大量实验证明，在 300℃以下回火，合金元素除 Si 外，对钢的回火稳定性影响不大。但由于固溶强化的作用，在相同的回火温度下，合金钢比碳素钢具有较高的硬度和强度。在 300℃以上回火，几乎所有的合金元素，特别是特殊碳化物形成元素，由于强烈阻碍碳化物聚集长大，以及延缓了 α 相的回复和再结晶，因而提高了钢的回火稳定性。

7.4　淬火钢回火时力学性能的变化

　　淬火钢在回火过程中，总体上讲，随着回火温度的升高，其强度、硬度呈降低趋势，而塑性、韧性呈升高趋势。钢在回火时力学性能的变化规律，与其显微组织的变化规律密切相关。淬火时获得的马氏体组织形态以及残余奥氏体含量不同，回火时组织变化规律也不相同，因此，回火时表现出的力学性能变化规律也不相同。

7.4.1　硬度

　　硬度变化的总趋势是，随着回火温度升高，硬度不断降低，如图 7-24 所示。高碳钢（＞0.8%）100℃左右回火时硬度稍有升高，这是由于碳原子偏聚及析出共格的 ε-碳化物所造成的。碳原子偏聚形成富碳区，导致基体点阵畸变增大。也可能析出大量细小、弥散且与基体共格的 ε-碳化物，导致高碳钢低温回火硬度不仅不降低，而且还稍有提高。而在 200~300℃回火时，出现硬度不降低的平台，则是因为残余奥氏体发生相变（使硬度值升高）及马氏体大量分解（使硬度值降低）这两个因素综合作用的结果。

　　合金元素能在不同程度上减小硬度降低的趋势，强碳化物形成元素还可以在高温（500~600℃）回火时形成细小弥散的特殊碳化物，造成二次硬化。

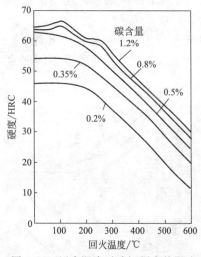

图 7-24　回火温度对碳钢硬度的影响

7.4.2　强度和韧性

　　图 7-25 给出了淬火碳钢部分拉伸性能指标随回火温度的变化曲线。由图可见，在低温回火时（低于 250℃），随着回火温度升高，中、低碳钢板条马氏体中碳原子向位错线附近偏聚的倾向增大，所以屈服强度 σ_s、特别是弹性极限 σ_e 不断升高。由于淬火应力的逐渐消除，塑性、韧性也随回火温度的升高而稍有增大。回火温度高于 250℃时，可能由于渗碳体在马氏体板条之间或沿位错线析出，而使钢的强度和韧性降低，在 300~400℃之间回火时，由于析出片状或条状渗碳体，中、低碳钢的强度显著降低，塑性、韧性开始回升。回火温度高于 400~700℃时，发生碳化物的聚集长大和球化以及 α 相的回复和再结晶，导致强度逐渐降低，塑性、韧性逐渐上升。如图 7-25（a）和图 7-25（b）所示。

　　对于低碳低合金钢，回火时力学性能的变化规律与上述低碳钢相似，这里不再赘述。

　　高碳钢淬火组织主要为片状马氏体和一定数量的残余奥氏体。当在 300℃ 以下回火时，由于未能很好地消除淬火内应力，所以都呈脆性断裂，较难准确测定各项力学性能指标。在 350℃ 左右回火时，弹性极限 σ_e 最高。高于 300℃ 回火时，其力学性能的变化规律与中低碳钢回火的情况相似。如图 7-25(c) 所示。

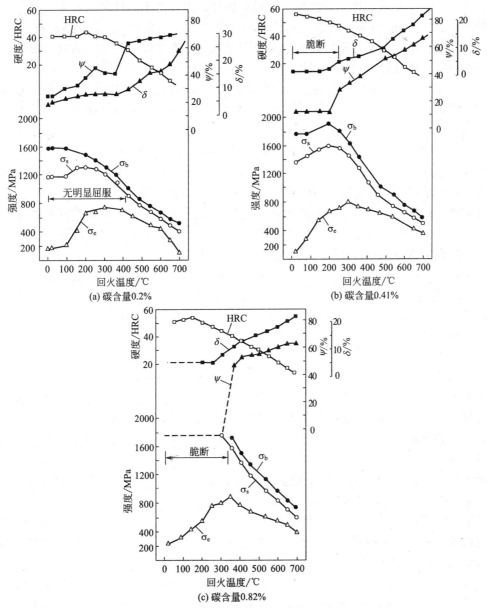

图 7-25　淬火碳钢拉伸性能与回火温度的关系

7.4.3　钢的回火脆性

　　通常淬火钢在回火时，随着回火温度升高，塑性韧性随之升高，但是实验发现，许多钢回火温度与冲击韧性的关系曲线中出现两个低谷，一个在 200～350℃ 之间，一个在 450～650℃ 之间。这种随着回火温度升高，冲击韧性反而下降（脆化）的现象，称为回火脆性。

为了便于区分，将 200~350℃温度范围出现的回火脆性称为第一类回火脆性，将 450~650℃温度范围出现的回火脆性称为第二类回火脆性。

7.4.3.1 第一类回火脆性

在 200~350℃温度范围出现的第一类回火脆性，因其产生脆性的回火温度较低，也称"低温回火脆性"。第一类回火脆性，与回火冷却速率无关，即在产生回火脆性的温度区间保温后，无论随后是快冷还是慢冷，钢件都会产生脆性。脆化钢件的断口为晶间断裂（沿晶界），在非脆化温区回火的工件一般呈穿晶断裂。

将已经产生第一类回火脆性的工件在更高的温度区间回火时，其脆性消失，即使再将该工件于该回火脆性温区回火，也不会使工件重新变脆，因此，这种回火脆性也叫"不可逆回火脆性"。

最初，一般认为产生第一类回火脆性的原因是由于残余奥氏体的相变所致。淬火钢的第一类回火脆性发生在 200~350℃之间，这一温度正是回火时残余奥氏体大量相变的温度区间。而且，钢中提高残余奥氏体相变温度的合金元素，同样也提高第一类回火脆性的温度。由于残余奥氏体的塑性韧性较高，一旦转变为回火马氏体或下贝氏体后，其吸收冲击能量（冲击功）的作用降低了，因而使钢的韧性明显降低。如果残余奥氏体在回火时沿晶界析出碳化物，也会使钢的韧性明显降低。

但是，某些碳含量较低的合金钢淬火后（或淬火后冷处理），其残余奥氏体已经很少了，经 200~350℃温度回火，仍然出现冲击韧性降低的现象，即低碳钢同样具有第一类回火脆性 [图 7-25(b)]。加之，产生这种回火脆性的温度，并不完全与残余奥氏体相变温度一致。因此，回火时的残余奥氏体相变可能是导致冲击韧性降低的因素之一，但不是产生第一类回火脆性的根本原因。

大量的研究认为，由于钢中 $\varepsilon\text{-}Fe_xC$ 相变为 $\theta\text{-}Fe_3C$ 或 $\chi\text{-}Fe_5C_2$ 的温度与产生第一类回火脆性的温度相近，因此钢的第一类回火脆性是由于新生成的碳化物沿板条马氏体的板条、束的边界或在片状马氏体的孪晶带和晶界上析出，而引起了钢的韧性显著降低。继续升高回火温度，由于碳化物的聚集、长大和球化，改善了各类界面的脆化性质，因而又使钢的冲击韧性提高。这种观点已为许多实验证实。

也有人认为，S、P、Sb、As 等杂质元素在晶界、亚晶界偏聚而降低晶界断裂强度，也是引起第一类回火脆性的主要原因。

低碳铬锰钢在 225℃回火（未发生回火脆性，$K_{IC}=110.9MPa/m^2$）和 300℃回火（发生回火脆性，$K_{IC}=72.9MPa/m^2$）后的透射电子显微镜照片如图 7-26 所示。可以看出，在 300℃回火时，沿马氏体板条之间析出了断续的薄片状碳化物。

产生第一类回火脆性的钢，不仅冲击韧性降低，而且疲劳强度也有所降低。到目前为止，除了不在第一类回火脆性温度范围内回火外，还没有有效的热处理方法能够消除这种回火脆性，也没有找到能够有效抑制产生这种回火脆性的合金元素。钢中加入少量的 Al 或 V，对第一类回火脆性稍有减弱作用。所有常用合金元素（包括 Mo 和 W），都不能改变这种回火脆性，工业用钢一般都可能产生这种回火脆性，但是由于所含合金元素不同，发生回火相变各阶段的温度有所差异，因此出现回火脆性的温度也不尽相同。例如，钢中加入 Si，延迟了回火时 $\varepsilon\text{-}Fe_xC$ 向 $\theta\text{-}Fe_3C$ 或 $\chi\text{-}Fe_5C_2$ 的相变，也使第一类回火脆性温度提高到 300℃以上。

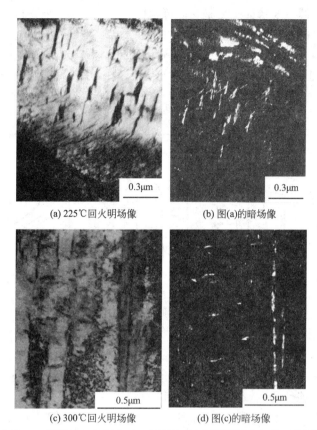

(a) 225℃回火明场像   (b) 图(a)的暗场像

(c) 300℃回火明场像   (d) 图(c)的暗场像

图 7-26　0.25％C-3.11％Cr-1.98％Mn 钢不同温度回火的 TEM 照片

7.4.3.2　第二类回火脆性

在 450～650℃温度范围出现的一类回火脆性，因其产生脆性的回火温度较高，也称"高温回火脆性"。由于它对中碳合金调质钢的性能影响很大而备受关注。实验表明，出现这种回火脆性时，冲击韧性 a_k 值降低，脆性转折温度 T_{k0} 升高，但抗拉强度和塑性指标并不改变，对许多物理性能如矫顽力、密度、电阻等也不产生影响。

第二类回火脆性的主要特征之一是它对冷却速率的敏感性。1.74％C-1.97％Mn 钢淬火后，于 600℃回火 1min，然后以不同方式冷却到室温，其冲击韧性如表 7-7 所示。由表可见，回火加热保温后快冷可消除或减弱第二类回火脆性，而慢冷才使该类回火脆性得以发展。

表 7-7　回火冷却方式对钢冲击韧性的影响

回火后的冷却方式	冲击韧性 a_k/(J/cm²)	
	0.74％C-1.97％Mn	0.39％C-1.38％Cr-3.1％Ni
水冷	139.2	141.1
油冷	125.5	
空冷	93.2	129.3
炉冷(50～60℃/h)	34.3	98.0
在 300℃热浴中冷却	132.3	133.1

第二类回火脆性的主要特征之二是它的可逆性。将处于脆化状态的试样重新回火并快速冷却至室温，则又可回复到韧性状态，使冲击韧性提高。与此相反，对处于韧性状态的试样再经脆化处理，又会变成脆性状态，使冲击韧性降低。所以也称这种脆性为"可逆回火脆性"。一般来说，高于600℃回火，不出现回火脆性，在500℃附近回火，第二类回火脆性迅速发生，在更低温度下回火，这种脆性变为缓慢发生。所以，第二类回火脆性的等温脆化动力学曲线呈"C"字形，如图7-27所示。

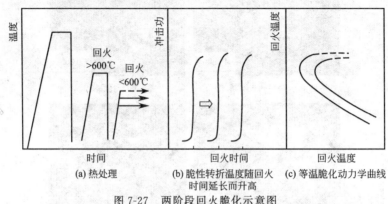

图 7-27 两阶段回火脆化示意图

(a) 热处理 (b) 脆性转折温度随回火时间延长而升高 (c) 等温脆化动力学曲线

应该指出，与第一类回火脆性不同，无论什么原始组织（珠光体、贝氏体、马氏体），经脆化处理后都会出现第二类回火脆性，原始组织为马氏体的脆化倾向相对更大。

处于第二类回火脆性的钢，其断口呈晶间断裂。

可以用处于韧性状态的冲击韧性 a_{k1} 和处于脆性状态的冲击韧性 a_{k2} 之比，来表示钢的回火脆性敏感度。若 a_{k1}/a_{k2} 大于 1，表示这种钢具有回火脆性，而且比值越大，回火脆性的倾向越严重。更精确的方法是用脆化处理前后脆性转折温度之差 $\Delta\theta$ 或 ΔVT_s 来描述钢的回火脆性敏感度，$\Delta\theta$ 或 ΔVT_s 也叫"回火脆度"。

7.4.3.3 影响第二类回火脆性的因素

影响第二类回火脆性的因素很多，化学成分是影响第二类回火脆性的内在因素。加入C、P、Cr、Mn 等元素，将使第二类回火脆性倾向增大，如表7-8所示。根据表7-8中所列数据和其他试验结果，得出化学成分对钢的第二类回火脆性有如下影响：

表 7-8 化学成分对第二类回火脆性的影响

序号	合金元素含量/%				脆性转折温度/℃	
	C	Mn	Cr	P	韧性回火处理	脆性回火处理
1	0.12			0.036	−5	+5
2	0.10	1.4		0.010	−125	+28
3	0.10	1.5		0.038	−125	+119
4	0.08	2.0	1.0		−80	−80
5	<0.001	2.0	1.0	0.084	−85	−85
6	0.09	2.0	1.0	0.044	−55	+10

注：序号 1～3 韧性回火处理为 650℃、1h 水冷，脆化回火处理为 500℃、144h；序号 4～6 韧性回火处理为 650℃、1h 水冷，脆化回火处理为 500℃、48h。

① 钢中出现回火脆性，需要含有一定量的碳。尽管其他回火脆性条件具备，如果钢的

碳含量极低，也不会发生第二类回火脆性（表 7-8 序号 5）。

② 钢中出现回火脆性，需要含有一定量的 Mn 或 Cr。不含 Mn、Cr 的钢中回火脆性的敏感度大为降低（表 7-8 序号 1）。

③ P、As、Sb 等元素增大钢的回火脆性的敏感度，如图 7-28 所示。在不含 P 等元素或其含量极少的钢中，回火脆化倾向很小。

④ 钢中加入 Mo、W 等元素，能够减弱回火脆化倾向。钢中 Mo 含量在 0.5% 左右时，抑制回火脆性的作用最大，如图 7-29 所示。比较图中曲线 1、2、3 可见，Mo 含量对回火脆性的可逆性不发生影响。

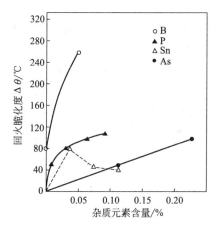

图 7-28　P 族杂质元素对 Cr-Ni 钢回火脆性的影响（450℃等温保持 168h 脆化处理）

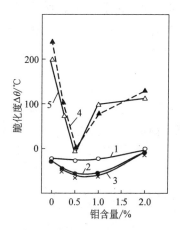

图 7-29　Cr-Mn 钢含 Mo 量对回火脆性倾向的影响
1—淬火、回火；2—同 1+475℃、500h+650℃1h、水冷；3—同 2+475℃、500h 水冷+650℃1h、水冷；4—同 1+475℃、500h、水冷；5—同 2+475℃、500h 水冷

钢的奥氏体化温度对回火脆性的影响，主要是由于奥氏体化温度改变了奥氏体晶粒大小引起的。从表 7-9 看出，钢的奥氏体化温度高，奥氏体晶粒粗大，则回火脆性敏感性增大。

表 7-9　0.33%C-0.59%Mn-0.037%P-0.031%S-0.27%Si-0.87%Cr-2.92%Ni 钢的
奥氏体化温度对回火脆性敏感性的影响

热处理工艺	硬度/HV	脆性转折温度 θ/℃	回火脆度 $\Delta\theta$/℃
850℃奥氏体化、油淬，650℃1h 回火、油冷	280	-59	—
850℃奥氏体化、油淬，650℃1h 回火、油冷，加 500℃30min 回火	280	+19	76
850℃奥氏体化、油淬，650℃1h 回火、油冷，加 500℃2h 回火	280	+68	127
850℃奥氏体化、油淬，650℃1h 回火、油冷，加 500℃8h 回火	279	+109	168
1200℃奥氏体化、冷至 850℃ 保持 1h 油淬，650℃1h 回火	280	-10	—
1200℃奥氏体化、冷至 850℃ 保持 1h 油淬，650℃1h 回火，加 500℃、30min 回火	280	+90	101

续表

热处理工艺	硬度/HV	脆性转折温度 θ/℃	回火脆度 $\Delta\theta$/℃
1200℃奥氏体化、冷至 850℃保持 1h 油淬，650℃1h 回火，加 500℃、2h 回火	279	+150	160
1200℃奥氏体化、冷至 850℃保持 1h 油淬，650℃1h 回火，加 500℃、8h 回火	278	+209	219

7.4.3.4　第二类回火脆性产生的机制

尽管对第二类回火脆性的产生机制进行了长期大量研究，但至今尚未彻底搞清楚。主要研究成果如下：

① 呈现回火脆性时，合金元素 Ni、Cr 及杂质元素 Sb、Sn、P 等都向原始奥氏体晶界偏聚，如图 7-30 所示。偏聚元素大部分集中在 2～3 个原子层厚度的晶界上。而且，回火脆化倾向随着杂质元素在原奥氏体晶界上偏聚程度的增大而增大。Ni、Cr 元素能促进杂质元素向晶界偏聚。Ni 和 Cr 同时加入的作用比其单独加入的作用大。

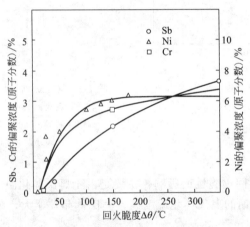

图 7-30　0.4％C-1.7％Cr-3.5％Ni-0.02％Sb 钢中 Sb、Ni、Cr 在
原奥氏体晶界的偏聚程度与回火脆度的关系

② 处于韧性状态（淬火未回火态或淬火后未经脆化回火处理的状态）时，未发现有合金元素或杂质元素在原奥氏体晶界上偏聚。

③ Mo 有抑制 Sb 等杂质元素向原奥氏体晶界偏聚的作用，而 Mo 本身并不向晶界偏聚。

目前多数人认为，Sb、Sn、P 等杂质元素向原奥氏体晶界偏聚，是产生第二类回火脆性的主要原因。Ni、Cr 等合金元素，不但促进杂质元素向晶界偏聚，而且本身也向晶界偏聚，从而降低晶界断裂强度，增大了回火脆性倾向。Mo 与杂质元素发生交互作用，抑制杂质元素向晶界偏聚，从而减轻了回火脆化倾向。

关于 Mo 与杂质元素相互作用的机制，有人认为 Mo 与杂质元素可以形成牢固的原子对（如 Mo-P 原子对），抑制 P 等杂质元素向晶界偏聚，从而减弱了回火脆化倾向。

杂质元素晶界偏聚理论能很好地解释有关回火脆性的若干现象，例如：

① 第二类回火脆性是因晶界脆化引起的，所以试样断口为晶间断裂。

② 因为杂质元素在晶界偏聚是在一定的温度、时间条件下发生的，而在另一些温度、

时间条件下则可能消除或不发生。实验发现：在 500℃ 回火时，P 显著向原奥氏体晶界偏聚；回火温度升高到 600℃ 以上时，P 从奥氏体晶界扩散离开；当再次冷却到 500℃ 保持时，P 又向原奥氏体晶界偏聚。所以，这种回火脆性是可逆的。

③ 粗晶粒钢的回火脆性比细晶粒要大，这是由于晶粒越粗，单位体积内晶界面积越少，杂质元素在晶界偏聚的浓度越高，因而回火脆性倾向越大。

尽管杂质元素晶界偏聚理论能够很好地解释钢在 450～650℃ 长期停留（杂质元素有充裕时间向晶界偏聚）后脆化的原因，却难以说明该类回火脆性对冷却速率的敏感性。因此，随后又提出了 α 相时效脆化理论。该理论认为高温回火脆性产生的原因是 α 相时效引起的，时效时产生细小的 Fe_3C（N）沉淀，造成对位错的强固钉扎，从而导致韧性的下降。微细的 Fe_3C（N）质点强固钉扎位错在低频内耗 Köster 峰上有明显反映。

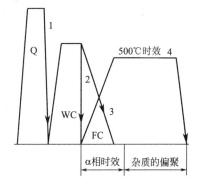

图 7-31　中碳低合金钢回火脆性机制示意图
1—淬火态；2—回火后水冷，韧性状态；3—回火后炉冷，脆性状态；4—长时间时效，脆性状态

将时效机制与偏聚机制综合绘于图 7-31。图中简明地表示了短时间回火脆性的时效机制和长时间保温的偏聚机制。时效机制可阐明回火、铸造或焊接后慢冷时所出现的脆性，而偏聚机制可解释锅炉、汽轮机零件等在 450～650℃ 高温长时间工作所出现的脆性。

预防或减轻第二类回火脆性的方法：

① 对于用回火脆性敏感钢制造的小尺寸工件，可采用回火快冷的方法抑制回火脆性。为消除因回火快冷而引起的内应力，可在稍低于产生回火脆性的温度进行一次补充回火。

② 采用含 Mo 钢以抑制回火脆性的发生。

③ 对亚共析钢采用亚温淬火的方法，可在淬火加热时，使缩小 γ 区的 P 等元素溶入残余 α 相中，减少 P 等元素在原奥氏体晶界的偏聚浓度，从而降低回火脆化倾向。

④ 选用有害元素极少的高纯度钢，可以减轻第二类回火脆性。

⑤ 采用形变热处理方法以减弱回火脆性。高温形变可能使缺陷增多，吸引杂质元素偏聚，减轻了杂质对晶界的污染，可大大减少回火脆性。

7.4.4　非马氏体组织的回火

由于受淬透性的限制，钢件淬火时不会在整个截面上全部得到马氏体组织。表层得到的是马氏体加残余奥氏体，次层是马氏体加贝氏体，心部则可能是贝氏体加珠光体或完全是珠光体组织。原始组织不同，回火后力学性能的变化也不相同。由图 7-32 可知，碳含量为 0.94％ 钢贝氏体、屈氏体及珠光体，只有当回火温度分别达到 350℃、450℃ 和 550℃ 以上时，硬度才发生明显的下降。这表明只有当温度升高到上述温度以上时，组织才有明显变化。

当原始组织为贝氏体时，其回火相变过程与马氏体相近。300℃ 以下，α 相与 $\varepsilon\text{-}Fe_xC$ 都不发生相变。只有当温度高于 400℃ 时，α 相开始回复、再结晶，渗碳体发生聚集和球化。

当原始组织为珠光体时，回火加热时的组织变化较小，只有当层片间距很细小（屈氏体和索氏体），又在 450℃ 以上较长时间停留时，才会发生渗碳体由片状向球状的转化。渗碳体片越薄，球化倾向越大，所以屈氏体回火时的硬度开始降低，温度低于珠光体。而且由于渗碳体越细小，越容易集聚、长大和球化，因此在相同的高温回火条件下（＞600℃），回火珠光体的硬度稍高于屈氏体、贝氏体和马氏体回火产物的硬度，如图 7-32 所示。

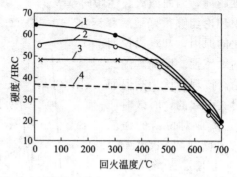

图 7-32　不同原始组织 T9 钢回火时的硬度变化
1—马氏体；2—贝氏体；3—屈氏体；4—珠光体

第 **8** 章

合金的脱溶与时效

有 A、B 两组元能够形成有限固溶体，并且 B 在 A 中的固溶度随着温度的降低而变小，其平衡相图的一部分如图 8-1 所示，图中的 MN 线是固溶度曲线。在固溶度曲线以上的 α 相区内合金可形成单相固溶体 α，即 B 在 A 中的固溶体。若把这种合金缓慢冷却到 MN 曲线以下，则将从 α 相中析出 β 相。随着冷却温度不断降低，β 相不断从 α 相中析出，α 相的 B 浓度不断降低，但仍然保持原来的点阵结构。结果得到呈平衡态的"α＋β"双相组织，一般这种组织的强度和硬度是较低的。

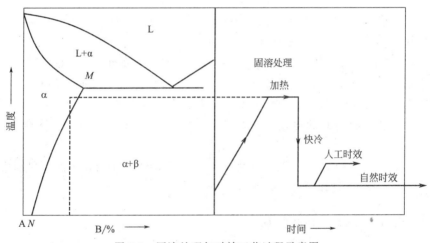

图 8-1 固溶处理与时效工艺过程示意图

如果把合金加热到固溶度曲线以上的某一温度，保温足够长时间，使溶质元素（元素 B）充分溶入固溶体（α 相）中，然后快速冷却以抑制溶质元素的析出，使得室温下获得一个过饱和的固溶体，这种热处理称为固溶处理或固溶淬火。

过饱和固溶体在热力学上是不稳定的，它有自发地析出溶质元素（脱溶）的趋势。溶质原子的固溶处理过程和过饱和固溶体脱溶析出过程，都是溶质原子的扩散过程，所以这两个过程发生的相变都是扩散型相变。

室温下放置或加热到一定温度，从过饱和固溶体中析出第二相（沉淀相）或形成溶质原子聚集区以及亚稳定过渡相的过程称为沉淀或脱溶。可以认为，脱溶析出是固溶处理的逆过程，用下式表示为：

$$\text{过饱和固溶体} \xrightleftharpoons[\text{固溶处理}]{\text{析出}} \text{饱和固溶体＋析出物}$$

在发生脱溶析出的过程中，合金的力学性能、物理性能、化学性能等随之发生变化，这种现象称为时效。工程实际中时效这个术语用得非常广泛，它泛指材料在一定温度下（包括室温）经过一定时间后，其性能、外形尺寸等发生变化的一切现象。

一般情况下，脱溶沉淀过程中合金的硬度或强度会逐渐升高，这种现象称为时效硬化或时效强化，也可称为沉淀硬化或沉淀强化。能够发生时效现象的合金称为时效合金。成为这种合金的基本条件：一是能形成有限固溶体；二是其固溶度随温度的降低而减小。

时效处理如果采用室温下放置的方式进行，则称为自然时效或室温时效；如果采用加热到一定温度的方式进行，则称为人工时效，如图 8-1 所示。

根据合金脱溶析出机理的不同，可分为两大类，一类是形核长大型；另一类是调幅分解型，它不是按照形核长大的机理析出的。

时效硬（强）化具有很大的工程意义，工业上广泛应用时效硬（强）化工艺加工和处理合金，例如铝合金、铝锂合金、铝镁合金、沉淀硬化型不锈钢等。这些合金在国防、航空航天、海洋开发、生物医学等领域被广泛应用。

本章学习的重点内容为有色合金脱溶过程以及脱溶物的结构、影响脱溶动力学因素、脱溶后的显微组织以及合金时效的性能变化。

8.1 脱溶过程和脱溶物的结构

合金经固溶处理获得过饱和固溶体，若在足够高的温度和足够长的时间条件下时效，最终将形成平衡脱溶相。在形成平衡相之前会出现亚稳的过渡相，脱溶的一般过程为：

$$溶质原子聚集区(无序、有序)\rightarrow 亚稳相 \rightarrow 平衡相(稳定相)$$

脱溶过程的各个阶段，后一个阶段可由前一个阶段发展而来，也可以通过自身形核长大而与前一个阶段无关。以 Al-Cu 合金为例，Al-4.5%Cu 合金的室温组织为 α 固溶体及 θ 相（$CuAl_2$），经 $550℃$ 固溶处理获得过饱和固溶体，再加热到 $130℃$ 时效，脱溶顺序为：

$$G.P.区 \rightarrow \theta''(G.P.Ⅱ区) \rightarrow \theta' \rightarrow \theta$$

即在平衡相 θ 相出现之前，有三个脱溶物出现。亦即析出平衡相之前，要经历三个过渡相阶段，下面分别介绍它们的形成和结构。

8.1.1 G.P.区的形成及其结构

1938 年，法国的 Guiner 和英国的 Preston 各自独立地用 X 射线分析时效初期的 Al-4%Cu 合金单晶体，发现在母相 α 固溶体的 $\{100\}_\alpha$ 面上出现一个原子层厚度的 Cu 原子聚集区，由于其与母相保持共格关系，在 Cu 原子层边缘的点阵发生畸变，产生应力场而形成时效硬化。后来把这种 Cu 原子聚集区称为 Guiner-Preston 区，简称 G.P.区。后来把其他时效型合金的溶质原子聚集区也称为 G.P.区。

一般情况下，G.P.区有下列特点：a. 在过饱和固溶体的脱溶初期阶段形成，形成速度很快，通常为均匀分布；b. 其晶体结构与母相过饱和固溶体相同，并与母相保持第一类共格；c. 在热力学上是亚稳定相，多数合金系中 G.P.区具有亚稳溶解度曲线，如图 8-2 所示。

Al-Cu 合金的 G.P.区的结构模型如图 8-3 所示。图中示出 G.P.区的右半部分（左半部分与其对称）的截面图。图面平行于 $(100)_\alpha$ 面，垂直于 $(001)_\alpha$ 和 $(010)_\alpha$ 面。Cu 原子层（图中黑点表示）在 $(001)_\alpha$ 面上形成。这是因为 $\langle 001 \rangle_\alpha$ 方向弹性模量最小（$E_{\langle 001 \rangle}=99GPa$，$E_{\langle 111 \rangle}=114GPa$），所以 G.P.区倾向于在 $(001)_\alpha$ 面上形成。由于 Cu 原子半径小于 Al 原子

半径，约为 Al 原子半径的 87％，所以 Cu 原子层附近的 Al 原子将沿 [001]$_\alpha$ 方向收缩。最近两层 Al 原子间距的收缩量约为 10％（即 $d_1 \approx 0.9d_0$，d_0 为两层原子的间距），次近邻各 Al 原子层间距也将有不同程度的收缩，依次变为 d_2、d_3……距离 Cu 原子层越远，收缩量越小，其影响范围约为 16 个原子面。

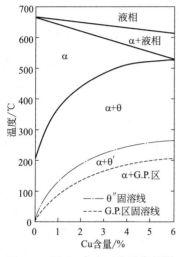

图 8-2　Al-Cu 合金亚稳平衡相图

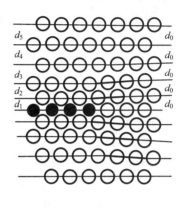

●Cu原子　　○Al原子

图 8-3　Al-Cu 系合金的 G.P. 区示意图

　　Al-Cu 合金中 G.P. 区的形状为圆盘状。由于 G.P. 区与母相保持共格，故其形成时界面能较小，而弹性应变能较大，因此，一般情况下 G.P. 区的形状与溶质和溶剂原子半径差有关。表 8-1 列出了不同合金系 G.P. 区的形状与溶质和溶剂原子半径差的关系。根据计算，当脱溶产物体积一定时，脱溶物周围的弹性应变能按球状→针状→圆盘状的顺序依次减小。一般认为，当溶质原子与溶剂原子半径差值不大于 3％ 时以球状析出，而当原子半径差值大于 5％ 时以圆盘状析出。由于 Cu 原子半径与 Al 原子半径之差高达 11％，故 Cu 原子层在形成时产生的弹性应变能较大，因而 Al-Cu 合金中的 G.P. 区呈圆盘状。而 Al-Ag 和 Al-Zn 合金中，溶质原子和溶剂原子半径差值很小，G.P. 区形成时产生的弹性应变能很小，所以，G.P. 区呈球状。

表 8-1　G.P. 区的形状与原子半径差的关系

合金系统	原子半径差值/％	G.P. 区的形状
Al-Ag	+0.7	
Al-Zn	−1.9	
Al-Zn-Mg	+2.6	球状
Cu-Co	−2.8	
Fe-Cu	+0.4	
Al-Mg-Si	+2.5	针状
Al-Cu-Mg	−6.5	
Al-Cu	−11.8	
Cu-Be	−8.8	圆盘状
Fe-Au	+13.8	

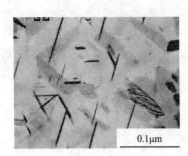

图 8-4　Al-Cu 合金 150℃
时效的 TEM 照片

G. P. 区大小与合金成分、时效温度和持续时间等因素有关，一般其直径为十几到几百埃（Å），厚度为几个埃。例如，Al-Cu 合金在 25℃时效时，G. P. 区直径小于 50Å；100℃时效时，直径为 150～200Å；200℃时效时，直径可达 800Å；在 25～100℃时效时，其厚度约为 4Å。

图 8-4 为 Al-Cu 合金 G. P. 区的电子显微组织。其中可以看到圆盘状的 G. P. 区，其直径约为 300Å，厚度约为 4～6Å，密度约为 5×10^{17} 个/cm²。利用高分辨电镜可直接观察 G. P. 区的结构及其周围的局部畸变区，利用场离子显微镜可以直接观察 G. P. 区的立体图像。结果表明，Al-Cu 合金的 G. P. 区并不是单纯的圆盘状，在其边缘有凹凸不平的复杂的形状。

Al-Cu 合金的 G. P. 区形成时，其分布情况是在母相的三个 $\{100\}_{\alpha}$ 面上等称排列。但是，在某一方向受附加应力的情况下进行时效处理（应力时效）时，会产生分布的各向异性。例如，在 $[001]_{\alpha}$ 方向受压应力的情况下时效时，G. P. 区优先在与应力轴垂直的 $(001)_{\alpha}$ 面上形成。

关于 G. P. 区的形成机理还有待深入研究，实验证明，G. P. 区的数目比位错数目（密度）大得多。据此认为，G. P. 区的形核主要是借浓度起伏的均匀形核，而借位错的不均匀形核不起主要作用。

8.1.2　过渡相的形成与结构

8.1.2.1　Al-Cu 合金中 θ″相的形成与结构

G. P. 区形成以后，当时效时间延长或加热到较高温度时，形成过渡相。从 G. P. 区相变为过渡相的过程可能有两种情况：一种是以 G. P. 区为基础逐渐演变为过渡相，如 Al-Cu 系合金；另一种是与 G. P. 区无关，独立地形核长大，如 Al-Ag 合金。

在 Al-Cu 合金中，随着时效过程的发展，可以由 G. P. 区转化或直接由固溶体析出 θ″相。θ″相以 G. P. 区为基础形成时，沿直径方向和厚度方向（主要沿厚度方向）生长。在厚度方向的生长方式为一层 Cu 原子浓度较高和一层 Cu 原子浓度较低的原子面交替重叠而成。即以 $(001)_{\alpha}$ 面为底面，沿 $[001]_{\alpha}$ 方向，在五层原子面范围内 Cu、Al 原子有序排列而成。

θ″相具有正方点阵，点阵常数为 $a = 4.04$Å，$c = 7.6 \sim 8.6$Å。其晶胞的五层原子面中，中央一层为 100% 的 Cu 原子，上、下两层为 100% 的 Al 原子，而中央一层与上、下两层之间的两个夹层则由 Cu 原子和 Al 原子混合组成的（20%～25%Cu），总的成分相当于 CuAl₂。其结构模型如图 8-5 所示。θ″相以前称为 G. P. Ⅱ区，由于其具有一定的成分和晶体结构，为了与 G. P. 区相区别，现在倾向于将其看作为独立的过渡相，以 θ″表示。θ″相的点阵常数与母相 α 相相比，在 a、b 方向上基本相同，在 c 方向上则稍收缩（θ″相的 $c \approx 7.8$Å，而 α 相的 $c \approx 8.08$Å），θ″相和基体 α 相仍保持完全共格关系。θ″相长大时，其周围基体中不断产生应力和应变。图 8-6 示出了 θ″相周围基体的应变。θ″相仍为片状，片厚约为 8～20Å、直径约为 150～140Å，图 8-7 为

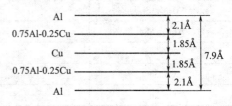

图 8-5　Al-Cu 合金 θ″相结构模型

130℃时效 10 天后的 Al-Cu 合金的透射电镜组织，显示出 θ'' 相和部分 θ' 相。

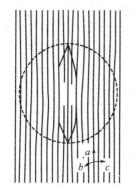

图 8-6　θ'' 相周围基体应变示意图　　　图 8-7　Al-4％Cu 合金时效 130℃、10 天后的组织

8.1.2.2　θ' 相的形成与结构

析出过程进一步发展，将出现过渡相 θ' 相。在 Al-Cu 合金中片状的 θ'' 相周围部分失去共格关系，相变为 θ' 相。θ' 相也具有正方点阵结构，其晶胞尺寸和原子位置如图 8-8 所示。θ' 相的点阵常数为 $a=4.04$Å，$c=5.8$Å。θ' 相的成分与 $CuAl_2$ 相当。

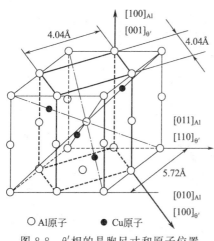

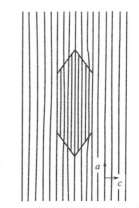

图 8-8　θ' 相的晶胞尺寸和原子位置　　　图 8-9　θ' 相周围基体应变示意图

θ' 相的点阵虽然与基体 α 相不同，但是彼此之间仍然保持着部分共格关系，两种点阵各以其 $\{001\}$ 联系在一起，如图 8-9 所示。θ' 相和 α 相之间具有下列晶体学位向关系：

$$(100)_{\theta'} /\!/ (100)_\alpha ; [001]_{\theta'} /\!/ [001]_\alpha$$

θ' 相与基体 α 相之间保持部分共格关系，而 θ'' 相与基体 α 相则保持完全共格关系，这是两者的主要区别之一。

8.1.3　平衡相的形成

在 Al-Cu 合金中，随着 θ' 相的成长，其周围基体中的应力、应变增长，弹性应变能越来越大，因而 θ' 相逐渐变得不稳定。所以，当 θ' 相长到一定尺寸时将与 α 相完全脱离，而形成独立的平衡相，称为 θ 相。θ 相也具有正方点阵，不过其点阵常数与 θ' 相及 θ'' 相相差很大。θ

相的点阵常数为 $a=6.066\text{Å}$，$c=4.874\text{Å}$。与基体不共格，呈块状。

时效合金的脱溶过程，即使是在同一合金系中，由于成分或时效温度的不同，其脱溶过程也可能不一致。例如在 Al-Cu 合金系中，由于 Cu 含量或时效温度的不同，脱溶过程中第一个出现的脱溶物也不尽相同，如表 8-2 所示。在不同的合金系中脱溶过程更难完全一致。表 8-3 列出了几种合金系中的脱溶过程。

表 8-2　Cu 含量增加时第一个出现的脱溶物

时效温度/℃	2%Cu	3%Cu	4%Cu	4.5%Cu
110	G. P. 区	G. P. 区	G. P. 区	G. P. 区
130	θ' 或 θ'' 或 G. P. 区	G. P. 区	G. P. 区	G. P. 区
165		θ' 和少量 θ''	G. P. 区和 θ''	
190	θ'	θ' 和少量 θ''	θ'' 和少量 θ'	G. P. 区和 θ''
220	θ'		θ'	θ'
240			θ'	

表 8-3　几种合金的脱溶过程

合金	脱溶过程	平衡脱溶相
Al-Ag	G. P. 区 $\rightarrow \gamma' \rightarrow \gamma$	Ag_2Al
Al-Cu	G. P. 区 $\rightarrow \theta'' \rightarrow \theta' \rightarrow \theta$	$CuAl_2$
Al-Zn-Mg	G. P. 区 $\rightarrow M' \rightarrow M$	$MgZn_2$
Al-Mg-Si	G. P. 区 $\rightarrow \beta' \rightarrow \beta$	Mg_2Si
Al-Mg-Cu	G. P. 区 $\rightarrow S' \rightarrow S$	Al_2CuMg
Cu-Be	G. P. 区 $\rightarrow \gamma' \rightarrow \gamma$	$CuBe$
Ni-Cr-Ti-Al	$\gamma' \rightarrow \gamma$	Ni_3TiAl

8.2　脱溶热力学和动力学

8.2.1　脱溶热力学分析

脱溶时的能量变化遵循固态相变时系统自由能变化的普遍规律［见式(1-10)］，脱溶相形成时的驱动力是新相（$\alpha_1 + \beta$）和母相 α 的体积自由能之差，而形成脱溶相的界面能和应变能为形核的阻力。相变驱动力可以用图解法求得。图 8-10 示出了 Al-Cu 合金在某一温度下，脱溶过程中各个阶段的成分-自由能曲线。由图可见，原始成分为 C_0 的合金，在该温度下形成 G. P. 区时，基体相和脱溶相的成分可用公切线法则确定，分别为 $C_{\alpha1}$ 和 $C_{\text{G.P.}}$；同理，形成 θ'' 相时，基体相和脱溶相的成分分别为 $C_{\alpha2}$ 和 $C_{\theta''}$；形成 θ' 相时脱溶相的成分分别为 $C_{\alpha3}$ 和 $C_{\theta'}$；形成 θ 时脱溶相的成分分别为 $C_{\alpha4}$ 和 C_θ。各公切线与过 C_0 点的垂线的交点 b、c、d、e，分别代表了 C_0 成分的母相 α 中形成 G. P. 区及 θ''、θ'、θ 相时构成亚稳平衡（或平衡）的两相的系统自由能。用图解法求它们的相变驱动力，则：

形成 G. P. 区的相变驱动力为 $\Delta G_1 = a - b$

形成 θ'' 相的相变驱动力 $\Delta G_2 = a - c$

形成 θ' 相的相变驱动力 $\Delta G_3 = a - d$

形成 θ 相的相变驱动力 $\Delta G_4 = a - e$

由图 8-10 可见，$\Delta G_1 < \Delta G_2 < \Delta G_3 < \Delta G_4$。即形成 G. P. 区时相变驱动力最小，而析出平衡相时相变驱动力最大。那么为什么过饱和固溶体脱溶时首先形成 G. P. 区而不是 θ 相呢？这是因为 G. P. 区与基体完全共格，形核长大时界面能较小，相变所需的驱动力是最小的。此外，当形成 G. P. 区时，它与基体的浓度差较小，因而较容易通过扩散形核长大。而当形成 θ 相时，不仅相变所需的驱动力是最大的，而且 θ 相与基体是非共格的，形核长大时的界面能较大，所以过饱和固溶体脱溶时首先形成的是 G. P. 区而不是平衡相。

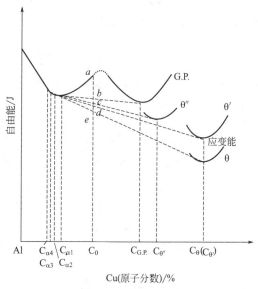

图 8-10 Al-Cu 合金脱溶各阶段在某一温度下的成分自由能曲线示意图

与纯金属结晶时的均匀形核相似，在固溶体脱溶时，临界晶核尺寸和临界形核功也随体积自由能差增大而减小。由图 8-10 可见，固溶体脱溶时，溶质元素含量较多的合金其体积自由能差值较大。因此，在时效温度相等的条件下，随着固溶体过饱和度的增加，脱溶相的临界晶核尺寸减小，见图 8-11。而在溶质含量相等的情况下，随着时效温度的降低，固溶体过饱和度增加，临界晶核尺寸也减小。

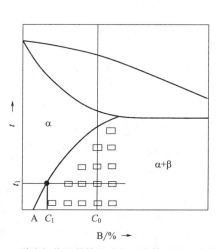

图 8-11 脱溶相临界晶核尺寸与固溶体过饱和度的关系

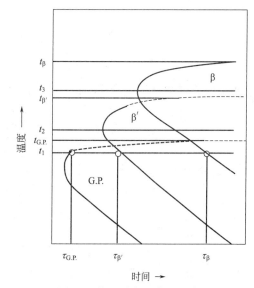

图 8-12 等温脱溶 C 曲线示意图

8.2.2 脱溶动力学

与钢的过冷奥氏体向珠光体相变一样，合金等温脱溶的动力学也可以用 C 曲线表示，图 8-12 为等温脱溶 C 曲线。在图中 G. P.、β'、β 分别表示 G. P. 区、过渡相和平衡相；

$t_{\text{G.P.}}$、$t_{\beta'}$ 和 t_{β} 分别表示 G. P. 区、过渡相和平衡相的完全固溶化最低温度；$\tau_{\text{G.P.}}$、$\tau_{\beta'}$ 和 τ_{β} 分别表示在时效温度为 t_1 开始形成 G. P. 区、过渡相和平衡相所需的时效时间。图中仅画出脱溶开始 C 曲线。

从等温脱溶 C 曲线可以看出，无论是 G. P. 区、过渡相和平衡相，都要经过一定的孕育期后才能形成。随着等温温度升高，原子扩散迁移率增大，脱溶速度加快；但时效温度升高时固溶体过饱和度减小，临界晶核尺寸增大（见图 8-12），因而又有使脱溶速度减慢的趋势，所以脱溶动力学曲线呈"C"字形。在接近 $t_{\text{G.P.}}$、$t_{\beta'}$ 或 t_{β} 时需要经过很长的时效时间才能分别形成 G. P. 区、β' 相或 β 相。

在较低的 t_1 温度下时效时，开始形成 G. P. 区以后，再经过一段时间便开始形成 β' 相，最终形成 β 相。当时效温度在高于 $t_{\text{G.P.}}$ 的 t_2 时，则仅形成平衡相 β。由此归纳出脱溶过程的一个普遍规律：固溶体过饱和度越小，脱溶过程的阶段就越少。这一规律不但适用于同一合金，而且也适用于溶质原子浓度不同的同一合金系，即在同一时效温度下合金的溶质原子浓度越低，其固溶体过饱和度越小，则脱溶过程的阶段也越少。

8.2.3 影响脱溶动力学的因素

合金的脱溶过程是一种扩散型相变的形核、长大过程，因此，凡是影响其形核率和长大速度的因素，都是影响合金脱溶动力学的因素。

8.2.3.1 晶体缺陷

实验发现，在 Al-Cu 合金中，实际测得的脱溶速度比从一般扩散数据计算出来的高 10^7 倍之多。有人用过剩空位解释这一现象。认为在脱溶过程中，扩散主要靠固溶处理淬火所"冻结"的过剩空位进行。而过饱和固溶体中的空位浓度要比一般固溶体中高得多，因而扩散速度快，从而加速了合金的脱溶过程。过剩空位对 G. P. 区形成速度的影响更为显著。例如，Al-4%Cu 合金在 0℃ 附近的温度时效产生 $10^{18}\,\text{cm}^{-3}$ 密度的 G. P. 区。通常认为 Cu 原子在 0℃ 附近的温度下不可能扩散，因此认为 Al-4%Cu 合金产生的低温时效现象可能是淬火"冻结"的过剩空位促进 Cu 原子扩散的结果。

过剩空位可以集合成空位群。如果过渡相和平衡相析出物的比体积大于基体相的比体积，那么，它们就易于在具有空位群的部位形核。

位错往往成为过渡相和平衡相非均匀形核的部位。其主要原因有二：一是这样可以部分抵消过渡相和平衡相在形核时所引起的点阵畸变；二是溶质原子会在位错处发生偏聚，形成"柯氏气团"。这些部位的溶质原子浓度较高，易于满足过渡相和平衡相形核时对溶质原子浓度的要求。

当堆垛层错处的结构与过渡相、平衡相的结构相似时，则堆垛层错也可以成为非均匀形核的部位。例如在 Al-Ag 系合金中，基体 α 相（铝基固溶体）具有面心立方点阵，而过渡相 γ' 和平衡相 γ 则都具有密排六方点阵。面心立方点阵的堆垛顺序为 ABCABC…… 而当发生堆垛层错时，则堆垛顺序变为 ABCABABC…… 其中"ABAB"即为层错部位，恰好是密排六方的堆垛顺序。因此，α 相的堆垛层错往往成为 γ' 相和 γ 相形核的有利部位。

晶界与位错具有类似的作用，往往成为平衡相优先形核的部位。值得提出的是，晶界优先析出对晶界两旁正常析出有影响。通常，在晶界上有了大量析出的时候，沿晶界两旁常常出现无析出区。这种无析出区常对材料的冲击韧性、疲劳强度和应力腐蚀抗力都产生不利影响。

8.2.3.2　合金成分

在相同温度下时效，合金的熔点越低，脱溶速度越快。因为熔点越低，原子之间结合力越弱，原子活性越强。故低熔点合金的时效温度可以低一些，如 Al 合金的时效温度在 200℃以下；而高熔点合金的时效温度要高一些，如马氏体时效钢的时效温度在 500℃左右。

一般而言，在不超过最大固溶度的条件下，随着溶质浓度（即固溶体过饱和度）的增加，脱溶过程加快。

在时效型合金中，除了必不可少的溶质元素外，往往为了一定目的再加入一些其他合金元素，或者由于冶炼方面的原因而残存一些元素。这些元素的含量虽然不多，但是却可能对脱溶过程产生很大的影响。它们的作用大致可分为以下三点：

① 降低溶质原子的扩散速度。例如，在 Al-Cu 合金中，加入 Cd、Sn 和 In，由于它们与空位的结合力大于 Cu 原子对空位的结合力，因此在固溶淬火后大部分空位皆与 Cd、Sn 或 In 原子结合，这样，Cu 原子的扩散由于缺乏空位的帮助而变得困难。

② 提高过渡相的析出速度。例如，在 Al-Cu 系合金中当加入 Cd、Sn 或 In 以后，θ' 相的析出速度加快。有人认为这是由于这些合金元素被吸收在 θ' 相-基体的相界面上，使界面结构改变，界面能减小，从而使 θ' 相的临界晶核尺寸减小的缘故。

③ 增加析出物的弥散度。例如，在 Al-Cu 合金中加入 Ag 后，可使析出物的弥散度显著增加，并使无析出区消失，这对合金性能提高是有利的。在 Al-Cu 系合金中加入 Cd，也有类似的效果。

8.2.3.3　时效温度

在相同成分和相同固溶处理的情况下，时效温度是影响脱溶速度的主要因素。温度越高，原子活性越强，脱溶速度也越快。但与其他相变一样，温度越高自由能差越小，另外，过饱和度也越小，这又使析出速度降低，甚至不再析出。由此可见，可以用提高温度的办法来加快时效过程，缩短时效时间。例如，Al-4%Cu-0.5%Mg 合金的时效温度从 200℃提高到 220℃，时效时间可以从 4h 缩短为 1h。但时效温度不能任意升高，例如，依靠 G.P. 区强化的合金，时效温度过高，G.P. 区不再出现，当然也就不能获得良好的强化效果。

8.3　脱溶后的组织

根据脱溶方式与显微组织的不同，脱溶可分为连续脱溶和非连续脱溶两类，下面分别介绍这两类脱溶方式与显微组织。

8.3.1　连续脱溶及显微组织

在合金脱溶过程中，脱溶物附近基体中的浓度变化为连续的即称为连续脱溶。连续脱溶又可分为均匀脱溶和非均匀脱溶两种。前者析出物的分布是较均匀的，而后者析出物的核心优先在晶界、亚晶界、滑移面、孪晶界面、位错线以及其他晶体缺陷处形成。实际合金几乎都属于非均匀脱溶，而均匀脱溶则很少。常见的非均匀脱溶有滑移面析出和晶界析出，它们所形成的显微组织如图 8-13 所示。这里的滑移是切应力造成的，而切应力一般是在固溶淬火时形成的，在固溶淬火后时效处理前施以冷变形，也可以形成切应力。

因为每一种晶体的滑移系是一定的，所以滑移面析出物分布也具有一定的规律性。滑移面析出所形成的显微组织和魏氏组织很相似，两者容易混淆。但只要对析出物的分布情况分

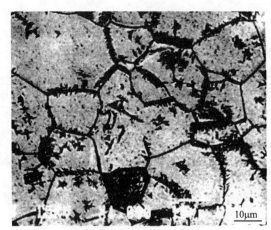

图 8-13　Ti-Al-Mo-Nb 合金
670℃时效 1h 的 SEM 照片

析研究，是能够区分这两种组织的。例如，在 Al-Cu 合金中，α 相具有面心立方点阵，滑移面是 {111}，而析出物的滑移面是 $\{100\}_\alpha$，在这两族晶面上析出物的显微组织有明显的区别。

某些时效型合金，例如铝基、钛基、铁基和镍基等，在形成晶界析出的同时，还会在晶界附近形成一个无析出区，如图 8-14 所示。有些无析出区的宽度很小，只有用电子显微镜才能观察到。一般认为无析出区的存在降低合金的屈服强度，容易在该区发生塑性变形，结果导致晶间破坏。除此之外，相对于晶粒内部而言，无析出区是阳极，易于发生电化学腐蚀，从而使应力腐蚀加速。

关于形成无析出区的原因，曾经认为是由于晶界附近溶质原子贫化引起的，但分析无析出区的成分，发现并无溶质原子贫化现象。经电子显微镜观察发现，在固溶处理状态下无析出区中无位错环，而其他地区都有大量的位错环。因此认为无析出区的形成很有可能是因为在该地区位错密度低而不易形核引起的。避免出现无析出区的办法是采用一定量的预变形，使该地区产生位错。如 Al-7％Mg 合金时效前，经 15％拉伸变形可消除无析出区。

在连续脱溶的显微组织中，往往形成魏氏组织。当析出过渡相或平衡相时，析出物与基体之间的共格关系逐渐被破坏，由完全共格变为部分共格甚至非共格关系。虽然如此，析出物与基体之间往往仍保持着一定的晶体学位向关系，结果就形成了魏氏组织。这种魏氏组织与钢中的魏氏组织相似，其截面一般呈针状，如图 8-14 所示。

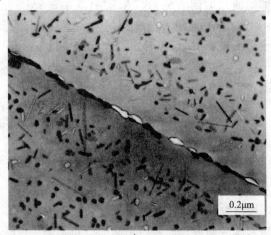

图 8-14　Al-Zn-Mg-Ti 合金 200℃时效 4h 的 TEM 照片

连续脱溶产物除了呈魏氏组织特征之外，还有呈球状（等轴状）、立方体状等。

8.3.2　非连续脱溶及显微组织

非连续脱溶也称胞状脱溶，脱溶时两相耦合生长，与共析相变很相似。因其脱溶物中的

α相和母相 α 之间溶质原子浓度不连续而得名，如图 8-15 所示。图中用固溶体的点阵常数来表示其成分，α′代表胞状脱溶区中的 α 相，$α_0$ 为原始相，相界面处点阵常数突变，标志着溶质原子浓度变化是不连续的。

若 β 为平衡脱溶相，则非连续脱溶可用下式表示：

$$α_0 \longrightarrow α' + β$$

非连续脱溶物的显微组织特征是在晶界上形成明显的领域，或称胞状物、瘤状物，如图 8-16 所示。胞状物有的用光学显微镜即可观察其特征，有的要通过电子显微镜才能分辨清楚。它一般由两相组成：一相为平衡脱溶物，大多呈片状；另一相为基体，即贫化的固溶体，有一定的过饱和度。由图 8-16 可见，胞状物与片状珠光体中的领域很相似。这种胞状物可在晶界一侧生长，也可以在晶界的两侧生长。

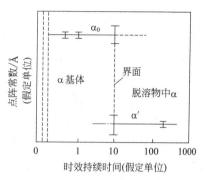

图 8-15　脱溶物和基体两侧 α 相的点阵常数（Fe-Co 合金 600℃时效）（$1\text{Å} = 0.1\text{nm} = 10^{-10}\text{m}$）

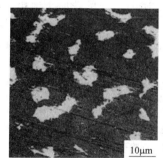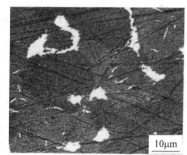

(a) 晶界一侧生长　　　　　(b) 晶界两侧生长

图 8-16　Al-Cu-Ag 合金在晶界上生长的胞状物

非连续脱溶形成胞状物时一般伴随着基体再结晶。如前所述，G. P. 区和过渡相析出时均与基体保持着一定共格关系，所以随着析出过程不断进行，所产生的应力和应变会逐渐增加。当应力和应变增加到一定程度时，基体就会发生回复甚至再结晶。这种再结晶称为应力诱发再结晶。因为析出及其伴生的应力应变通常优先发生于晶界上，所以应力诱发再结晶也优先发生于晶界上，因而这种析出又被称为晶界再结晶反应型析出，简称为晶界反应型析出。

这种再结晶从晶界开始后，逐渐向晶界周围的基体扩展，直至整个晶体。在发生再结晶的部位，应力应变和应变能显著降低。胞状物中的析出物变为平衡相，它与基体之间的共格关系被完全破坏，不再存在一定的晶体学位向关系（产生再结晶织构者除外）。基体相中的溶质原子浓度降至平衡值。这种再结晶和一般再结晶一样，亦为扩散型形核长大过程。

晶界反应型析出的原因尚未定论。有的认为晶界反应型析出与溶剂原子和溶质原子的半径差有关，半径差较小时容易连续析出，半径差较大时容易发生晶界反应型析出。还有人认为在 Fe 合金中，如溶质的熔点比 Fe 高时容易发生晶界反应型析出，否则容易产生位错型析出。

对于非连续脱溶，有人提出如图 8-17 所示的机理。图中溶质原子在晶界上先发生偏聚，接着以质点的形式析出。这些质点可将部分晶界固定住。析出发展至一定程度就发生再结

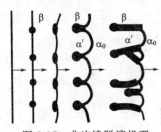

图 8-17 非连续脱溶机理

晶，晶界开始往前移动，部分向前突出，同时析出物继续长大。与珠光体相变相类似，α' 和 β 两相交替形核长大，结果就形成了类似于片状珠光体团的胞状物。它们之间的区别在于：由共析反应形成的珠光体中的两相（如 $\gamma \longrightarrow \alpha + Fe_3C$）与母相在结构和成分上完全不同；而由非连续脱溶形成的胞状物的两相中必有一相的结构与母相相同，只是其溶质浓度与母相不同而已。非连续脱溶和连续脱溶相比，除了界面浓度变化不同外，还有三点区别：

① 前者伴生再结晶，而后者不伴生再结晶。在连续脱溶过程中，虽然应力和应变也是不断增加的，但一般未达到诱发再结晶的程度。

② 前者的析出物集中于晶界上，至少在析出过程初期是如此，并形成胞状物；而后者的析出物则分散在晶粒内部，较为均匀，有时具有魏氏组织特征。

③ 前者属于短程扩散，而后者属于长程扩散。

同一种合金既可以发生连续脱溶，又可以发生非连续脱溶，但析出的第二相结构并不相同。例如，Al-18％Ag 合金，过渡相 γ' 是在连续脱溶时形成的，而平衡相 γ 则是在非连续脱溶时形成的。非连续脱溶最早是在非铁基时效型合金（如 Cu-Be 合金等）中发现的，现在许多铁基时效型合金中也陆续发现。这些铁基时效型合金包括时效硬化型奥氏体钢和时效硬化型铁素体钢（马氏体时效钢）等。

脱溶产物显微组织变化的顺序可能有三种情况，如图 8-18 所示。即：

① 连续均匀析出加不均匀析出。图 8-18 中①（a）表示首先发生非均匀析出（一般为滑移面析出或晶界析出），接着发生均匀析出。在这一阶段中，连续均匀析出的尺寸尚小，还不能用光学显微镜分辨出来。图 8-18①（b）表示连续均匀析出物已经长大，能用光学显微镜分辨，所形成的可能是魏氏组织。晶界上的连续非均匀析出物已经长大，其周围形成了无析出区，这说明已经发生过时效。滑移面上的析出物已经长大，图中未画出。图 8-18①（c）表示析出物已经发生粗化和球化，基体中的溶质浓度已经贫化，但基体相未发生再结晶。

② 连续析出加非连续析出。图 8-18 中②（a）表示首先发生非连续析出，接着发生连续析出。连续析出所形成的组织是魏氏组织。从图 8-18②（a）到②（c）表示非连续析出，包括伴生的再结晶从晶界扩展至整个晶体。图 8-18②（d）表示析出物发生粗化和球化，基

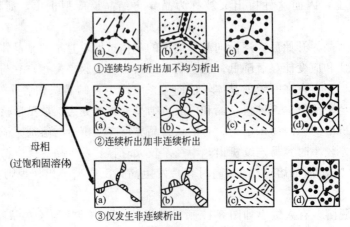

母相
(过饱和固溶体)

①连续均匀析出加不均匀析出

②连续析出加非连续析出

③仅发生非连续析出

图 8-18 析出产物显微组织变化顺序示意图

体中溶质已经发生贫化，并已发生再结晶。

③ 仅发生非连续析出。从图 8-18③（a）到③（c）表示非连续析出（包括伴生的再结晶）从晶界扩展至整个晶体。图 8-18③（d）表示析出物的球化和粗化。

一般来说，析出物显微组织变化的顺序不是一成不变的，而是与下列因素有关：合金的成分和加工状态，固溶处理的加热温度和冷却速率，时效温度和持续时间，固溶处理后和时效处理前是否施以冷加工变形等。虽然如此，上图所示的顺序对于大多数情况还是可以参考的。

8.4　合金时效过程中的性能变化

合金在时效过程中，随结构和显微组织的变化，其性能也随之发生变化。本节主要讨论合金时效过程中性能变化的一般规律及影响因素。

8.4.1　硬度变化

在一定成分和工艺条件下，合金时效处理时的主要性能变化是随着时效时间的延长，硬度逐渐升高，这称为时效硬化或沉淀硬化。按时效硬化曲线的形状不同，可以将时效分为冷时效和温时效，如图 8-19 所示。冷时效是指在较低温度下进行的时效，其硬度变化曲线的特点是硬度一开始就迅速上升，达到一定值后保持不变。冷时效时主要形成 G. P. 区。冷时效温度越高硬度上升越快，硬度值也越高。

温时效是在较高温度下发生的，硬度变化规律是：开始有一停滞阶段，硬度上升极缓慢，称为孕育期，一般认为这是脱溶相形核准备阶段，接着硬度迅速上升，达到一极大值后又随时间的延长而下降。温时效时将析出过渡相与平衡相。温时效温度越高，硬度上升越快，达到最大值

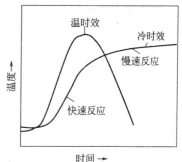

图 8-19　冷时效和温时效硬度变化示意图

的时间越短，但最大硬度值越低。冷时效与温时效的温度界限视合金不同而异，Al 合金在 100℃左右。

Al-Cu 合金 130℃时效时硬度与脱溶相的变化规律如图 8-20 所示。由图可见，Al-Cu 合金的时效时硬化主要依靠形成 G. P. 区和 θ'' 相，而其中尤以形成 θ'' 相的强化效果最显著，出现 θ' 相后硬度下降。

Cu 含量大于 3% 的 Al-Cu 合金中，时效硬化曲线上会出现两个极大值，即所谓双硬度峰值，如图 8-20 所示。

对于二元合金，产生上述现象的原因可能有两个：①由于脱溶过程可以分为几个不同阶段，每个阶段脱溶物的结构变化均可以引起一个硬度峰值，Al-Cu 合金中的硬度峰即属于此；②由于发生不均匀脱溶和连续均匀脱溶的时间先后不同的缘故。如前所述，不均匀脱溶先发生，连续均匀脱溶后发生，因此由这两种脱溶所引起的硬化的出现也有先后之别。在一般情况下，由不均匀脱溶和连续均匀脱溶所引起的硬化分别对应第一和第二硬度峰。

在其他一些时效型合金中，甚至会出现多个硬化峰。对于多元合金例如 Co-Fe-V 系合金，产生这一现象的原因，可能是由于在不同时间里形成几种不同的 G. P. 区、过渡相和平衡相的缘故。

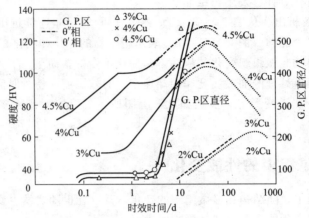

图 8-20　不同 Cu 含量的 Al-Cu 合金 130℃时效时维氏硬度和 G. P. 区直径

$(1\text{Å}=0.1\text{nm}=10^{-10}\text{m})$

8.4.2　屈服强度的变化

在时效过程中，屈服强度变化和硬度变化一样，与时效持续时间有关。时效初期，随着时效时间增加，屈服强度不断升高；达到峰值后继续时效时，屈服强度开始下降。

时效过程中屈服强度的变化与析出物之间的距离有关。在时效初期，随时效时间的延长，脱溶相逐渐增多长大，各析出物之间的距离缩短，屈服强度随之逐渐升高，直至达到极大值。此后，时效时间继续增加，虽然析出物数量仍可增加，析出物间距更短，但屈服强度却不断降低。对于很多合金，屈服强度达到极大值时的临界析出物半径为 25～50 个原子间距。

图 8-21 为 Cu-Co 系合金单晶体的屈服强度增值与析出物半径之间的关系曲线。该合金在析出过程中形成球状的 G. P. 区。该图是在 G. P. 区所占的体积比等于常数的情况下作出的。

各类析出物形成时强化的原因不尽相同，往往以某一种原因为主，因而它们在形成时的强化程度也不相同，现以图 8-22 为例说明。

图 8-22 是具有单晶体基体和不同析出物的 Al-4％Cu 合金的真应力-应变曲线。各类析出物（包括 G. P. 区、θ''相、θ'相和 θ 相）是在拉伸试验前经不同的时效处理分别获得的。可以看出，这四种情况下的临界屈服应力（曲线开始点的应力）和加工强（硬）化率（曲线的斜率）是各不相同的。

图 8-22（a）和（b）分别表示形成 G. P. 区和 θ''相时的情况。所形成的 G. P. 区和 θ''相的弥散度很大，尺寸很小，分别约为 150Å 和 250Å。由曲线可以看出，这两种情况与图 8-22（c）和（d）形成 θ'相和 θ 相的两种情况相比，具有临界屈服应力较大和加工硬化率较小的特点。这可以解释如下：

按 Orowan 机制计算出来的临界屈服应力比实测值要大好几倍。电子显微镜观察发现，位错不是绕过而是切过 G. P. 区和 θ''相的。这两点事实说明，在图 8-22（a）和（b）两种情况中，不是按 Orowan 机制发生强化。因为 G. P. 区和 θ''相的弥散度很大，所以位错难以绕过它们，但是由于 G. P. 区和 θ''相的尺寸很小，它们本身的强度较低，所以位错切过它们却是相对比较容易的。因此，在形成 G. P. 区和 θ''相的情况下，强化的原因主要归之于基体中弹性应力场对位错运动的阻碍作用。

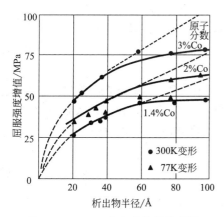

图 8-21　Cu-Co 合金单晶体的屈服
强度增值与析出物半径的关系
$(1\text{Å}=0.1\text{nm}=10^{-10}\text{m})$

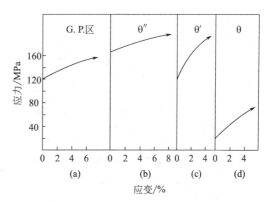

图 8-22　Al-Cu 合金单晶体各类析出
物的真应力-应变曲线

θ'' 相的临界屈服应力大于 G. P. 区的临界屈服应力。这是因为 θ'' 相的结构与基体相的结构相差较大，当位错切过 θ'' 相时将引起较严重的点阵畸变，而引起较大的强化作用。但主要原因还是因为 θ'' 相周围的基体中的弹性应力场较大的缘故。

图 8-22(c) 表示形成 θ' 相时的情况。与上述两种情况对比，临界屈服应力较小，而加工硬化率却较大（即曲线较陡）。由于 θ' 相的尺寸较大且其强度较高，故位错难以切过，又由于 θ' 相质点间的距离较大，所以位错在运动时却易于绕过它们。因此，在这种情况下 Orowan 机制将起主要作用。所以，所需应力比上述两种情况要小些。当位错绕过 θ' 相时会在其周围不断形成位错环，使后续的位错绕过 θ' 相变得越来越困难，因而其加工硬化率较高。

图 8-22(d) 形成平衡相 θ（$CuAl_2$）的情况与第三种情况相似。θ 相质点间的距离更大（可达 $1\mu m$）位错更易绕过。所以临界屈服应力更小，加工硬化率同样较大，也是由于不断形成位错环引起的。

在形成 θ' 相和 θ 相时，特别是在形成 θ 相时，基体中弹性应力场的作用是很小的。

综上，G. P. 区和 θ'' 相的强化主要是由于位错切过质点而引起的，而时效后期析出 θ' 相和 θ 相粒子的强化作用则是靠位错绕过质点留下的位错环造成的，其强化效应较低。因为绕过质点所需的临界切应力比切过质点的低。随着质点的长大，位错绕过质点的强化效果降低。

8.4.3　回归现象

许多时效型合金在时效强化后，在平衡相或过渡相的固溶度曲线以下某一温度加热，时效硬化现象会立即消除，硬度基本上恢复到固溶处理状态，这种现象称为回归。合金在回归后，再次进行时效时，仍可重新发生硬化，但时效速度减慢，其余变化不大。

回归现象首先是在硬铝中发现的。硬铝发生回归现象的加热温度约为 250℃，保温时间仅为 20～60s，图 8-23 为硬铝发生两次回归前后的抗拉强度变化。回归现象的实质是：通过时效形成的 G. P. 区在加热到稍高于 G. P. 区固溶度曲线的温度时，G. P. 区发生溶解，而

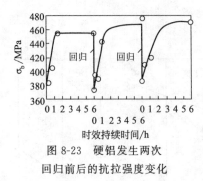

图 8-23 硬铝发生两次
回归前后的抗拉强度变化

过渡相和平衡相则由于保温时间过短而来不及形成，再次迅速冷却至室温，仍获得过饱和固溶体。

当需要工件恢复塑性以便于冷加工，或为了避免淬火变形和开裂而不宜重新进行固溶处理时，可以利用回归现象。

回归过程十分迅速，其原因是淬火铝合金中存在大量空位，G. P. 区形成受空位扩散控制，大量空位集中于脱溶区及其附近，故溶质原子扩散加速，因而回归过程迅速。回归后重新时效，时效速率大大降低，因为回归处理温度比淬火温度低得多，快冷至室温后保留的过剩空位少得很，因而扩散减慢，时效速率显著下降。

8.5 铁基合金的脱溶与时效

前面所述的脱溶大多是以非铁合金（主要是 Al-Cu 合金）为例说明的。其实，在铁基合金以及钢铁材料中，脱溶也是经常可以遇到的。例如，从奥氏体中析出二次碳化物，从铁素体中析出三次碳化物，从工业纯铁或低碳钢中析出碳化物或氮化物等。钢在回火时所发生的马氏体分解或二次硬化也是脱溶过程。

下面以马氏体时效钢为例阐述时效硬化型钢的脱溶，并简述铁基合金的淬火时效以及应变时效。

8.5.1 马氏体时效钢的脱溶及性能变化

马氏体时效钢是 20 世纪 50 年代开发的超高强度钢之一，其典型成分见表 8-4。钢中碳含量极低，规定不得超过 0.03%，所以习惯上虽然称其为钢，实际上是铁基合金。加入大量的镍是为了获得马氏体并保证良好的韧性。

表 8-4 马氏体时效钢的化学成分与强度

合金	化学成分(质量分数)/%						拉伸强度 /MPa
	Ni	Co	Mo	Ti	Al	Fe	
18Ni	18	8	3.2	0.2	0.2	余	1400
18Ni	18	8	5.0	0.4	0.4	余	1750
18Ni	18	12	4.5	1.4	0.1	余	2450
13Ni	13	15	10	0.2	0.1	余	2800
8Ni	8	18	14	0.2	0.1	余	3500

马氏体时效钢的淬透性极好，经奥氏体化后空冷或炉冷至 M_s 点以下即可获得板条马氏体。因其碳含量极低，故强度和硬度均较低，硬度约为 30HRC，所以这类钢可以在淬成马氏体后加工成形，然后再通过时效处理强化。这种钢时效前的屈服极限约为 1000～1400MPa，时效处理后屈服极限提高到 1400～3500MPa。可见，这种钢的高强度主要是依靠时效析出的强化相引起的沉淀强化，马氏体时效钢即因此而得名。

马氏体时效钢中的强化相为金属间化合物。强化元素有 Be、Ti、Al、Mo、Nb 等稳定铁素体的合金元素。马氏体时效钢的脱溶机理，虽然进行了很多研究工作，但至今仍不很清楚。

　　马氏体时效钢中最典型的是 18Ni 型钢，其时效温度一般在 450～500℃。一般认为脱溶时合金元素首先在马氏体中的位错处发生偏聚，形成"柯氏气团"。这种"气团"非常稳定，即使加热到 500℃ 左右亦保持不变。脱溶相以"气团"作为非均匀核心，所以弥散度极大，颗粒极细（尺寸约为 100Å），并且分布十分均匀。析出物主要为 Ni_3M（M 代表所加入的 Mo、Ti 等合金元素）型金属间化合物。脱溶初期金属间化合物与马氏体基体之间保持共格，时效强度达到最大值时，析出物为部分共格的过渡相 Ni_3Mo、Ni_3Ti 或 $Ni_3(MoTi)$。Ni_3Ti 具有密排六方点阵，与马氏体基体的晶体学位向关系为：$(0001)_{Ni_3Ti} // (011)_M$。加 Co 是为了降低 Mo 在 α 相中的固溶度，使含 Mo 强化相的数量增加。

　　当时效温度超过 500℃ 时，马氏体开始逆相变形成奥氏体，由马氏体基体中析出的金属间化合物将重新溶入奥氏体中。

　　当在 500℃ 以上长期保温后，钢的结构和组织还会发生下列变化：位错密度减小、析出物粗化、析出物间距变大，同时部分共格的过渡相逐渐相变为非共格的平衡相。平衡相一般认为是 Fe_2Mo（Laves 相）。

　　也有人认为，18Ni 马氏体时效钢的时效硬化曲线有两个硬化峰，第一个峰是由析出 Ni_3Mo 相引起的，第二个峰为析出 Fe_2Mo 相的结果。还有人认为，两种金属间化合物是同时析出的。这些问题目前尚难定论，有待进一步研究。

　　图 8-24 示出了 18Ni 型马氏体时效钢的标准热处理制度。由于钢中含有大量的合金元素镍，原子扩散异常困难，所以热滞现象非常严重。当完全奥氏体化后，必须冷至 200℃ 以下奥氏体（γ 相）方能相变为马氏体（α' 相）。重新加热时，必须超过 A_s 点（500℃ 左右）才会发生逆相变。因此，一般在 480℃ 进行时效处理。

　　马氏体时效钢的时效强化特性与非铁合金相似，图 8-25 示出了时效温度对 18Ni 型钢力学性能的影响。

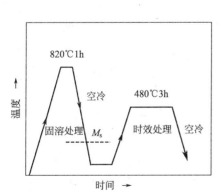

图 8-24　18Ni 型马氏体时效钢热处理制度

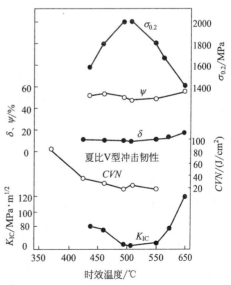

图 8-25　时效温度对 18Ni 马氏体时效钢力学性能的影响

时效强化有两方面原因：①由于溶质原子向位错偏聚；②由于不断从马氏体基体中析出大量弥散分布的超微细的金属间化合物质点。后者占主导地位。过时效引起强度降低的原因是析出物粗化，马氏体逆相变为奥氏体，金属间化合物质点重新溶入奥氏体中。

在强度相等的条件下，马氏体时效钢与淬成马氏体的碳钢相比，其塑性和韧性要高得多，因而破断抗力高，这是该类钢的主要优点。因为以碳含量极低且韧性极好的马氏体为基体，同时利用了金属间化合物质点的沉淀强化，其强化效果好，韧性损失小，因而达到了优异的强韧性。

8.5.2　铁基合金的淬火时效

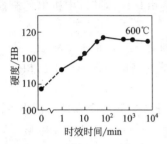

图 8-26　5％V-0.02％C 钢时效时间对硬度的影响

含有 Mo、W、V、Cu、Be 等元素的铁基合金淬火后进行时效时产生硬化现象，这是因为淬火后这些元素在铁素体中的溶解度随温度而变化的缘故。图 8-26 为 5％V-0.02％C 钢时效时间对硬度的影响。这种钢从 1200℃淬火后，在 600℃时效时硬度逐渐增加，约 1h 时效后硬度达到最大值。经组织观察表明，时效后薄板状 V_4C_3 在 $\{100\}_{\alpha\text{-Fe}}$ 面上平行析出。其脱溶部位为位错或亚晶界。

铁素体中合金碳化物的脱溶也可通过加热到 $\gamma+\alpha$ 两相区的淬火时效方法进行。对 7.3％Mo 钢的研究表明，经 $\gamma+\alpha$ 两相区淬火时效后，在铁素体领域中 MoC 平行于 $\langle100\rangle_\alpha$ 方向以针状析出。

奥氏体钢中也有淬火时效现象，例如，18％Cr-8％Ni 钢（18-8 型不锈钢），在 1000℃以上固溶处理后抗腐蚀很好，但固溶处理加热到 400～900℃温度范围内保温或在这个温度范围内缓慢冷却，在晶界上析出 $Cr_{23}C_6$，结果容易产生晶界腐蚀现象。奥氏体钢淬火时效时碳化物一般在位错、层错、晶界以及基体中析出。析出部位与溶质原子的种类、过饱和度、晶体缺陷密度、空位浓度以及时效温度等因素有关。

8.5.3　应变时效

图 8-27 为 Fe-0.03％C-0.01％N 的纯铁从 730℃淬火后进行 4％的预变形，然后立即在 30～100℃温度范围内时效时的硬度变化曲线。由图可见，纯铁形变后在较低温度下时效，产生明显的硬化现象。纯铁或低碳钢经变形后时效产生的硬化现象叫作应变时效。

钢的应变时效是由于形变后固溶于 α-Fe 中的 C、N 间隙原子偏聚在位错线附近，形成"柯氏气团"，起钉扎位错的作用，因此使钢的屈服极限升高。C、N 原子一般在 α-Fe 的 $\{100\}$ 面上偏聚，随着时效时间的延长，形成 C、N 原子集团或析出 ε-碳化物。但这种析出物在热力学上不稳定。比如，应变时效后的纯铁在 200℃短时间保温，其硬度值下降到淬火后刚形变状态的水平（如图 8-27 中箭头所示）。这是因为在 200℃保温时，C、N 原子产生"柯氏气团"或析出物重新溶解而消失的缘故。

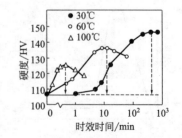

图 8-27　纯铁（0.03％C-0.01％N）730℃淬火 4％变形后 30～100℃时效的硬化曲线

8.6　合金的调幅分解

调幅分解是固溶体分解的一种特殊形式。它按扩散偏聚机制相变，由一种固溶体分解为结构相同而成分不同的两种固溶体，成分波动自动调整，分解产物只有溶质的富区与贫区，二者之间没有清晰的相界面。因而具有很好的强韧性和某些理想的物理性能（如磁性等）。

8.6.1　调幅分解的热力学条件

调幅分解与形核长大型的脱溶分解不同，它不需要激活能，一旦开始分解系统自由能便连续下降，所以分解过程是自发进行的，如图 8-28 所示。

可以发生调幅分解的合金状态图如图 8-29 所示。图 8-29（b）示出了 T_1 温度下的成分-自由能变化曲线。由图可见，如果把单相固溶体 α 从高温急冷到 T_1 温度时，浓度在 C_a 和 C_b 之间的合金最终能分解为 α_1 和 α_2 的两相。C_a 和 C_b 之间称为溶解度间隔，用 MKN 表示。它表示在相图中当溶体（包括液溶体和固溶体）的温度降至 MKN 以上时将发生分解的成分范围。在 C_a 和 C_b 之间的自由能曲线上有两个拐点 S_1 和 S_2，拐点上的 $\partial^2 G/\partial C^2=0$。不同温度下的拐点的连线称为拐点曲线，用 RKV 表示，也称调幅分解界线。在 C_aC_{S1} 和 C_bC_{S2} 之间的自由能曲线是向上凸的，表示该曲线函数的二阶导数大于零。即 $\partial^2 G/\partial C^2>0$，而 $C_{S1}C_{S2}$ 之间为向下凹的，即 $\partial^2 G/\partial C^2<0$。

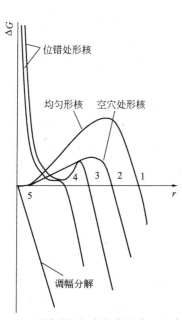

图 8-28　不同形核方式的临界直径示意图

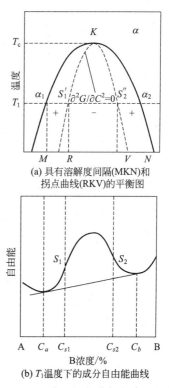

图 8-29　可以发生调幅分解的合金状态图

在 $\partial^2 G/\partial C^2>0$ 的范围内具有 C_0 成分的合金，如图 8-30(a) 所示，从均匀固溶体 α 急冷至 T_1 时，虽然平衡的两相混合物的自由能小于固溶体 α 的自由能，即 $G_2<G_1$，但分解

初期，由于成分波动（如 $C_f C_g$），使系统自由能提高到 G_3，而 $G_3 > G_1$，所以这种成分波动是不稳定的。只有当成分波动超过 C_B 浓度（B 点为过 A 点的切线与成分自由能曲线的交点）以上时，系统的自由能才可能下降。从成分波动较小时会使系统自由能升高这一现象说明，固溶度间隔与拐点曲线之间的固溶体发生分解时，需要克服热力学势垒，在固溶体中，只有能量高于系统平均自由能的局部区域才有条件越过这一势垒。并且，这种局部区域不仅

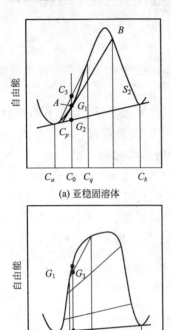

要达到一定的临界尺寸，而且要达到一定的临界成分波动值，才能成为可以继续长大的晶核（如图 8-28 曲线 1 和曲线 2）。在一般情况下，这种分解过程通常是在位错及晶界上进行均匀形核（如图 8-28 曲线 3 和曲线 4）。它仍为通常的形核长大型脱溶相变。

　　而在拐点 S_1 和 S_2 之间的 C_0 成分合金，见图 8-30(b)，当温度降至 T_1 时，将 C_0 成分的 α 相分解为成分分别为 C_a 和 C_b 的 α_1 相和 α_2 相。这时，平衡两相混合物的自由能小于固溶体 α 相的自由能，即 $G_2 < G_1$。但与形核、长大型机理截然不同，分解过程并不需要经过自由能增加的阶段。这是因为此阶段成分-自由能关系曲线是向下凹的，表示该曲线函数的二阶导数小于零，即 $\partial^2 G / \partial C^2 < 0$。合金中只要存在着成分波动，即使是成分波动相差很小，例如，成分波动范围为"C_p-C_q"时，分解过程即可自发地开始，并一直进行到全部分解为成分为 C_a 的 α' 相和成分为 C_b 的 α'' 相为止。自由能从 G_1 就开始降低，经过 G_3……一直降低到 G_2 为止。由此可见，只有在 $\partial^2 G / \partial C^2 < 0$ 的范围内合金才能进行调幅分解，即拐点曲线范围内的合金才能产生调幅分解。

　　发生调幅分解，除了热力学条件之外，另一个条件是合金中可以进行扩散。通过扩散使溶质原子 A 和 B 分别向 α_1 相和 α_2 相聚集。因此调幅分解是按扩散-偏聚机制进行的一种固态相变。

图 8-30　温度为 T_1 时成分-自由能曲线

　　从上述调幅分解的热力学分析可知，产生调幅分解的合金，必须具有如图 8-29 所示的均匀固溶体能够分解为两相的状态图，并且这两相具有相同的晶体结构，两相的成分-自由能曲线是连续的。满足这种条件的合金，如果成分在拐点曲线的成分范围内，可能发生调幅分解。

8.6.2　调幅分解过程

　　按照调幅分解理论，当温度在临界点 K 以上时，合金中已存在成分波动，成分波动的轨迹假设是按正弦曲线变化的，如图 8-31 所示。当温度和合金的成分合适，能落在拐点曲线所包围的部分之内时将发生调幅分解。新相 α_1 和 α_2 的平衡成分应分别等于 C_a 和 C_b。由于固溶体中原来存在的成分波动与 C_a 和 C_b 有偏差，所以成分波动的幅度 $A(\tau)$ 将自动调整，即发生所谓的成分调幅。当经过一定时间例如 τ_3 时，成分波动曲线的峰部和谷部将分别碰到 C_a 线和 C_b 线而逐渐变平（见图 8-31）。成分波动曲线的波长 λ 可以用来作为新相大小的度量。根据合金成分等条件的不同，波长 λ 在 $50 \sim 1000$Å 的范围内波动。波长 λ 与相

对调幅分解界线的过冷度有关，例如，溶质浓度为 50%（$C=0.5$），调幅分解温度为 $T_c=1000K$ 时，过冷度与波长的关系如图 8-32 所示。由图可见，过冷度越大波长越短。在调幅分解温度时波长为无限大，但在几度的过冷度下波长变为几百埃左右。调幅分解温度高则波长 λ 大，温度低（过冷度大）则波长短。同时，因原子扩散困难，而使调幅分解速度减慢。

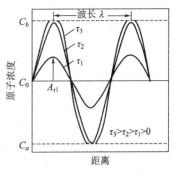

图 8-31　成分调幅示意图

与形核长大型脱溶不同，调幅分解单纯是个扩散过程，可按扩散方程进行数学处理，而且所得结果较为可信。调幅分解过程中的扩散是上坡扩散，而脱溶相变中的扩散是下坡扩散，见图 8-33。调幅分解过程中的上坡扩散之所以能进行，是因为组元的扩散偏聚能降低系统的自由能。

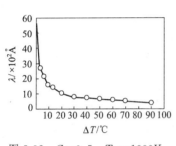

图 8-32　$C=0.5$、$T_c=1000K$ 时过冷度与波长的关系

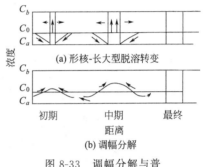

图 8-33　调幅分解与普通脱溶的扩散示意图

8.6.3　结构、显微组织和性能

脱溶相变时，随着过程的进行，共格关系将逐渐消失，直至析出平衡相时，共格关系完全丧失。而在调幅分解过程中，新相与母相总是保持着完全共格关系。因为新相与母相仅在化学成分上有差异，而晶体结构却是相同的，故分解时所产生的应力和应变较小，共格不易被破坏。

图 8-34 所示的是在平面上发生的成分调幅，实际调幅分解是在空间发生的，需要采用空间直角坐标系制成立体图。可以这样设想，在这种立体图中，是以某一平面代表合金的原始成分，以许多"山峰"代表溶质原子富区空间，以若干"山谷"代表溶质原子贫区空间。因为显微组织所反映的是某一方向上的截面。所以调幅分解后所得的显微组织，应为上述"山峰"和"山谷"在某一方向上的截面（见图 8-34）。大多数调幅组织具有定向排列的特征，这是由于实际晶体的弹性模量总是各向异性的，因此，调幅分解所形成的新相将择优长大，即选择弹性变形抗力较小的晶向优先长大。调幅分解组织的方向性容易受应力场和磁场的影响，利用这一点可以调整调幅分解组织的结构，这是调幅分解组织的重要特征之一。

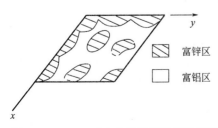

图 8-34　Al-Zn 系合金的调幅组织示意图

调幅分解现象首先是在 Ni 基、Al 基、Cu 基等

有色合金中发现的，在 Fe-Cr、Fe-Mo、Fe-Al、Fe-Co-Cr 等 Fe 基合金以及马氏体时效钢也相继发现调幅分解。调幅组织不但在调幅分解中，而且在有序-无序相变中也可以形成。调幅组织弥散度非常大，特别是在形成初期组织分布均匀，具有较高的屈服强度。

调幅组织已经在某些硬磁合金（永磁合金）中获得应用。通过调幅分解后可在其中形成富铁、钴区和富镍、铝区，具有单磁畴效应。这种合金在磁场中进行调幅分解处理，可获得具有方向性的调幅组织，从而可进一步提高硬磁性能。

调幅分解对合金的强韧性以及对合金的物理性能、化学性能都有显著影响，因此，对调幅分解新材料的研究具有重要的实际意义。

参 考 文 献

[1] R LAGNEBORG，S ZAJAC. A model for interphase precipitation in V-Microalloyed Structural Steels [J]. Metallurgical and Materials Transactions A，2001，32（1）：39-50.

[2] 戚正风. 金属热处理原理 [M]. 北京：机械工业出版社，1986.

[3] 赵连城. 金属热处理原理 [M]. 哈尔滨：哈尔滨工业大学出版社，1986.

[4] 刘云旭. 金属热处理原理 [M]. 北京：机械工业出版社，1980.

[5] 徐祖耀. 马氏体相变与马氏体 [M]. 2版. 北京：科学出版社，1999.

[6] 徐洲，赵连城. 金属固态相变 [M]. 北京：科学出版社，2004.

[7] KANG M K，CHEN D M，YANG S P，et al. The Time-Temperature-Transformation Diagram within the Medium Temperature Range in Some Alloy Steels [J]. Metallurgical Transactions A，1992，23（3）：785-795.

[8] HAMADA A S，SAHU P，CHOWDHURY G S，et al. Kinetics of the $\gamma \rightarrow \varepsilon$ martensitic transformation in fine-grained Fe-26Mn-0.14C austenitic steel [J]. Metallurgical and Materials Transactions A，2008，39（2）：462-465.

[9] AHMAD E，MANZOOR T，ZIAI M M A，et al. Effect of martensite morphology on tensile deformation of dual-phase steel [J]. Journal of Materials Engineering and erformance，2012，21（3）：382-387.

[10] KHARE S，LEE K Y，BHADESHIA H K D H. Carbide-free bainite：compromise between rate of transformation and properties [J]. Metallurgical and Materials Transactions A，2010，41（4）：922-928.

[11] SONG T J，DE COOMAN B C. Effect of boron on the isothermal bainite transformation [J]. Metallurgical and Materials Transactions A，2013，44（4）：1686-1705.

[12] CHAKRABORTY J，CHATTOPADHYAY P P，BHATTACHARJEE D，et al. Microstructural refinement of bainite and martensite for enhanced strength and toughness in high-carbon low-alloy steel [J]. Metallurgical and Materials Transactions A，2010，41（11）：2871-2879.

[13] ÜNLÜN，GABLE B M，SHIFLET G J，et al. The effect of cold work on the precipitation of Ω and θ' in a ternary Al-Cu-Mg alloy [J]. Metallurgical and Materials Transactions A，2003，34（12）：2757-2769.

[14] GABLE B M，SHIFLET G J，STARKE E A. Alloy development for the enhanced stability of Ω precipitates in Al-Cu-Mg-Ag alloys [J]. Metallurgical and Materials Transactions A，2006，37（4）：1091-1105.

[15] Chen C，JUDD G. Microstructure study on the effect of titanium in the aging treatment of an Al-Zn-Mg alloy [J]. Metallurgical Transactions A，1978，9（4）：553-559.

[16] SONG M，XIAO D H. Effects of Mg and Ag elements on the aging precipitation of binary Al-Cu alloy [J]. Science in China Series E：Technological Sciences，2006，49（5）：582-589.